大家小书

# 中国化学史稿

张子高 编著

北京出版集团
北京出版社

**图书在版编目（CIP）数据**

中国化学史稿 / 张子高编著. — 北京 ：北京出版社，2021. 10

（大家小书）

ISBN 978-7-200-15142-8

Ⅰ. ①中… Ⅱ. ①张… Ⅲ. ①化学史—中国 Ⅳ. ①06-092

中国版本图书馆CIP数据核字（2019）第206692号

总 策 划：安 东 高立志 责任编辑：高立志 邓雪梅

·大家小书·

中国化学史稿

ZHONGGUO HUAXUESHI GAO

张子高 编著

| | |
|---|---|
| 出　　版 | 北京出版集团<br>北京出版社 |
| 地　　址 | 北京北三环中路 6 号 |
| 邮　　编 | 100120 |
| 网　　址 | www.bph.com.cn |
| 总 发 行 | 北京出版集团 |
| 印　　刷 | 北京华联印刷有限公司 |
| 经　　销 | 新华书店 |
| 开　　本 | 880 毫米 ×1230 毫米 1/32 |
| 印　　张 | 13.625 |
| 字　　数 | 257 千字 |
| 版　　次 | 2021 年 10 月第 1 版 |
| 印　　次 | 2021 年 10 月第 1 次印刷 |
| 书　　号 | ISBN 978-7-200-15142-8 |
| 定　　价 | 59.00 元 |

# 总　　序

袁行霈

“大家小书”，是一个很俏皮的名称。此所谓“大家”，包括两方面的含义：一、书的作者是大家；二、书是写给大家看的，是大家的读物。所谓“小书”者，只是就其篇幅而言，篇幅显得小一些罢了。若论学术性则不但不轻，有些倒是相当重。其实，篇幅大小也是相对的，一部书十万字，在今天的印刷条件下，似乎算小书，若在老子、孔子的时代，又何尝就小呢？

编辑这套丛书，有一个用意就是节省读者的时间，让读者在较短的时间内获得较多的知识。在信息爆炸的时代，人们要学的东西太多了。补习，遂成为经常的需要。如果不善于补习，东抓一把，西抓一把，今天补这，明天补那，效果未必很好。如果把读书当成吃补药，还会失去读书时应有的那份从容和快乐。这套丛书每本的篇幅都小，读者即使细细地阅读慢慢地体味，也花不了多少时间，可以充分享受读书的乐趣。如果把它们当成补药来吃也行，剂量小，吃起来方便，消化起来也容易。

我们还有一个用意，就是想做一点文化积累的工作。把那些经过时间考验的、读者认同的著作，搜集到一起印刷出版，使之不至于泯没。有些书曾经畅销一时，但现在已经不容易得到；有些书当时或许没有引起很多人注意，但时间证明它们价值不菲。这两类书都需要挖掘出来，让它们重现光芒。科技类的图书偏重实用，一过时就不会有太多读者了，除了研究科技史的人还要用到之外。人文科学则不然，有许多书是常读常新的。然而，这套丛书也不都是旧书的重版，我们也想请一些著名的学者新写一些学术性和普及性兼备的小书，以满足读者日益增长的需求。

“大家小书”的开本不大，读者可以揣进衣兜里，随时随地掏出来读上几页。在路边等人的时候，在排队买戏票的时候，在车上、在公园里，都可以读。这样的读者多了，会为社会增添一些文化的色彩和学习的气氛，岂不是一件好事吗？

“大家小书”出版在即，出版社同志命我撰序说明原委。既然这套丛书标示书之小，序言当然也应以短小为宜。该说的都说了，就此搁笔吧。

# 从化学到化学史

任定成

在中国化学史这门学问产生之前，有一个更大的领域，叫作化学史。化学史讲的是包括中国在内的全世界的化学史，但主要是西方化学史。在化学史这个领域产生之前，则有化学这门学问。而在化学这门学问产生之前，人类就已经接触和利用了大量化学现象了。

早在人类与动物界相分离的时候，人类就开始自觉地利用化学现象和化学变化为自己服务了。火的利用，就是利用燃烧释放的化学能。陶器和铜器制作及酿酒过程中，也有化学变化。这些都是在原始社会就发生了的事情。后来，在金属冶炼、染色、瓷器、玻璃、炼丹、制药、造纸等活动中，人类都在认识和利用化学现象。人们也提出了一些理论，包括中国的阴阳五行说、希腊的元素说等等，来解释其中的一些化学现象，但它们都不具有经验意义上的可检验性，所以都不是科学学说。

化学这门科学要探究的是材料的组成、性质和变化。它要弄清楚三个方面的基本问题，一是材料的组成或者成分，二是材料的结构，三是不同成分和结构单元之间结合的原因。解决第一个问题的是拉瓦锡的化学元素操作定义和物质分类理论，解决第二个问题的是道尔顿的原子论，解决第三个问题的是亲和力理论及后来的化学键理论。从拉瓦锡理论和道尔顿理论出现之后，化学就成为一门基础扎实的科学了。

在拉瓦锡理论诞生之前，欧洲文艺复兴时期，有过一场“新科学”运动，就是要推翻亚里士多德的物理学理论和科学方法论。“新科学”包括两个派别，一个派别是机械论，另一个派别是化学论。机械论我们比较熟悉，这里就不说了。化学论认为宇宙是一个大坩埚，宇宙间发生的变化都是化学变化，与机械论相似，这已经把化学作为一种世界观。为了论证观点的权威性，化学论者们用历史上大人物的观点而自己非独创性的工作，来论证观点的正确性。后来，到拉瓦锡时代，化学家们不再用历史论证自己观点的权威性，转而通过历史论证自己观点的新颖性，把历史文献综述作为化学论文的必要部分。这一传统一直流传至今，成为化学乃至科学论文的必要组成部分。

到18世纪、19世纪，有化学家总结化学的历史，出版了一些专门的化学史著作。到20世纪，化学史作为一个领域有了大发展，帕廷顿撰写了四大卷《化学史》，国际性的炼丹术史与化学史学会成立，国际性的化学史学术刊物《亚姆比克斯》创刊，后来又出现了《化学史通报》。

由于化学史主要研究现代化学科学史，自然就以西方化学史为主，非西方的化学史一般只作为早期化学的源头，作为现代化学诞生的背景，介绍一下。到20世纪早期，一些中国学生到欧美留学学习化学，他们与其导师交流，使其导师认识到中国炼丹术有独特的理论体系和实践方法，于是便有了吴鲁强与其导师合作发表的中国炼丹史的论文，由此引起西方和中国学界关注，便产生了中国化学史这个领域。李乔苹先生写出了最早的中国化学史专著。后来，张子高先生组织国内多个学术机构的学者系统研究撰写了新的中国化学史著作。而何丙郁、李约瑟、席文等先生也在国外系统研究中国化学史。这些工作都推动了中国化学史的教学和研究工作。

张子高（1886—1976）先生是一位杰出的化学家、化学教育家和化学史家。他是我国最早攻读现代化学的留学生之一，毕业于麻省理工学院。攻读学位期间，他分析了我国特产金属钨，并参与发起成立了中国最早的综合性科学社团——中国科学社。1916年以后，先后在南京高等师范学校（后改称国立东南大学）、金陵大学、浙江大学、清华大学等校担任化学教授，培养了许多杰出学者，取得不少化学和化学史研究成果。他的这部《中国化学史稿》，是后来撰写新的中国化学史著作的作者必须参考的著作，也值得我们继续研读。

2021年7月14日

于山西大学文瀛苑

# 编写说明

中国化学史的编写，是1959年初在中国科学院自然科学史研究室倡导下开始进行的。当时并邀请了南开大学王祖陶（参与全书指导思想的讨论）、江苏第一医学院曹元宇（起草炼丹术部分，本书采用了其封建社会后期的一节）、北京师范大学俞崇智（起草“本草学的发展”一节）诸同志参与部分工作。初稿于1959年年底完成，以油印本形式分发京内外专家，同时并举行了几次座谈会，各专家提出了许多的宝贵意见。在这一基础上进行了局部的修改，于1961年以铅印本形式印出了古代之部（初稿），然仍仅作提意见、供讨论之用。之后，对此又作了较全面的调整和补充，现在把它出版，以就正于广大读者。

在整个编写过程中，我们首先解决了我国化学史分期这一原则性问题。按照我国社会发展的历史，分为原始社会、奴隶社会、封建社会、半封建半殖民地社会、社会主义社会五个时期。这样分期是以我国社会发展整个历史的具体情况为出发点，来探索有关化学的某些重要项目在我国发展的过程。这样做，才能从它本身及其与社会各方面的联系，发现事物的本质及其发展的规律；才有可能对我国化学史领域中存在已久的某些关键性问题，找出一个明显的线索和符合客观实际的答案。通过本书编写和修订的实践，自始至今，对这个分期原则，越来越明确，越来越肯定。

其次是体裁问题。作为一门科学技术的专史来说，它可以有两种体裁：一是纪事本末体，一是分代编年体。本书所采取的，可说是两者兼而有之，即以时期为经，而以事项为纬。古代之部包括前三个时期。那时之末，作为一门独立的自然科学的近代化学在我国还未出现，化学及其工艺是交织在一起的。不宜强为分别何者属之科学史（化学史），何者属之技术史（化学工艺史）。但是，在这三个时期中，每个时期各有共在生产发展上的化学特征：原始社会以陶器，奴隶社会以青铜器，封建社会以铁器。三者之间虽有区别，又有不可分割的联系。如在原始社会末期就有小型的红铜器出现，在奴隶社会晚期也有少数的铁器出现。就主流方面说是这样，其他与主流相关联的另些方面，也择要地加以阐述，但只好是择要的。如酿酒只在原始社会和奴隶社会里谈到；染色只在奴隶社会里谈到。主要理由是，在我国两千多年封建社会时期中所取得有关化学的辉煌成就，如造纸术、瓷器、火药等，尤其是炼丹术，需要更多的篇幅来加以适当的处理。遗憾的是，在修改的阶段中有些项目，例如炼丹术所用的仪器设备的有关材料，本拟加入，现在也还未及整理收录进去。

总之，我们的理论和业务修养水平，与工作所要求的水平，差距很大。因此，谬误之点必然会随处出现。希望读者多予批评，俾得作进一步的修订。

最后，在整个编写和修订过程中，清华大学化学教研组杨根同志进行了许多协助工作，理合声明。

张子高

1963年7月于清华园

# 目 录

## 附录

# 第一章　原始社会时期

原始社会时期，在人类发生和发展的历史过程中，占着一个漫长的岁月。如果从中国猿人生存的时间算起，到人类历史出现第一个有阶级的社会——奴隶社会为止，大约经过了五十万年。在这一段漫长的历史年岁里，包括化学在内的自然科学的种子，便随着人类与自然作斗争的前进过程而逐渐地孕育出来。

地球上的化学变化在人类发生以前，一直在不断地进行着。从人类出现以来，包括于大自然的现象中的化学现象，仍然不断地进行着而刺激着人类的感官。显而易见的有如植物的萌芽、成长、开花、结果，以至枯槁的现象，有如动物由生育、长大、成熟转而衰老、死亡的现象；缓慢而不易觉察的有如潮湿空气对于各种物质腐蚀的现象；骤然巨变、惊心动魄的有如火山爆发、森林失火的现象。这些类型的变化，一次复一次地，一代传一代地，深刻印入人类的脑海。

人类在其与自然作斗争中，在其本身的解放中，对于火的初步认识、利用、控制、保持以至于最后达到摩擦生火方法的发明，曾经起过无可估量的巨大作用。正如恩格斯所正确指出的“没有一只猿手曾经制造过一把即使是最粗笨的石刀”[①]一样，我们可以说，即使是最灵慧的猿类也没有敢于接近火的胆量和能够控制火的本领。恩格斯曾把摩擦生火的发现“看作人类历史的开端”，并从而阐明：“无论在这个发现以前还有什么样的成就——例如，工具的发明和动物的驯养，但是人们只是在学会了摩擦取火以后，才第一次使某种无生命的自然力替自己服务。”[②]他又说：“……可是毫无疑问，摩擦生火在其解放世界人类的作用上，甚至还是超过蒸汽机的。因为摩擦生火第一次使人支配了一种自然力，从而最后把人从动物界分离出来。”[③]这种力却正是人类最早所掌握的在自然界中通过化学反应所解放出来的巨大力量。

## 第一节　火的利用

生活于旧石器时代初期的中国猿人，在截至目前为止[④]的考古发掘中，占有世界上最早用火人类的光荣位置。在北京周

① 《自然辩证法》，人民出版社1955年版，第138页。

② 同上书，第83页。

③ 《反杜林论》，人民出版社1956年版，第117页。

④ 本书初版日期是1964年12月。——编者注

口店龙骨山北坡猿人所居住的洞穴中，考古学家发现有很厚的（最厚的约六米）灰层，其中还有被烧过的兽骨和石块。兽骨由于燃烧而呈现黑、灰、黄、绿、蓝等色和不规则的裂纹。石块有的熏黑了，有的烧裂了，有的石灰石质甚至已经烧成了石灰。这些带黑色的兽骨和与之共存的灰土，分别经过化学分析，都证实有单质碳存在。在名叫鸽子堂的洞穴的底部灰层中，还发现过一块木炭。这些事实完全证明了它们确是中国猿人用火所留下来的遗迹。周口店的灰烬层之厚，使得研究者得出这样的结论：篝火在当地是绵延不绝地燃烧了有数百年之久。

不仅如此，根据发掘出的实况，证明灰烬和被烧过的东西并不是散漫地存在于整个地层，而是一堆一堆地分布于一定的局部。如在1958年发掘中，发现在一块很大的石灰岩面，有两堆厚约一米的黑色灰烬。这种情况清楚地说明，它们不是野火留下来的迹象，而是中国猿人有意识地使用火的结果。同时，也说明中国猿人已经能控制火了。

在旧石器时代中期河套人遗址里，特别是在水洞沟，不但有灰烬，而且还有燃烧过的骨骼。这无疑也是河套人使用火的遗迹。

现在可以谈到旧石器时代人类生火方法这一重要问题。在其初期，火种可以无疑地认为来自自然界的野火，猿人只能设法把它保持和延续下去。在保持火种过程中，他们逐渐地认识到，分堆的保持，则延续的机会较大，只要燃料得到不断供给的话。但是一旦熄灭，那个问题就非同小可。生活的需要和经验的积累促使旧石器时代的人类在其中、晚期间发明了人工生火的方法。“许多考古学家都相信，尼安德特人（以在德国尼安德特地方所发现的头盖骨化石得名）已经能自造火。河套人既与尼安德特人同时，又有相同的文化，大概也会自造火了。”[①]如果说人工生火方法的发明在旧石器时代中期还不够肯定，那么，在其晚期情况就更形可靠了。无论从灰层的增多和住室内灶坑普遍存在来看，或者从生产力发展的水平和人类体质进化的程度来看，那时人工生火的技术已经达到了一个瓜熟蒂落、水到渠成的境地。

究竟人工生火最初是怎样实现的？这是科学技术史工作者所常关心的一个问题。解决这个问题的方法，看来很难从考古发掘中找到确切的根据，而是从近代还处在较原始状态的民族生活方式结合到文化较高的民族中文献记载来寻求的。这一方法已被公认是科学的。拿我国这个多民族的国家来说，它具有解决这一问题的优越条件。《庄子·外物篇》里有“木与木相摩则然”一语。《韩非子·五蠹》和其他古书中还有“钻木取火”这一类的话。而海南岛黎族人民在新中国成立前在有些地区还使用着钻木取火这种非常古老的方法。“首先折下一根山

① 贾兰坡：《河套人》，龙门联合书局1951年版，第51页。

麻木，把它弄成扁平，再在上面刻下一个浅浅的凹穴（图一上）。再在凹穴旁边刻上一条浅浅的缺槽（图一下）。弄好了后，把它放在地上，再折一根山

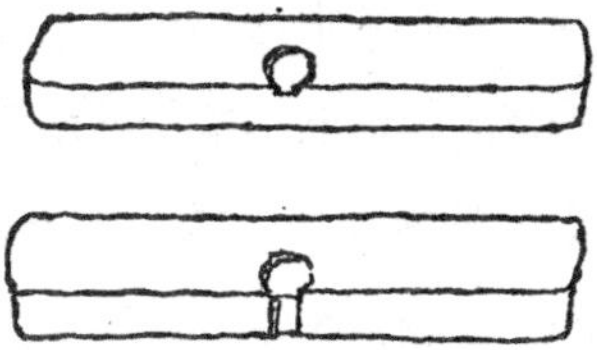

图一

麻细枝当作小棍子。人坐在地上用两只脚把刻有穴和槽的山麻木按着，然后拿着小棍子以一端接在凹穴上，双掌用力把棍子搓起来，棍子急速回旋，棍子末端与凹穴接触处发生剧烈的摩擦。由于这样摩擦，凹穴里逐渐生出一些木屑粉末，沿着缺槽落下堆在缺槽的旁边。棍子末端与凹穴不断地摩擦，凹穴里遂生热，剧烈摩擦继续下去，凹穴因热而生出火花，飞出缺槽，燃着堆在缺槽旁的木屑粉末。见着这些木屑粉末有烟升起，就知道已着火了，把这些燃着的木屑粉末放在一把事先已准备好的干茅草里顺口一吹，茅草就燃起了火焰。”[①]类似这种取火的方式还存在于其他地区的其他民族[②]，方式虽略有不同，总之不能离开“木与木相摩则然”这一基本的经验规律。只要不把“钻木取火”的钻等同于后世才出现的金属或石质钻头的钻。

“虽然现在有时说火正是用燧石取得的，要知道，用燧石

① 张寿祺：“海南岛黎族人民古代的取火工具”，《文物》，1960年第6期，第72—73页。

② 王旭蕴：“中国古代在取火方法方面的发明”，《清华大学学报》，第7卷第2期。

取火，必须把燧石在铁上打击，而这种方法只是到铁器时代才出现的。诚然，铁可以用黄铁矿石来代替，但这种方法也必须承认是晚期的，因为在石器时代的遗址中黄铁矿是十分罕见的，由此判断，当时并无黄铁矿的生产。”①

前面已经提到火的使用对于人类发展起了极为巨大的作用，在这里将略作一些具体的说明。首先是熟食的作用。人类从“茹毛饮血”的生活转入到“火食”的生活在促进人类体质发展上迈进了一大步。在肉食的基础上，火食不但减少疾病的发生，缩短消化的过程，同时，脑髓也就更容易得到它本身营养和发展所必需的材料，从而使它能够一代一代更迅速更完善地形成起来。所以恩格斯说：“这两种进步（按：指火的使用和动物的驯养——编者）就直接成为人的新的解放手段。”②我国古籍中所载的传说在一定程度上反映着前后两阶段的概况。如《礼记·王制》里说：“东方曰夷，被发文身，有不火食者矣。”反映了茹毛饮血阶段。《韩非子·五蠹》里说：“上古之世，民食果蓏蚌蛤，腥臊恶臭而伤害腹胃，……钻燧取火，以化腥臊，而民悦之。”反映了火食阶段。

其次是防御野兽的作用。人类在其发展过程中，其生存所受种种威胁之一就是猛兽的侵袭。猛兽对于当时人生命的威

① A.B.阿尔茨霍夫斯基：《考古学通论》，科学出版社1956年版，第31页。

② 《自然辩证法》，人民出版社1955年版，第143页。

胁，一直存在着。战国时的孟子还称赞周初“驱猛兽而百姓宁”，“驱虎豹犀象而远之，天下大悦。”（《孟子·滕文公下》）若在远古的旧石器时代，捍御猛兽的有效措施，尤为迫切地需要。火把的使用不但使猛兽不敢接近人身，还可当作围攻的方法。看看《孟子·滕文公上》里另一段话：“当尧之时，天下犹未平。……草木畅茂，禽兽繁殖；五谷不登，禽兽逼人；兽蹄鸟迹之道，交于中国。尧独忧之，举舜而敷治焉。舜使益掌火，益烈山泽而焚之，禽兽逃匿。”传说中的尧舜之世，远在旧石器时代以后，当时仍然要采用放火烧山的方法来驱逐猛兽；追想到弓箭还未发明的洪荒之世（弓箭的传播考古学家认为是从中石器时代开始的），猎火的利用，那就不言而喻了。

最后，火在黑暗中可给人以光明，在寒冷中可给人以温暖，使人类不受昏夜和严冬的限制而能够从事活动。这些都促进了人类对自然作斗争的进程。

## 第二节　陶器的出现和发展

考古学家一致认为陶器的制造是从新石器时代开始的。这一结论包含着世界各国无数考古发掘的结果作为立论的根据。

“为了阐明陶器最初是怎样出现的，某些考古学家们提出了下面一种也有可能性的假设：最古的器皿是木制的，其中包括用枝条编成的器皿。这些编成的器皿上有时涂上湿黏土，这样，便变得密致无缝了。这种器皿可能偶尔落入火中。这时，木质部分烧尽了，而黏土部分则变得结实了，这样便使人们能够觉察到经过烧制的黏土器皿的优点。不过这种发明陶器的方法，不见得是唯一的和普遍的方法。”①

但是，无论如何，陶器的发明既作为新石器时代开始的重要标志之一，那么，它的出现应该具有某种必然性。我们可以从需要与可能两方面来进行分析。首先，新石器时代是“采用畜牧业及农业底一个时期，是已学会用人类的活动以增加天然产物生产的方法底一个时期”②。生产的发展，生活的提高，人口的繁殖，从而对于烹饪器、饮食器、储存器的需要越来越大，对于它们质量的要求越来越高。其次，一则由于从事农业生产（尽管是原始的）而对土壤进行操作，人们逐渐认识了黏土的黏性和可塑性；再则由于世世代代长期用火经验的积累，对于火力的控制有了一定程度的把握，对于在火力影响下各种物质性能的变化有了一定程度的认识。两者的结合就为陶器的出现具备了必要的条件。总的说来，社会的发展既然对于人类生活用品提出了新的需要和要求，而人类生产、生活经验的发展又提供了可能实现的条件，两方面的结合，便形成了陶器出现的必然性。

陶器发明之后，其发展过程显然是有迹可寻的。在制造方法

① 阿尔茨霍夫斯基：《考古学通论》，科学出版社1956年版，第46页。

② 恩格斯：《家庭、私有制和国家的起源》，人民出版社1955年版，第27页。

上，由各种手制程序过渡到轮制。在焙烧方法上，由篝火式的加温过渡到炉灶式的加温而形成了陶窑；陶窑本身又由较低级过渡到较高级。这些都是在长时期内不断地改进技术所获得的成果。

## 一、仰韶文化的陶器

仰韶文化是我国新石器时代繁荣时期的文化，我们的祖先已进入了以原始农业为基础的氏族公社的社会。这一文化在我国分布很广，从陕西往西到甘肃、青海、新疆，往东到山西、河北、河南各省，所发现的遗存不下千百处，其中尤以西安半坡遗址为最重要。由于大规模的科学发掘，使当时社会生活面貌很清楚地呈现出来。就代表仰韶文化的一般陶器说，是形式多样化。（参见图版一上）但随着时期和地域的不同，程度上也有些差别。质地可分为红陶和灰陶两系，每系又有加入与未加入强煅料之分，所用的强煅料一致为大量的砂粒。造型与纹饰具有美术意味，受人欣赏的彩陶属于红陶系中未加强煅料的一类。（参见图版三）所取的黏土原料曾经精细地淘选过，器皿的表面曾经磨光，彩绘有红黑二色。红的颜料无疑是赭石（赤铁矿），例如在山西西阴村遗址中跟彩陶一起出土的就有这种矿石，而且相沿至今赭石一直还作为国画颜料之用；黑的颜料从各方面看来就是炭黑。彩陶的底坯曾有人做过化学分析，今将分析结果列表[①]如下：

① 表中数值为各成分含量的百分数，下同。——编者注

| 彩陶片成分 | 仰韶村 | 秦王寨 |
|---|---|---|
| 灼热减量 | 1.26 | 1.21 |
| $SiO_2$ | 65.66 | 63.51 |
| $Al_2O_3$ | 15.64 | 21.58 |
| $Fe_2O_3$ | 18.30 | 12.16 |
| MgO | 0.75 | 1.56 |
| 共计 | 101.61 | 100.02 |

根据这样的结果，考虑到所取的样品类别为数甚少，我们仅能把它们当作个别事例来看待，很难能像分析者那样，进一步地推断当时配料情形如何并估计它们的百分比。[①]那样做，看来是不够科学的。各地区的黏土，就其物理性能说，具有一定的共同性；就其化学成分说，却又具有或多或少的差异。当时制陶所需的原料，一般地说来，总是就地取材。仰韶村与秦王寨两处的彩陶片，其中所含的氧化铝、氧化铁、氧化镁的百分比，彼此之间都有较大的差距，从当时制陶技术水平看来，只能认为是就地取材的结果。

陶器的发明依赖于人类对火力可以改变物质性能的认识，而火候掌握的水平决定陶器质量的高低。起初大概都是在露天里架起火来焙烧的[②]，这样做，不但很费柴火，而且温度不匀，烧出的陶器会走样或裂损。不知若干年的经验积累，才有

① 《中国古生物志》（丁种），第一卷第二号，1925年地质调查所出版。

② 《考古通讯》，1958年第2期，第35—36页。

陶窑出现。中华人民共和国成立以来，我国考古学家发现了一些仰韶文化的窑址。现在将分为三种类型加以叙述。

（甲）第一类型　在郑州林山砦[①]

窑的结构主要分为前后两部，坐东朝西，前部为火坑，后部为窑室。室为圆形，直径1.3米，室壁上部已残，存余的壁高0.4米。室的下部是就当时地面先向下挖成一个圆形平底的坑，再向下挖成两道东西平行，并旁出作叶脉状的槽沟作为火道，槽深0.1米。因此两槽的中间形成一个平台，宽0.2米，长0.9米。室前为一瓮状、平底的火坑，坑底成椭圆形，南北长1.10米，东西宽0.7米，深0.65米。火坑靠前上面有一道隔梁，隔梁以下又有和火坑相通的火门，上口齐面，两侧呈弧形，下口由外向内为斜坡状以达火坑之底。

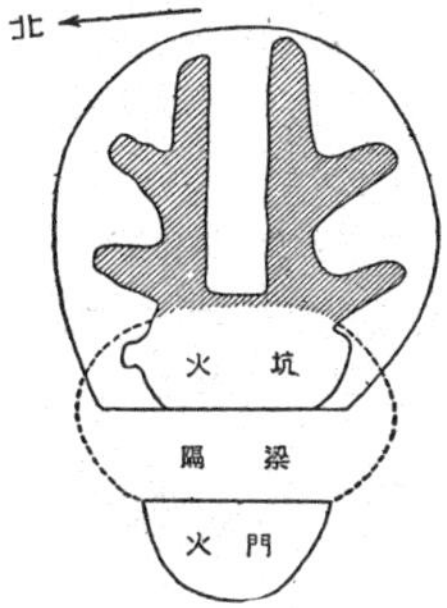

窑基平面

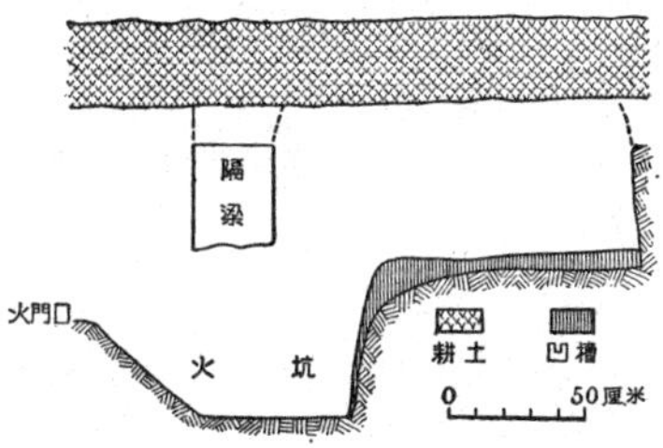

窑基东西剖面

① 《考古通讯》，1958年第2期，第1—2页。

从这类窑的结构看来，隔梁的设置和火门外小内大的作用使火焰直向窑室迸发，是很有意思的。但因为没有箄子，焙烧的陶器大概就是放置在火道周围和中间的平台上的。这样做，较诸直接放在柴火上已显有进步，然而仍含有一定的原始性。

（乙）第二类型　在西安半坡①

在西安半坡遗址居住区的东边，发现过当时窑址六处，其中一处，即发掘报告中所称为2号窑的，属于这一类型。它“是火炉呈袋状的竖穴窑”。“它的特点是下面为一个袋形灰坑似的火炉，炉口开在南边，用以添加木柴，拨出灰渣，因此在炉口的附近堆积有很多的灰烬。放置陶器的窑室在火炉的上面，已破坏不能窥其全貌。在窑室和火炉之间，有数道通火的洞子，我们称它为火道，火经过它而达于窑室。残余部分仅余两道，直径约为0.15米左右，长约0.3米上下。”“火炉高约1.3米，底径1.9米，有中型灰坑那么大。”

（丙）第三类型　也在西安半坡

它是“火炉呈筒状的横穴窑。属于这一类的窑址有五处，以第3号窑保存得最完整。这种窑的特点是它的火焰倾斜地通至窑室，不是垂直的。火炉呈筒状而较长，窑室下面有三道粗的火道，窑室底部呈圆形平光硬面，直径0.85米，周边有一圈略作长方形的小火眼，保存完整的尚有十个。火炉中之火焰通

---

① 《考古通讯》，1956年第2期，第29页。

过火道再分由小火眼进入窑室。紧切火眼绕圈窑室平面上立壁，因全部倒塌不知其高度。”“火炉口向北，现在保存部分由炉口至窑室南北长2.1米。”

把二、三两类窑型和第一类的比较一下，不难看出，前者由于窑箅的出现，不但在放置陶坯上可作较好的安排，而且炉火由许多小孔道进达窑室，火力更为均匀，陶器各部受热就没有过与不及之差，不致出现裂痕。这是窑室结构上的一个进步。至于第三类窑采取长焰斜上的办法，比第二类窑在温度上可能更高一些。这也许是这类窑在数量上较为发达的一种因素。

## 二、龙山文化的陶器

龙山文化的陶器，就制造方法说，较仰韶文化的陶器更进一步。后者大都是手制，间有模制。而轮制的应用是前者的标志，间有与模制或手制兼用者。就质料说，龙山文化的陶器可分为红陶系（泥质）、白陶系（夹砂）、黑陶系（泥质）、灰陶系四种，而灰陶系又有夹砂与不夹砂之分。

这四系中以黑陶最惹人注意，所取的陶土曾经过精细地淘洗，未加强煅剂。陶质坚硬而薄，又称蛋壳陶。颜色纯黑，表里磨治，黝然有光。有人曾经对龙山黑陶与殷墟黑陶进行过同样的化学分析，证明黑色的来源是由于大量炭质的存在，今将分析数据列表如下。[1]

| 化学成分 | 城子崖黑陶 | 殷墟黑陶 |
|---|---|---|
| $SiO_2$ | 62.60 | 58.96 |
| $Al_2O_3$ | 15.10 | 17.46 |
| $Fe_2O_3$ | 5.49 | 6.44 |
| CaO | 1.92 | 2.20 |
| MgO | 1.85 | 2.09 |
| $K_2O$ | 3.40 | 2.09 |
| $TiO_2$ | 0.48 | 0.63 |
| MnO | — | 0.07 |
| $P_2O_5$ | 0.57 | 痕迹 |
| $H_2O$ | 1.68 | 3.62 |
| $Na_2O$ | 1.81 | 1.49 |
| 烧失量 | 4.94 | 5.72 |
| 总　计 | 99.84 | 100.78 |

由于烧失量如此之大，为一般陶器所未有（可与前面所举的彩陶化学成分表中灼热减量数值比较一下），合理的结论是可燃性的炭质存在，虽然分析者未曾报道陶片在热灼前后颜色变迁如何。

龙山文化的窑址，中华人民共和国成立以来，在几处被发现。就其结构说，基本上与仰韶文化第三类型窑相同。在河南

① 《小屯》，第32页。

陕县[①]庙底沟所发现的一座窑，其结构也可分为火口、火膛、火道、窑箅、窑室五个部分。火口设在靠窑室的西面，近椭圆形。火膛是长方形，长0.9米强，宽0.6米，深0.9米强。火道共分八股，由火膛斜上进入窑室。窑室的底部设有窑箅，用草泥土制成，具有25个火眼。火口、火膛、火道是就地挖成的，壁上都涂有一层草泥土。窑室略呈圆形，高于地面约2米，南北直径为0.9米强，东西直径为0.8米弱，窑顶估计为半圆形。

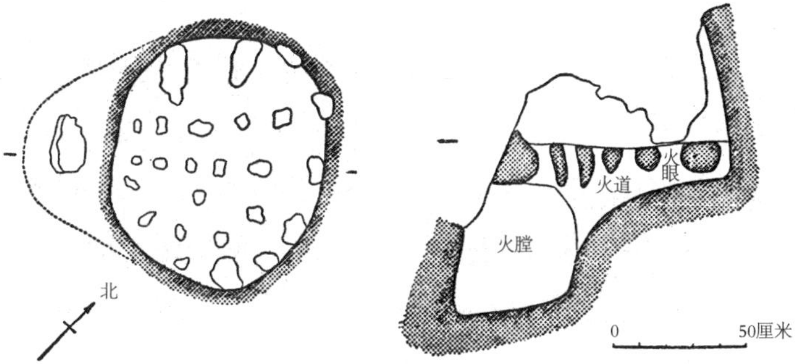


庙底沟龙山文化1号窑址平面、剖面图

在三里桥所发现的一座窑，其结构与庙底沟的略有不同。“陶窑保存得相当完整。……窑身作圆形，尚保存着高80厘米的窑壁。前面有一个较深的方形火口，火力由火口通过火膛分成四股进入窑室，以火道的隔梁代替箅子。从窑壁的弧度

① 今三门峡市陕州区。——编者注

观察当是圆顶。”[①]

根据上述陶窑的结构，尤其是仰韶文化的第三类型的窑和龙山文化的庙底沟窑，可以说明质量优良的陶器烧成是与掌握火候分不开的。

这是一方面，在另一方面，熟练地掌握火力又为冶炼金属的技术创造了条件。

## 第三节 红铜器的出现

人所周知，我国青铜器技术，在殷、周朝代已呈现出高度的成就。它的前身如何，即青铜器时代之先，是否已有红铜器出现，所谓铜石并用时代，是一直为国内外学者所注意的一个重要问题。由于近年来考古发掘的收获，这一问题得到了初步的但是满意的回答。在我国新石器时代的晚期确有一个铜石并用时代。

1955年在河北唐山市大城山遗址发掘中曾发现两块铜牌。“铜质呈红黄色，似未掺锡。由于所在土层干燥，锈蚀程度不严重。形状为梯形，表面凹凸不平，上端有由两面穿成的单孔，与石器的钻孔法相同，边缘厚钝无刃。一件长5.9厘米、宽4.2厘米、厚0.2厘米。另一件略小。”[②]这个遗址，“从出

① 《考古通讯》，1958年第11期，第70页。

② 《考古学报》，1959年第3期，第33页。

土遗物来看，它们与北至辽东半岛，南至华东的新石器时代遗址都有相似之处，尤其与山东、河南两地龙山文化更有很多共同的地方。”[①]因此，铜牌出现于这样的文化遗存中，是具有重要意义的。就其形状和表面看来，不像是铸造出来的，而很像是锻锤出来的。这是红铜器的特点，因为它的原料是得自自然界的天然铜，而不是从铜矿石冶炼得来的。至于本身成色如何，还应作进一步的科学鉴定。

如果说这次发现还不够十分肯定，那么，起决定性作用的便是1957年和1959年两次在甘肃武威皇娘娘台遗址的发掘。[②]在发掘中先后获得铜器近20件。计铜刀4件，完整者2；铜锥12件，完整者4；铜凿1件，铜环1件，条形铜器1件。这些铜器，经过光谱分析，其含铜量达99.6％以上，所含杂质如锡、铅、锑、镍等合计不及0.4％。这样的结果完全证明这批铜器是红铜器，再没有任何疑问了。其制造方法，据初步观察，可能有两种：多数的采用直接锻锤；个别的铜刀是在单模上锤打而

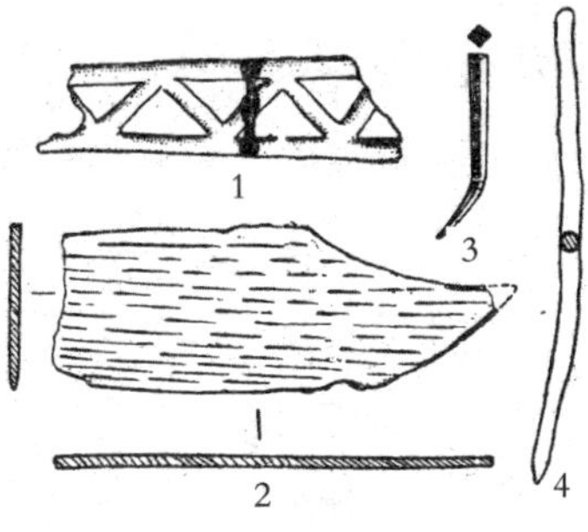


铜　器

1.条形铜器；　2.铜刀；

3.铜锥；　4.铜锥

① 《考古学报》，1959年第3期，第33页。

② 《考古学报》，1960年第2期。

成的，因而在一面留下了模子的痕迹，条形铜器上格子纹看来正是这样制成的。这些生产工具和装饰品以少数小型的状态出现，也帮助我们了解了人类初期使用铜器的情况。

皇娘娘台为单纯的齐家文化遗址，而齐家文化，无论在甘肃的东部或西部，是与中原龙山文化后期相对应的。[①]所以它属于殷、周以前的新石器时代晚期，而自成其为铜石并用时代。“1959年黄河水库考古队甘肃分队在临夏大河庄和秦魏家两处齐家文化遗址发掘中，也获得了铜器。”[②]更证明了这一点。以后这一区域的考古发掘工作的进展还将帮助我们对红铜器过渡到青铜器的情况获得进一步的了解。

现在可先行特别提到的是1958年在甘肃永靖县张家咀遗址的发掘。[③]这一遗址的文化层堆积情况较清楚，第一层为耕土扰乱层，第二层为辛店文化层，第三层为齐家文化层。由于辛店文化层迭压在齐家文化层上面，这就提供了辛店文化在相对年代上晚于齐家文化的证据。在辛店文化的一个窖穴中发现了两块铜渣，作青绿色，底附一层土坯。这便说明了，从齐家文化到辛店文化，作为铜器原料的金属铜已从使用天然铜的阶段进入到冶炼取铜的阶段，虽然在同一遗存中未曾发现铜器。

① 《考古学报》，1960年第2期，第28和70页。

② 《考古学报》，1960年第2期，第70页。

③ 《考古》，1959年第4期，第181—184页。

关于我国红铜器出现的时期和铜石并用时代的存在，就谈到这里。

## 第四节　酿酒

酿酒起源的时代问题，跟铜器起源的时代问题一样，是我国科学技术史工作者所亟应探讨解决的一个问题。因为在殷商时期已盛行饮酒之风，有酒池肉林的传说（见《史记·殷本纪》），则其来源恐已相当久远。至于远到何时就是问题的症结所在。

有人是这样提的：“农业大体上在新石器时代初期开始出现……有了农业和畜牧业，就有储备粮食和牧草的可能。……既有五谷和牧草的经常储备……发霉发酵成酒的机会自然就不少了。因此，从远古社会经济状态看来，再结合技术上的可能，我们有足够理由相信，谷物酿酒大概是从新石器时代开始的。……酿酒的起源，在人类历史上应当是很早很早的，在旧石器时代就可能发现野果自行发酵，到了新石器时代，农业开始后不久也就可以有谷物造酒了。”①

我们不能同意这种看法，其理由有二：（1）这一看法把漫长的新石器时代（约占殷商以前的6000年的时间）看成为一个

---

① 袁翰青：《中国化学史论文集》，三联书店1956年版，第83—84页。

毫无发展的社会，因之对于谷物酿酒发生的条件，未免有所忽视；（2）这一看法本身的理论根据，是仅从技术上的可能为其出发点，缺乏任何实际的佐证。下面将从这两方面阐述我们的不同看法。

在中原地区，龙山文化上接仰韶文化，下接商代，现已再无疑问。而龙山文化与仰韶文化之间的差别，表现在农业生产方面，考古学家作了这样的结论："龙山文化中农业生产工具，石制种植工具，虽然没有出现新的器形，但庙底沟有近似耒的痕迹，表明种植方法也可能有些改进。其次庙底沟、牛砦、城子崖、两城镇等处都有石镰，城子崖、郑州旭奋王村更有蚌镰，这种工具的出现，证明种植的面积扩大了，收获量增多了。所以从仰韶的石刀到龙山的石镰，从仰韶文化的种植面小到龙山文化的种植面加大，从仰韶文化的收刈量小到龙山文化的收刈量增多，都表示了仰韶、龙山文化生产上的联系和改进，表示了我国原始社会晚期农业发展的过程。"①

生产力的发展促进生产关系的变迁。"最近在山东宁阳县堡头发现一百二十多座大小形制不同的龙山墓葬，其中大墓有木质棺椁的痕迹，随葬品达一百六十余件；小墓则形制小，无葬具痕迹，随葬品仅一二件或完全没有；说明阶级已在分化，

---

① 佟柱臣："中国原始社会晚期历史的几个特征"，《考古》，1960年第5期。

而原始社会的氏族公社正在逐渐解体。”[①]这个阶级分化问题实际就是我国谷物酿酒起源的核心问题，其所以成为核心，则是我国社会发展在具体历史条件下所形成的一个重要问题。大家知道，在我国原始社会的氏族公社时期，主要的生活物资来自农业生产的谷物，而畜牧业则处于从属地位。尽管有了储备的粮食，但它为氏族所公有，为全社所珍视：要把全体赖于托命的粮食作为酿酒之用，以供很少数人的享受，在当时是大有问题的。只有在生产力提高（工具的改进、播种面积的扩大等）的情况下，只有在由之而起的阶级分化的情况下，才会有比较剩余的粮食集中于很少数较富有者之手。只有到这样一个时期，谷物酿酒的社会条件才够成熟。

这样说，并非完全出自理论上的推测，而确有事实上的根据，那就是在龙山文化遗存中才出现陶制的酒器。在新石器时代遗址里，不可能留下酒的任何痕迹，但却可能留下酒器。所以酒器的出现与否便构成为判断酒之存在与否的确实证据。我国考古学家，在总结中原地区仰韶文化与龙山文化的共同性与差别性时，用统计方法获得一项重要结论：陶制酒器，如尊、如斝、如盉，都只出现于龙山文化遗存，而为仰韶文化所未有。因之认为“这（包括炊器的鬲、甗等）是龙山文化比仰韶

① 安志敏：“中国新石器时代考古学上的主要成就”，《文物》，1959年第10期。

文化进步的一个方面”。[1]这一结论，对于谷物酿酒起源的时代问题说来，一方面既驳倒了从新石器时代就开始的臆说，另一方面又为出现于龙山文化晚期作了佐证。

也许有人会提出异议，而说，这些陶制酒器的名称是考古工作者所拟定的，不见得是它们本身原有的，因之不能把它们作为专用酒器来看待。诚然，这些器名是考古学家所命的，但是所根据的是同形或类形的殷、周青铜器，这些青铜器的名称往往是可从其本身铭文中找到的，它们的体形又是从陶器模拟来的。青铜器中这些既是专用的酒器，那么，可见陶制的这类器皿原来就是用以盛酒的；称之为酒器，正属名副其实。然而也不可机械式地了解为所有一切陶制酒器都是在酒之出现以后特为制造用以盛酒、饮酒的。有些大中型的酒器，在其最初出现时，可能是作为一般容器使用的，而在酒的试制过程中便采用了它们，试制成功以后还继续使用它们，久而久之，由一般容器便转变成为酒器了。至于小型的壶、杯之类，其出现于谷物酿酒成功后的概率就比较大得多。例如，山东龙山文化有较多的精致小巧的陶器，如带把或高足杯和某些小壶等，壁薄如蛋壳，造型精美，考古学家认为“可能是一种酒器”，并据此

① 许顺湛：“关于新石器时代的几个问题”，《文物》，1960年第5期。

认为“在龙山文化晚期出现酒是完全可能的”。①②③

根据以上所述，从原始社会发展到阶级开始分化的情况来看，从酒器的存在和演变来看，谷物酿酒出现于龙山文化的晚期，是较为符合客观实际的结论；同时又成为奴隶社会殷、商朝代盛行饮酒的先驱。

## 第五节　小结

中华民族原始社会的历史约计有五十万年，比其后迄今有文字历史的各个时期的总和大了一百倍多。通过上面各节分别的叙述，可以了解我们的祖先在这样漫长岁月里，对于有关化学的工艺，所做出的自己的贡献。这些贡献，做得如此出色，使之在世界古老文化行列中间具有自己的特殊风格，不断地引起作为后代的我们应有的民族自豪感。同时它也告诉我们，自人类出现以来，无时无地不在与自然作顽强的斗争。在斗争的

---

① 北京大学历史系考古专业编：《中国考古学》（初稿）第一册，第51页。

② 《考古》1962年第1期发表了李仰松“对我国酿酒起源的探讨”一文。他不赞成出现于龙山文化晚期的说法，而主张在仰韶文化时期。他是从我国现代少数民族生活习惯用比拟方法来推导远古中原部族情况的。因此，我们未能同意他的结论，但仍提出，备读者参考。

③ 在本书付印的前夕，《考古》1964年第2期发表了方扬同志“论我国酿酒当始于龙山文化”的文章。方扬从文献记载、民族志资料、考古发掘资料三方面考虑，对李仰松同志的论点提出了不同的意见。其所得结论与本书所持者一致，读者可并览焉。

过程中，人们初步地对自然有了一点认识，进行了一点改造，使其能为人类生活服务。改造自然的结果，使人类本身也获得了改造。我国原始社会时期的化学史，既是一段光荣的历史，又是一段艰苦奋斗的历史。光荣正是无数的无名英雄从艰苦奋斗中得来的。在烧制陶器上，在创造铜器上，在谷物酿酒上，他们不仅在其本身历史阶段中获得光辉的成就，而且为即将来临的新的阶段创造了条件。

# 第二章　奴隶社会时期

奴隶社会是人类历史中第一个有阶级的社会。在氏族社会的末期，私有制出现以后，原始公社开始分化，奴隶社会就逐渐开始形成了。在我国历史中，这段时期可以认为从龙山文化到商代的时期，即历史传说中的夏代。看来，到了商代则已毫无疑义地进入了奴隶社会。这一结论从殷墟发掘的墓葬中有大宗身首异处的殉葬尸体的事实得到确证。我国的奴隶社会时期一直绵延到春秋战国之际。在这样的阶级社会里，由于手工业的分工和发展，加上奴隶被奴隶主强制地集中进行劳动，生产力得到很快发展。在化学工艺方面有两项重大的成就：一是制陶技术的提高和成熟，这是新石器时代长期制陶经验积累的结果。另一是冶铸青铜的技术由开始阶段逐渐成熟起来，青铜工艺又是在制陶技术的基础上发展起来的。它作为一种新的生产方式标志着奴隶社会这个新的历史过程的出现。其他化学工艺如造酒、染色等也都在进步和发展。

## 第一节 陶器

如前章所述，新石器时代的陶器已经逐步发展起来，到了奴隶社会又有了进一步的提高，这种制陶技术的提高，表现在两个方面：一是在陶窑结构方面的成熟，窑的结构，虽然和新石器时代相比无大差别，但是从经验的积累中还是不断地进步着。另一是新的陶器品种的出现，这就是白陶和釉陶。

### 一、关于窑的结构方面的发展

陶业在原始社会占有重要的地位，所以陶窑的发展较为迅速和成熟。它的结构在前章里曾经加以叙述。到了奴隶社会的商、周，这种陶窑结构比较成熟的经验就被继承下去。举例说来，则有邢台曹演庄的三座窑①、郑州碧沙岗的两座窑②、洛达庙的两座窑③、铭功路的十四座窑④、人民公园的两座窑⑤。这些都是商代的。（参见图版四）

但是不应该作出这样的结论：商、周陶窑的结构完全是因仍旧贯而无所改进。就在商代的早期也还出现了有支撑箪

① “邢台商代遗址中的陶窑”，《文物参考资料》，1956年第12期。

② “郑州发现的几个古代时期的窑址”，《文物参考资料》，1957年第10期。

③ “郑州洛达庙商代遗址试掘简报”，同上。

④ “郑州商代遗址的发掘”，《考古学报》，1957年第1期。

⑤ “郑州发现的商代制陶遗址”，《文物参考资料》，1955年第9期。

子的有柱窑的结构。窑柱的形状大多数是长方形的，好像是一道短墙，一头紧接窑壁，一头对着火门。柱一般长0.4米，宽0.2米，高度……不等。最后两座窑中一个窑柱的具体数据是："长45厘米，宽22厘米，高58厘米。"与上述一般数据合。也有少数窑柱是椭圆形的，如1957年8月在安阳市西郊所发现的殷代窑址，据报道："窑腔是就地挖成的，作椭圆形，直径2.1米。中央设有椭圆形窑柱，柱上有窑箅，箅上为窑室。"[①]值得注意的是，在郑州董砦西周文化层中也发现了一座有柱的窑址。"该窑的形制，全呈圆形，中间有一椭圆形窑柱，柱的本身呈束腰状，上托窑箅。"[②]从这两座椭圆柱窑看来，奴隶社会的商、周文化继承关系也是肯定的。总起来说，窑柱的出现意味着什么呢？就窑的大小来比较，商、周的和新石器时代的没有多大的差别，虽然形制上有圆的、椭圆的、长方形的不同。可能的原因，也许由于火道的改宽，引起火腔的扩大，因而使窑箅容易陷落；也许由于窑室里所容纳的陶坯逐渐增多而使窑箅不能承受；也许两者兼而有之。但无论如何，窑的结构仍然是在跟随着当时的需要而发展着。

## 二、关于陶器质量的提高

商、周陶器质量出现了两种惊人的进展。一种是釉陶，一

---

① "安阳市西郊殷代文化遗址"，《文物参考资料》，1958年第12期。

② "1957年郑州西郊发掘纪要"，《考古通讯》，1958年第9期。

种是白陶。1953—1954年间在郑州二里岗商代文化层里发现了敷釉陶尊，色褐有光，质地坚硬，叩之铿然有声。这种殷商的釉陶残片不但在郑州的遗址中，而且在安阳小屯及其附近，都先后有所发现。从1953年起，在基本建设中，先后于河南洛阳、江苏丹徒烟墩山、陕西长安斗门镇普渡寺等地，也同样地发现了西周的敷釉陶豆、陶碗。尤其值得注意的是，1959年在安徽屯溪发掘的两座西周墓葬中出现了大批的釉陶器[①]，包括碗、盂、豆、尊、盉、盘、罐等，共七十一件。（参见图版五下）这批釉陶器，既系统，又完整；质地坚硬的，击之有铿锵之声。又一次说明殷、周文化相承的关系。敷釉的目的是要消除陶器的粗糙性和吸水性。陶器着上一层釉，不仅器面光滑，便于使用和洗涤，主要的还在于，储存其中的液体生活用品（如酒），不致因渗透而遭受损失。因此可以说，釉陶的发明是社会需要所导致的结果。从陶器发展到瓷器，釉陶的出现，在一定意义上，也是一个重要关键。在生产实践中，不知要积累多少经验和探索才能突破这一关，而在三千多年前我国奴隶社会的殷、周时代，则已达到了。

再者，釉陶与硬陶有密切关系，而与同时的一般灰陶有显著的区别。它不但表现在硬度上的差别，同时也表现在孔隙度的差别，即吸水率的差别。从安阳小屯出土的两种陶片，灰陶22片，釉陶与硬陶共20片，分别测度其吸水率的结果，前者都

---

① “安徽屯溪西周墓葬发掘报告”，《考古学报》，1959年第4期。

在11%以上，最高的达30%，其平均数为21.5%；后者都在1%以下，最高的也仅达0.8%，其平均数约为0.4%。这项实验结果充分说明了釉陶、硬陶质量的优越性，似乎釉陶是在硬陶的基础上发展起来的。

釉陶质量与硬陶相近似，而与灰陶相差较远，还表现在化学成分方面。如殷墟釉陶的化学成分，不仅与殷墟硬陶相近，而且与西周硬陶相近，但是与同在殷墟出土的大宗灰陶比较，则差别颇大。下面是它们的成分比较表[①]。

| | 殷墟釉陶 | 殷墟硬陶 | 浚县西周陶片 | 同上 | 殷墟灰陶 |
|---|---|---|---|---|---|
| $SiO_2$ | 76.18 | 71.66 | 74.34 | 70.16 | 67.68 |
| $Al_2O_3$ | 17.13 | 18.60 | 18.63 | 20.43 | 16.97 |
| $Fe_2O_3$ | 1.48 | 3.12 | 0.20 | 0.63 | 1.81 |
| FeO | 0.49 | 0.49 | 1.51 | 2.00 | 3.85 |
| CaO | 0.51 | 0.68 | 0.80 | 0.70 | 1.52 |
| MgO | 0.85 | 0.83 | 0.57 | 0.74 | 2.08 |
| $Na_2O$ | 0.78 | 1.06 | 0.99 | 1.43 | 2.00 |
| $K_2O$ | 2.17 | 2.25 | 2.73 | 2.72 | 2.89 |
| $TiO_2$ | 0.77 | 0.85 | 0.65 | 0.74 | 0.71 |
| MnO | 0.01 | 0.02 | — | — | 0.09 |
| $H_2O$ | 0.08 | 0.14 | 0.12 | 0.32 | 0.34 |
| 灼烧损耗 | 0.94 | 1.02 | 0.70 | 1.06 | 0.76 |
| 总数 | 100.94 | 100.72 | 101.24 | 100.93 | 100.70 |

① 表中数值为各成分含量的百分数，下同。——编者注

由上表不难看出，釉陶之所以类于硬陶，而别于灰陶者，在于所含的酸性氧化物（$SiO_2$）相对地增高，所含的碱性氧化物（CaO、MgO、$Na_2O$）同时相对地减低。因此，它的软化点就增高了，它的烧成温度也增高了；在高温下所烧成的陶器当然就更为结实，它的吸水率之低也可得到进一步的理解。由此看来，殷、周劳动人民在制造釉陶胎坯时所用的原料，是从积累经验中获得了正确的认识，而有所选择的。

从釉料的成分上可更为清楚地看出这一点。跟胎坯相反，釉料软化温度应该较低。这样，才能在胎坯烧成时釉料已达到熔融状态而布满在胎坯面上。如前所示，要使釉料软化点降低，就应该相对地提高碱性氧化物的成分。屯溪西周的釉陶证实了这一点。釉的样品有三个，胎的样品有五个。由于所用是光谱半定量分析方法，各种元素的百分比具有一定的估计性，但是就同一元素在不同样品中的相对数值说，却是相当可靠的。现在把碱土金属元素在釉片和胎片中的百分比分别列表如下：

| | 镁 | 钙 | 锶 | 钡 |
|---|---|---|---|---|
| 釉片 | 约2 | <10 | 约3 | 约1—2 |
| 胎片 | 约0.5—0.7 | 约0.3 | 约0.5 | 约0.02—0.5 |

碱性氧化物在釉片中的成分比在胎片中的成分相对的增高是非常明显的，少者几倍，大者几十倍。尤其是钙的成分，这在后代的瓷釉中也曾反映出来，可说是“源远流长”了。

陶器质量提高的另一方面是坯料的改进，即从灰陶、红陶等走向白陶。在这一点上殷代劳动人民做得尤为出色，那就是世界闻名的刻纹白陶。（参见图版五上）由于它的造型和纹饰多仿自青铜器而又独具风格，它的出现时期应较青铜器盛行时为晚。虽说它的发现最初在安阳，但是1950—1951年间在辉县琉璃阁发掘中也曾出现。它之所以坚实是由于烧成时温度之高。有人曾经用这种陶片重新在已知一定温度下灼烧，看它的收缩率如何，得到了下列结果：

| 温度 | 900℃ | 1000℃ | 1060℃ |
| --- | --- | --- | --- |
| 收缩率 | 0 | 0.16% | 0.51% |

根据这些数值，可以估计当时烧成温度在900℃以上，1000℃以下，大致在975℃。白陶之所以白是由于制器所用的陶土含铁量较一般黏土为低。根据两组分析三种样品（前两种样品为一组，后者为另一组）的结果，列表如下：

| $SiO_2$ | $Al_2O_3$ | $Fe_2O_3$ | MnO | $TiO_2$ | CaO | MgO | $K_2O$ | $Na_2O$ | $H_2O$ | 共计 |
| --- | --- | --- | --- | --- | --- | --- | --- | --- | --- | --- |
| 51.32 | 40.77 | 1.10 | 0 | 2.24 | 1.60 | 0.47 | 0.51 | 0.72 | 1.25 | 99.98 |
| 57.21 | 35.49 | 1.24 | 0 | 0.89 | 0.84 | 0.48 | 2.28 | 1.27 | 0.38 | 99.98 |
| 57.70 | 35.14 | 1.58 | 0 | 0.99 | 0.82 | 0.58 | 2.12 | 1.05 | — | 99.98 |

它的含铁量差不多只有仰韶文化彩陶的平均数（15.23）的十分之一。这固然值得注意，它甚至比晋代青瓷瓷胎中的含铁量（1.68—1.96）还要少一点。就整个化学成分说，殷墟白陶所用的原料应属于高岭土一类。那就更足说明，当时劳动人民在制陶工艺上得到如何惊人的成就！

白陶的发展，和其他新生事物一样，不是突如其来的。在新石器时代就有了质地坚实的白陶出现，近年在山西省永济、临汾等县所出土的白陶即是例证。最值得注意的是1959年5月在山东省宁阳县堡头村古代遗址的新发现[①]。在大小一百二十余座墓葬中清理出许多陶器；总的看来，白陶是与彩陶、黑陶以及灰陶、红陶同时并存。计白陶60件，彩陶55件，黑陶87件，灰陶331件，红陶194件。“多系手制，也有手制兼轮制”。“所有陶器火候高，质细，壁薄，形状规整。有的近于龙山文化，有的近似于仰韶文化，有的带有商代风格。”“根据现有发现，初步认为其时代为新石器时期末和商代前期，属于过渡性的遗址。”“当时开始出现贫富不同的阶级萌芽。”及到进入了商代以后，奴隶制度的社会已建成，阶级分化已确立。这种阶级对立反映在社会生活的一切方面。早期殷墟发掘所获得的二十五万多片陶片，其中白陶仅占千分之二点七，显然这种质地优良、造型端整、刻画精致的陶器，只有少数奴隶主才有享用之权。

---

① “山东宁阳县堡头遗址清理简报”，《文物》，1959年第10期，其图版见1960年第2期。

## 第二节　青铜器

青铜器的出现是殷代奴隶主垄断手工业表征之一。从它的种类之多、纹饰之美、铸造之工看来，在它的前代应当还有一段孕育时期。（参见图版六、七、八）但直到新中国成立以前考古工作者还不曾发掘出遗物可以作为这种论断的依据。近年以来，随着大规模的基本建设，考古发掘工作的迅速发展才提供了一些线索。殷商时代，我国的青铜冶铸技术已经达到高度成熟阶段，这是劳动人民的实践经验积累的结果。下面将分四方面加以讨论。

### 一、对金属的一般认识

青铜是铜锡合金，如果说这类合金是古代劳动人民有意识地配合制成的，而不是偶然的遇合，那么，在制成青铜之先，就要求对铜和锡有分别的认识。在郑州出土的铜器中，含铜量有超过98%的。在安阳出土的铜器中，含铜量有达到98.55%的。而其含锡量仅0.61%，含铅量仅0.59%，这类样品可以认为是当时可能达到的纯铜。小屯出土的有成块的锡，大司空村出土的有锡戈六件。看来当时已认识锡是另一种金属而与铜区别开来。至于铅也是如此，铅卣、铅爵、铅觚、铅戈等，都先后在殷代墓葬中有所发现。辉县琉璃阁殷代墓葬中还出现了金叶，小屯发掘又出现了金块。从这些事实出发可以得到一个结论：当时对于铜、锡、铅、金四种金属已具有分别的认识和合理使用的本领。

为了更好地体会这里所说的分别认识和合理使用的意义，让我们举出殷代劳动人民发明了铜上镀锡的技术的事例。殷墟发掘中曾出土“虎面铜盔数具，其中有完整之一具，内部红铜尚好，外面一层厚锡，镀法精美，光耀如新，且闪烧有白光”，“此盔里面底质，系粗糙之天然红铜，并未腐锈”。[①] 制盔不用青铜而用红铜，这是很有意义的事。红铜较青铜为软，在冷加工方面有其便利之处，而且还可节省较难得的锡。然而红铜的金属光泽容易变暗，锡不易氧化，所以光泽保持较久，它的颜色是银灰色，日光照耀之下，便觉夺目。这种镀锡铜盔说明当时金属工艺如何高明。同是铜和锡两种原料，用以制武器则熔合一起而得到相当硬度的合金，用以制盔则分层施工而达到防卫而又美观的目的。

## 二、冶炼

冶炼是从含有某种金属的矿石中，用化学方法把金属提炼出来的过程。1933年在安阳发掘“得到一块较大的孔雀石（$CuCO_3CuO \cdot H_2O$）铜矿，重18.8千克，并且混杂着许多赤

---

① 周纬：《中国兵器史稿》，三联书店1957年版，第151页。

铁矿（$Fe_2O_3$）。……这块孔雀石发现的地点又是炼铜遗痕密布的区域。那么，这块孔雀石是殷人当作炼料的无疑。……在殷墟发现的铜砂仅仅是孔雀石一种，并且几次都是这一种。……殷墟出现一种红黄色形陶质器，当地的居民都称它做将军盔……大概是商朝人炼铜用的锅。冶铜可以用炼锅，也可以用炼炉。……发掘殷墟，随时有遇着红烧土的可能。有许多红烧土碎片上还粘着炼渣。并且，只要有红烧土发现的地方也有其他冶炼遗痕的可能。那么红烧土多半是炼炉的遗骸，还发现一块重21.8千克的炼渣，这样的大块，显然是炼炉的产物。照这些情形看起来，商朝人炼铜，除用炼锅外，还用炼炉。……殷墟文化层内木炭分布为量至多。……最小的简直是很细的粉末……大块的木炭直径竟在一寸以上，或二寸左右。不过大块的木炭只有炼痕密布的区域里可以找到。这些木炭多半是殷代人炼铜的燃料。那时候的冶炼事业上所用的燃料大概也只有木炭一种”[①]。

新中国成立以来，在郑州发现商代文化层，因之对于当时冶炼技术有了进一步的了解。“1954年8月在南关外商代遗址的发掘中，发现该处灰层内堆积很多铜渣和木炭末；并发现有许多炼铜工具的残片，经粘对复原后，能看出形迹者有三件，证明是当时的炼锅。其中有二件是采用商代中期大口陶尊制成

① 刘屿霞：“殷代冶铜术之研究”，《安阳发掘报告》第四期，1933年。

的，一件是采用原始绳纹陶缸制成的。它们的外部皆涂有草拌泥，部分口的边缘上也涂有草拌泥，器内还残存着数层铜渣。”[①]“1956年2月郑州市郊紫金山以北河南饭店扩建工程中又发现规模巨大的商代人类居住与炼铜遗址一处。……炼铜遗址集中发现在一座房基的内外，房内的地面上有一层非常细腻而又相当坚硬的浅绿土（含有铜的成分）。上面分布着十数个圆锥窝，窝的内面光，黏附一层铜汁。其中有几个窝内有圆锥形的东西，口径3.2厘米，高8厘米，口部有黑灰和碎铜渣，形状与殷商铜器中斝、鬲等器的足相似。在房外有面积更大的铜锈面，厚0.1—0.15米……也发现了黏附在炼铜坩埚上的红烧土（草拌泥），上面粘有铜渣。……前年在此地发掘时在此房基西部十米内发现了铜矿一大块，可想见与炼铜有密切的关系”，[②]据说在南关外炼铜遗址中，也曾发现铜矿以及圆锥形窝，但报道未详。“1957年8月河南安阳市西郊小屯村东南二里高楼庄以西薛家庄地，在基建工程中发现了埋藏非常丰富的殷代遗址。……冶铜遗址发现两处。……伴出的有冶铜用的将军盔残片、木炭、铜渣、铜锈以及炼炉块等。”[③]1959年2月在河南南阳市十里庙发现了商代遗址，后来在遗址中又发现了“大

---

① “郑州市古遗址墓葬重要发现”，《考古通讯》，1955年第3期。

② “郑州发现的一处商代居住与铸造铜器遗址简介”，《文物参考资料》，1957年第6期。

③ “安阳市西郊的殷代文化遗址”，《文物参考资料》，1958年第12期。

批铸造铜器的陶范和冶铜的坩埚残片及铜渣。”①

从以上的考古发掘中可以看到：

（1）殷代炼铜的矿石可以肯定是孔雀石无疑。燃料用木炭也毫无问题。但是应该指出，木炭不只是燃料，而且还兼做还原剂用。

（2）炼铜的工具：已发掘出的大口陶尊用来作为炼铜坩埚也无问题。至于“将军盔”的用途，还应该做进一步的研究，因为它壁厚，容积小，而且有一个长足尖底，看来用于炼铜是不及大口陶尊方便，而且它是殷代晚期发现的。有些人认为“将军盔”是用来熔铜的，不是炼铜的。这也还要进一步探讨，因为炼铜的温度和熔铜的温度相差不多，如果说能用来熔铜，为什么不能用来炼铜呢？再则在使用方法上也还没有得到圆满的解释。

金属冶炼和金属熔铸本来是两回事，彼此之间，既有区别，又有联系。上面所举的那些遗址，就其与铜矿石同时存在说，应该属于冶炼；就其与铸范同时存在说，也许仅属于熔铸。再一种可能就是既用于冶炼，又用于熔铸。看来这种可能性的程度似乎较高，因为当时手工业行内的分工不会像后代那样细致。所以归并在一起加以叙述。

（3）关于炼炉问题，虽然几处发掘报告都提到炼炉的遗

---

① “河南南阳市十里庙发现商代遗址”，《考古》，1959年第7期。

迹，并且在小屯高楼庄还发现了炼炉残块，但是究竟炼炉的形式怎样，还没有具体的资料。这就给研究当时的冶炼技术带来困难。

（4）几处炼铜遗址的发掘都没有获得鼓风设备的痕迹。冶炼铜需要1000—1100℃高温，如果只用木炭来做燃料，炼炉又没有高大的形制的迹象，若是没有鼓风设备，是很难达到的。

因此我们现在对商代炼铜技术问题，只能有一个一般性的解释，至于详细的情况，还有待进一步的研究。

以上所说是关于铜的冶炼。关于锡和铅的冶炼，因为没有考古发掘资料，只能做一些合理的推测。第一，既有锡块、铅块的出现，则必然已掌握它们的冶炼技术，因为它们并不以金属状态存在于自然界。第二，锡的冶炼比铜的冶炼容易得多，铅的冶炼，其难易要看矿石成分而定，在这一点上铜也是如此，在同样情况下，铅比铜容易炼出，因为它的熔点比铜低。第三，冶铜技术掌握之后，当然同样可以用于冶锡和冶铅，但是古代冶炼锡、铅遗址未被发现，也有它的理由，一则它们的需要量比铜少，二则炼铜的地方也可用来炼锡和铅，而它们散失在遗存中所生的锈和土壤颜色相近，不像铜那样易于辨认。当然殷墟一带熔炼青铜用的锡，也可能是外地运来的，有些人就提出这样的看法。总之，在当时，劳动人民已掌握了它们的冶炼技术。至于黄金，它本身就以金属形态存在于石英岩中，北京自然博物馆就有这样标本。大概古代的黄金最初就是从石英岩中提取的，所以只有加工过程，没有冶炼过程。

## 三、铸造

铸造是制造铜器的一个重要程序。铜器的制造一般有两种不同的方法，即锤锻法和熔铸法。前者用于紫铜，后者用于青铜，但也并不是绝对的。奴隶社会的青铜器几乎全是铸造成的，这一结论不仅从出土器物的金相学分析得到证实，而且从发掘出的各种铸件所用的范得到更具体的说明。这些范的出现常常和冶铜遗址在一起；片数之多，形色之不同，都引人注意。这些范都是陶质的，因此当时绝大部分铜器是用陶范铸成的。

陶范的发现是很多的。1933年《安阳发掘报告》提到“殷墟出土的铜器仅仅是很少的几件，铜范的数量倒是不少，可是形状和花纹都很完好的也只有很少的几块，其余都是不完整的”。后来又“发现了许多铜范（陶范），计有觚、爵、殷、罍、镞、矛、车饰、铜泡等残片”。1954年在郑州南关外发掘中“出土碎范1000余块，经过粘对复原，能看出所铸之器形者有镞、刀、斧、斝、鬲、爵等范，其中以镞范为最多，斧范次之。范的组合分两扇和内外两种。两扇（即现在称的双合范）合成者有镞范和刀范等，内外（即现在称的多合范）合成者有鬲、爵、斝、斧等。外范多系两块或三块合成，镞范每扇各刻着五至七个镞模，每镞的铤都连在范板中部的一道凹槽，铸造时一次就能铸出五至七个铜镞来。斧的外范系两扇合成，一扇的顶端两侧有母榫，内范的顶端有子榫，铸造时内外范子母榫口相合，以固定两范的位置，但在内范顶端的前后有对称的两个半圆形凹槽，当为铸造时注入铜汁和出散热气之用”。同年在郑州紫荆山北也“发现铜范碎片184块”[①]，1956年又在该处发现“一堆铜范，其中有戈、刀、杯和不识器形的共七八块，泥质砖形，有的花纹非常清楚”。[②]1957年在安阳西郊发现了两处冶铜遗迹：“一处在殷代早期灰层中，出土较完整的泥范五十多块（分内范外范两种），其中最大的泥制外范有长达0.4米的，泥外范里面多刻有精致的花纹。另一处是在殷代晚期层内，在5米×20米的面积中，普遍发现陶范。内范占多数，外范较少，多系碎小残块和泥范一样刻有纤细精美的花纹。据初步统计有五百多块。（参见图版九）这两处出土的泥范和陶范，边沿部分都有榫头榫眼，以便铸造铜器时扣合使用。可以认出器形的范有斝、觚、爵、罍、鼎、壶等十余种。……同时还发现一些磨石，可能是用来修磨铜器的，上面留有磨痕。”[③]从这些考古资料，可以看出殷代陶范（或泥范）铸造的一个全面情况。当时的泥范在焙烧之后就是陶范，它们的工艺过程是一样的。

---

① “郑州商代遗址的发掘”，《考古学报》，1957年第1期。

② “郑州市发现的一处商代居住与铸造铜器遗址简介”，《文物参考资料》，1957年第6期。

③ “安阳市西郊的殷代文化遗址”，《文物参考资料》，1958年第12期。

单合范和双合范的工艺过程比较简单，铸成的器物都呈平面形，如刀、镞（钺）等。

多合范的铸造工艺比较复杂一些。一般地要先做一个内模（有的可以先不做），内模和铸成的实物基本上是一样的，根据内模来制外范，在外范的内部雕刻花纹，然后再配内范，组合在一起。几块外范要用泥土加固，烘焙，防止浇铸时发生损坏。当时的陶范一般只用一次，浇铸后就毁掉了，所以从来没有发现过同样花纹的铜器。

至于有些铜器的附件，如鼎耳、提梁卣的梁，有的和原器同时铸成，有的是后加的；或者是分别铸好，再熔接起来；或者先将附件铸好，附在主件的范上，再铸在一起。这是一些加工技术上的问题。

殷代末期，除了陶（泥）范铸外，还有一种精细的铸造技术，便是熔模铸法。它的工艺过程和现在的失蜡铸法差不多。本来这种铸造技术是比较复杂的，发达较迟。我们所以提出在殷代就出现了这种工艺，最主要的理由是：有些精美的铸造，如著名的四羊尊，现经考古学家确证是殷代器物，其精美的花纹、复杂的造型，令人赞叹，这样的器物，如果用陶范是不可能铸成的，唯一可能的是熔模法。所以称为熔模法是因为内模不一定是蜡质做的，也可能是牛羊的油脂，在凝硬时做内模，浇铸铜汁时即行熔化，原理和现在的失蜡法一样。

## 四、配制合金

研究奴隶社会的青铜合金成分，是很关重要的，是深入一步研究青铜文化所必需的。一方面，通过合金成分的研究，可以了解古代劳动人民在配制合金方面已经有了丰富的实际经验。另一方面也可以通过青铜器的合金成分变化，来研究青铜器在各个时期的变迁，反映社会经济发展的情况。

郭沫若从多方面研究殷周铜器之后，分我国的青铜时代为四大期：第一为鼎盛期，殷商后期及周初成康昭穆之世属之。它的“器制多凝重结实”，“花纹种类大率为夔龙、夔凤、饕餮、象纹、雷纹等奇怪图案，未脱原始风味”。“文体字体也都端严而不苟且。”这些特征也说明了殷周之际青铜器文化继承情况。

第二期大率起自恭懿孝夷之世以迄于春秋中叶，包括西周的下段和东周的上段。“这期的器物简陋轻率，花纹多粗枝大叶的几何图案，异常潦草……文字每多夺落重复。……但这一期的铭文，平均字数较前一期为多，而花纹逐渐脱掉了原始，于此也表示着时代的进展。”所以从前一方面说可叫颓败期，从后一方面说又可叫开放期。

第三期为中兴期，自春秋中叶至战国末年，“一切器物呈出精巧的气象……器制轻便适用而多样化、质薄、形巧、花纹多全身施饰，主要为精细之几何图案。铭文文体多韵文，在前二期均施于隐蔽处者，今则每施于器表之显著地位。因而铭文及其字体遂成为器物之装饰成分而富有艺术意味。铭文的排列必求其对称，字数多少与其安排，具见匠心。”

第四期为衰落期，“自战国末叶以后，因青铜器时代将告递禅，一切器物复归于简陋，但与第二期不同处是更轻便朴素，花纹几至全废，铭文多刻入，与前三期之出于铸者不同。文体字体均简陋不堪，大率只记载斤两容量，或工人自勒其名而已”[①]。

按青铜器本身的演变来分期，也部分反映了当时社会发展的情况。第一期反映着殷末周初同是奴隶制度社会，第二期反映着奴隶社会逐渐解体，第三期反映着工商业发达，新兴的封建制度的形成，第四期反映着青铜器逐渐让位于铁器了。

这样分期是从历来已经发现的青铜器，通过器形、纹饰、文字等研究而总结出来的。郭沫若在《彝器形象学探试》一文中，还指出应有一个滥觞期在先，他说：“殷之末期铜器制作已臻美善，则其滥觞时期必尚在远古，或者在夏殷之际亦未可知。”“目前尚无明确之知识，然为事理上所必有。……此期有待于将来之发掘。”这番话是1934年说的，新中国成立以来，考古发掘工作把对殷代青铜器的知识推前了一大步。1950年与1951年间，曾于辉县琉璃阁殷代墓葬中发现一批铜器，其

① 《青铜时代》，人民出版社1954年版，第304—305页。

中有些兵器和几种容器。“容器具有较显著的特征，容器中如鬲、斝、爵、觚等，器胎较薄，纹饰细浅流动，器形也较为特殊。”考古工作者认为“具有早期性质”。1955年郑州白家庄殷代墓葬中出土了铜器十五件，有些器形与辉县出土的容器相同，而墓上的堆积层相当于殷代文化的中期，墓室又打破了殷代文化早期的深灰土层。这样就证明了这批铜器是目前发现最早的，即殷代前期的遗物。1957年湖北黄陂杨家湾出土六件铜器，其中斝、爵的形状与郑州白家庄、辉县琉璃阁出土的斝、爵相同。以上三批铜器，作风原始，质地较粗，时代都早于安阳小屯。虽说未能就定为滥觞期的全部，然其与鼎盛期大有区别，那是颇显然的。

对殷周铜器分期有了明确的认识以后，再来叙述从发掘中得出的实物的化学成分，并讨论其意义，那是符合科学原则的。杨根与丁家盈曾将郑州出土的殷代前期铜器进行了化学分析[①]，所得的结果是：铜占91.29%，锡占7.10%，铅占1.12%，合计99.51%，这项结果清楚地说明了，即在殷代前期已进入了青铜器时代，而不是纯铜器时代，因为高达7%的含锡量绝不会是以杂质的形式而混进去的。同时还值得注意的是含铜量高，超过了90%。

殷代后期的铜器以1939年在安阳武官村出土的司母戊鼎[②]

① “司母戊大鼎的合金成分及其铸造技术的初步研究”，《文物》，1959年第12期。

② 现名为后母戊方鼎。——编者注

最为著名，重875千克，通耳高133厘米，横长110厘米，宽78厘米，是我国古铜器中最大的一件。（参见图版六）现在陈列在首都中国历史博物馆里面。杨根与丁家盈在研究这个大鼎铸造技术的同时，进行了化学成分的分析。根据光谱分析，除很微量的铁、铬、锌、砷、硅、钙等外，主要成分是铜、锡、铅三种金属。根据化学分析，合金成分是：铜占84.77%，锡占11.64%，铅占2.79%，共计得99.20%。跟殷代前期青铜相比，锡、铅含量（主要的是锡含量）有显著的提高。

再者，配制铜锡合金的青铜，根据器物不同的用途选择不同的比例，这是我国劳动人民在三千年前从长期实践过程中逐步掌握的经验。后来到了战国时期，这种经验被系统地载入《周礼考工记》里，成为世界上最早的合金成分规律，这就是“六齐”，意思是配制青铜的六种方剂。其中钟鼎之齐是，“六分其金（铜），而锡居一”，即锡的含量略高于14%。把大鼎的成分和它比较一下，可以认为是相当接近的，因为锡铅算在一起，它们的总量是14.43%，正适于钟鼎的标准。虽说这仅是一个个别的例证，然而却是一个重要的例证。

殷代后期和两周的铜器的发现，为数是很多的。从它们的化学组成作广泛的和比较性的探索，这是我国从事化学史工作者，跟考古学家和历史学家一样，所迫切要求解决的一个问题。这个问题看来已获得初步的解决。1950年中国科学院化学研究所梁树权和张赣南发表了他们对殷周青铜器所进行的化学分析结果[①]。分析的器物，殷代后期的有八样，包括戈、镞、刀柄、饰件和鼎彝碎片等；西周十八样，包括戈、戟、斧、刀、镞、尊、钟、鉴等；东周十八样，包括戈、戟、斧、刀、镞、镦、削、钟、鼎、簠、簋、壶、镜等。值得注意的是：所有这些样品都从田野工作取得，绝没有赝鼎的嫌疑；由于考古学家对伴随出土的其他器物或文化层有过比较的考核，在断代上也应没有大问题。因此这种较有系统的分析结果，比其他某些零星的分析说来，具有更重要的意义。在具体分析工作中，对每个样品都进行了铜、锡、铅、锌、铁、镍六种金属的定量分析。所有四十四个样品含的锌、铁、镍都是微不足道的，锌、镍全在1%以下，只有一个样品含铁量超过此数。所以在比较两周青铜器组成时只需考虑铜、锡、铅三种金属数量的消长。在处理分析结果时，上述两位作者放弃了平均数值办法，采取了更为科学的分布频率办法，制成三表。第一表为含铜量分布频率表。

| 成分范围（%）<br>样品数 | 60—65 | 65—70 | 70—75 | 75—80 | 80—85 | 85—90 | 90—95 | 95%以上 |
|---|---|---|---|---|---|---|---|---|
| 殷 | 0 | 0 | 0 | 1 | 4 | 1 | 1 | 1 |
| 西周 | 0 | 1 | 2 | 3 | 7 | 4 | 1 | 0 |
| 东周 | 1 | 7 | 7 | 2 | 1 | 0 | 0 | 0 |

① “中国古铜的化学成分”，《中国化学会会志》（英文本），1950年1月。

从上表看来，在殷代后期和西周，含铜量分布频率同样集中在80%至85%相当小的范围之内。如果把范围稍微扩大一些，即从80%至90%，样品集中的数目，在殷将为5，在西周将为11，分别占样品总数的62%和61%。结论是："殷代与西周之间，含铜量差别微小。"这一结论的正确性不但从其他零星分析结果——"西周铜器和殷代铜器成分也差不多"——得到佐证，而且更重要的是从不同的角度（如器形、纹饰、铭文等）用不同的方法所得出的结论也与它相符合。因此可以说周初殷末社会制度的同一性在青铜器技术上也部分地反映出来。

从上表也很容易看出东周器物与西周器物成分上的差别性。两位作者的结论是：东周器物含铜量"比起前两代来有显著的低降"。集中在65%—75%之间的样品占了全数的78%。要说明这一波动的性质和缘由，就必须结合锡、铅含量来讨论。

下面是这两种金属成分分布频率表。

**锡含量分布频率表**

| 成分范围（%）<br>样品数 | 1—5 | 5—10 | 10—15 | 15—20 | 20—25 |
|---|---|---|---|---|---|
| 殷 | 3 | 0 | 1 | 3 | 1 |
| 西周 | 1 | 2 | 13 | 2 | 0 |
| 东周 | 0 | 0 | 3 | 14 | 1 |

**铅含量分布频率表**

| 成分范围（%）<br>样品数 | 0—5 | 5—10 | 10—15 | 15—20 | 20—25 |
|---|---|---|---|---|---|
| 殷 | 8 | 0 | 0 | 0 | 0 |
| 西周 | 12 | 3 | 2 | 0 | 1 |
| 东周 | 2 | 11 | 5 | 0 | 0 |

首先应该指明，含铜量的下降必然意味着锡或铅含量的上升，也许锡和铅二者同时上升。就上两表观之，按锡含量说，西周集中在10%—15%范围内，东周则集中在15%—20%范围内；按铅含量说，西周集中在0—5%范围内，东周则集中在5%—10%范围内。果然，从西周到东周，锡和铅的含量同时都上升了。这样的波动究竟意味着什么？和上面的分期哪一期相对应？开放期还是中兴期呢？怎样来解释呢？有人曾经收集过零星分析的西周和战国彝器各四种，胪列成一个比较表[①]如下：

| 时代 | 品 | 铜 | 锡 | 铅 | 总 |
|---|---|---|---|---|---|
| 西周 | 尊 | 82.39 | 15.42 | 0.45 | 100.8 |
| 西周 | 殷耳 | 79.80 | 10.00 | 2.54 | 94.73 |
| 西周 | 祭器 | 75.80 | 12.20 | 8.80 | 96.80 |
| 西周 | 祭器 | 75.10 | 11.50 | 10.30 | 97.10 |
| 战国 | 祭器 | 61.10 | 14.70 | 16.20 | 93.60 |
| 战国 | 祭器 | 59.80 | 7.10 | 30.30 | 97.70 |
| 战国 | 祭器 | 75.70 | 13.90 | 3.10 | 93.20 |
| 战国 | 盘 | 66.98 | 8.62 | 21.64 | 97.41 |

① 表中数值为各成分含量的百分数。——编者注

从这个表不难一眼看出，战国铜器对西周铜器，铜含量有显著的降低，铅含量有显著的提高。为了更好地和前面东西周之间的波动作比较，我们仍然采取了平均数值的办法——由于分析样品件数比较少的缘故。按铜、锡、铅的次序，它们的含量，在西周是78.27∶12.28∶5.52，在战国是65.89∶11.08∶17.81。锡的含量虽然有点减少，然比起铅含量增加之数来说，则减少的比率较低。主要的波动在于铜含量的下降，而此处的平均值又适在前表分布频率所集中的范围之内。由此可以得出这样的结论：梁、张所分析的器物实际是，或者大多数是战国时的器物；它们在成分上所表示的波动应该与第三期的波动相对应。波动的意义因而也就得到了合理的解释。这一期的器物既以质薄、形巧、花纹精细为特征，那么，对于铸造器物的合金性能就提出熔点低和流动性大的要求。熔点低则易于熔化，而不易于凝结成为固体，在加热和保温两方面便于操作。流动性大则有隙必乘，无孔不入，因而可以收到质地轻薄如纸，纹饰纤细毕露的效果。只要看过新中国成立后出土的许多战国铜镜，就能立即体会当时铸造技术所达到的工巧程度。当时是怎样来达到上述两项要求的呢？按照近代关于合金的知识，要使两种金属（如铜和锡）所组成的合金（如青铜）的熔点再行降低，可能有两种办法：一种是增加其中某一金属（如锡）的成分，另一办法是加入第三种金属（如铅）。看来，战国铸造工人是两法并举的。为了更清楚地表明这一层，可以把上面所举的西周与战国两类铜器中百分比换算为以一定铜量与锡铅含量的对比，结果是：在西周，铜：锡：铅＝100：15.7：7.1，在战国，铜：锡：铅＝100：16.8：27.1。锡铅含量都有所增加，而铅量的增加更为突出。青铜中铅的增加对于液态合金流动性的提高尤其起了重要作用。现在印刷上所用的铅字是铅、锑、锡三组分的合金，所以它的熔点很低；铅占其中最大成分，也是利用它流动性大的缘故。由此看来，东周时青铜器的成分波动有理由认为是和第三期的形制波动相对应的。

关于这一期的社会经济面貌，郭沫若作了很确切的阐明。他说："春秋中叶以后，高级的生产不再操纵在官府（工官）的手里，而是操纵在富商大贾的手里了。王侯的用品一样是商品，商品便有竞争，不能再是偷工减料的制作（即第二期工官用以剥削工奴的一种手段）所能争取买主的，故在青铜器工来了一个第三的中兴期，一切都精巧玲珑，标新立异。这正是春秋末年和战国时代的情形。那时候的商业是很繁盛的，中国的真正货币的出现，以至其花样之多，也就在这个时候。货币多即表示商务盛，花样多即表示货币之兴未久。……钱也是青铜器的一种，钱的大量和多样的出现，也可以说是青铜器第三期的特征。"[①]也就是奴隶社会逐渐解体而走向新兴的封建社会的特征之一。

---

① 《青铜时代》，人民出版社1954年版，第307页。

## 第三节　酿酒

由于生产的发展，农业与手工业的分工，酿酒的工艺在奴隶社会的殷周之际，获得了很大的进步。当时的大奴隶主不仅把饮酒当为一种享乐的生活习惯，还把酒用来作为赏宴和祭神时一种重要礼物。我国历史提供了极其丰富的资料，可以用来说明那时社会的生活情况。

首先是历来出土的，尤其是新中国成立后大规模发掘所得的，殷代和西周的青铜器中，许多是专用的酒器。在这些专门酒器中，有盛酒用的尊、卣、罍、壶等，有冲酒用的盉，有煮酒用的爵、斝、角，有饮酒用的觚、觯等。值得注意的是，这些酒器固然通常和他种青铜器一同出土，但有时则以整批整套的组成出现于墓葬中，如安阳西北岗出土的有一墓以二爵、一觚、二觯、一角、二斝、一卣、一方彝共十器为一组，另一墓则以四爵、三觚、一觯、一斝、一尊共十器为一组，总之在一组中盛酒器、温酒器、饮酒器都有之；又如清朝末年宝鸡出土的一整套西周酒器，还包括一个安放这些酒器的青铜案（古名叫禁），其上有一尊、二卣、一盉、四觯、一觚、一斝、一爵、一角、一勺等共十三器为一组。（请读者切不可忘记这组少有的著名酒器已为美帝国主义分子所劫掠，陈列在纽约市立博物馆。）从这些成组的酒器来看，当时酒的盛行和对酒的重视岂不是很显然的吗？

其次是文字记载，其中又应以甲骨文和金文（青铜器上的铭文）为主而以古籍为辅，因为前者是当时埋藏在地下的实物，确凿无可疑议的东西，而后者则是经过许多变迁，才流传到现在的，其中失真之处也许难免。互相配合，则转得其真。甲骨文是我国最古文字，代表着所记载的许多事实，殷代生活情况。在许多卜辞中出现了酒字，个别的还有“卜鬯贞”“鬯其酒”等词。鬯字含义如何呢？且看西周金文，如大盂鼎（据郭沫若考证是周康王时器，现在陈列在首都中国历史博物馆）铭文有“锡汝鬯一卣”之句，又吕齍（据郭沫若考订是穆王时器）铭文有“王锡吕鬯夫三卣”之句。《诗经·大雅·江汉篇》也说“釐尔圭瓒，秬鬯一卣”。（周宣王时诗）《左传》僖公二十八年：“己酉，王（襄王）享醴，……策命晋侯（文公），为侯伯，赐之大辂之服，戎辂之服；彤弓一，彤矢百，玈弓矢千；秬鬯一卣，虎贲三百人。”或言鬯，或言鬯夫，或言秬鬯其实际所指，同系一物。郑康成云：“秬鬯，黑黍酒也。谓之鬯者，芬芳条鬯（畅）也。”《左传》杜注：“秬，黑黍；鬯，香酒；用以降神。”郭沫若云：“鬯夫，秬鬯字，金文多作鬯巨，从鬯矩声……此从夫者即矩省。”按穆王时器录伯㦰𣪘铭文，“锡汝鬯巨鬯一卣”，是其证。总之，诸家所云都说是黑黍所酿而带有香味之酒，或单言鬯，或并言秬鬯，或合并而言鬯巨鬯，或又省而为鬯夫，其实则一。这种酒用于祭祀，即《礼记·表记》里所说“粢盛秬鬯，以事上帝”是也。

如上所述，从殷代到西周，既有专用的酒器（用以盛酒的卣，总是与酒并提，就是一例），又有用黑黍造成的香酒，当时劳动人民必然掌握了酿造技术，似可不言而喻了。技术如何？古书中的传说更提供了相当可信的资料。《尚书》里有《说（悦）命》上、中、下三篇，叙述殷帝武丁怎样求得傅说，要他做宰相，和同他谈话的长篇故事。武丁向傅说说：“若作酒醴，尔惟曲蘖；若作和羹，尔惟盐梅。”孔传：“酒醴须曲蘖以成。盐咸梅醋，羹须咸醋以和之。”按，醋古人叫醯，《论语》：“或乞醯焉，乞诸其邻而与之。”可见春秋时代醋还不是后来“开门七件事”之一，随时可得的东西；而《说命》所载，更是用天然产品的梅子来供给调羹所需的酸味。因此可以相信，这段记载实际反映了较周代为早的殷代生活情况。曲蘖即今之酵母，醴酒是一种甜酒，味较薄，大概即今之糯米酒。（这种酒通行我国各地，但名称不一，有的叫酒粮，有的叫浆米酒，有的叫伏汁酒，等等。）这样看来，殷周之际，劳动人民以酵母和谷物酿酒，其事盖毋庸置疑。酿得之酒，至少有两种，一种是较淡而甜的醴，一种是较浓而香的鬯。酒的种类，在西周时期，随地区和主要谷物的不同而有所发展，也是意中之事。在用曲方面，不但用于酿酒，而且用于防病，就可作为旁证。《左传》宣公十二年，申叔展问还无社曰：“有麦曲乎？”答曰：“无！”叔展接着说：“河鱼腹疾，奈何？”可见春秋时便以麦曲防御腹疾，现在中药还用神曲去湿助消化，其来源盖亦久矣。

## 第四节　染色

在原始社会的仰韶文化时期出现了彩陶，龙山文化时期出现了黑陶，在奴隶社会的殷商时期又出现了白陶，这些事实都反映着我国劳动人民在远古时代就有意识地用制陶技术从色彩配合或纯洁上来表达自己的审美观念。在甲骨片上把所刻的文字填以朱砂，在青铜器上某部分嵌以松绿石，其意义也是从颜色上增加美感。

以上所述可说是染色的先驱。至于染色的实物，在考古发掘中，其属于殷代至春秋时期者，似乎还不曾见到。但是从文献上考察，我国的染色技术发展和丝织品有不可分割的联系，则是可以断言的。我国是世界上发明蚕丝利用的最早的国家，这是举世所公认的。甲骨文中已有丝、帛等字，帛就是丝织品。1959年4月在安阳王裕口殷代圆形墓葬中，除十七个人殉尸体及陶器、铜器、骨器、海贝外，还发现了丝线和粟类。郭沫若同志参观后作了十三首诗，其第三首云："宝贝三堆难计数，十贝为朋不模糊。铜卣铜鼎铜兵戈，有丝成线粟已枯。"成线之丝在殷墟发现，这还是第一次，同时也说明了帛（丝织品）之存在的必然性，更进一步说明染色技术发展的可能性。

《尚书·益稷篇》："以五采彰施于五色，作服。"蔡传：“采者，青、黄、赤、白、黑也；色者，言施之于缯帛也。”《周礼·天官》：“染人掌染丝帛。”这两段话都表明在我国染色与丝帛有不可分割的联系。缘由是很容易理解的。蚕丝与羊毛一样，同属于蛋白质一类的物质，它们容易染色，和麻、棉纤维之属于碳水化合物的物质有所不同。《论语》八佾篇：“素以为绚（采色）兮”，“绘事后素。”《礼记》礼器篇：“白受采。”都表明了本色的丝织品（素）容易受染（绚、绘、受采）的现象。从另一方面看，中文中许多表示颜色的字都加以糸（纟）旁，如红、绿、紫、绛、绀、绯、缁、缇、缟、纁、綦等皆是，同样说明这个道理。现在且把《诗经》和《论语》两书中有关“服色”的句子分别征引如下：

“绿兮衣兮，绿衣黄里。”“绿兮衣兮，绿衣黄裳。”“绿兮丝兮，女所治兮。”《邶风·绿衣》

“缁衣之宜兮，敝，予又改为兮。”“缁衣之好兮，敝，予又改造兮。”《郑风·缁衣》

“青青子衿（衣领也），悠悠我心。”“青青子佩（佩玉之组绶也），悠悠我思。”《郑风·子衿》

“缟衣綦（苍艾色）巾，聊乐我云。”“缟衣茹藘（尔雅释草：茹藘，茅搜。注：今之蒨也，可以染绛），聊可与娱。”《郑风·出其东门》

“素衣朱襮（领也），从子于沃。”《唐风·扬之水》

“君子不以绀（深青带赤色）緅（绛色）饰（领缘也），

红紫不以为亵服（私居服也）。”《论语·乡党》

“缁衣羔（黑羊皮）裘，素衣麑（小鹿，白色）裘，黄衣狐裘。”《论语·乡党》

我们从这些字句中可以看到，自西周至春秋，劳动人民做出了五颜六色的染物；同时也可以看到，这些美丽的染色织物只能为贵族奴隶主所谓“君子”们来享受。请看他们在怎样挑剔吧！黑紫羔就配上缁衣，白鹿皮就配上素衣，火狐皮就配上黄衣，取得色调上一致。《诗经·豳风·七月篇》有这样一段话：“蚕月条桑，取彼斧斨，以伐远扬，猗彼女桑。七月鸣鵙，八月载绩，载玄载黄，我朱孔阳，为公子裳。”我们无须逐字逐句去解释，它的全部意义是很明显的，就是从采桑养蚕以至染成各色，最后只供大奴隶主的“公子”作裳而已！

最后，我们还可探讨一下那时染色用的是些什么染料？在上面所引“缟衣茹藘”句里，已经知道染绛所用之茹藘即后世之蒨，亦即今世之茜也。《诗经·小雅·采绿篇》：“终朝采蓝，不盈一襜（衣兜）。”这里所说之蓝应是蓝靛之蓝。《荀子·劝学篇》：“青取之于蓝而青于蓝。”《韩诗·外传》：“蓝有青而丝假之，青于蓝。”可证。墨子“见染丝者而叹曰，‘染于苍则苍，染于黄则黄，所入者变其色亦变’”。（见《墨子·所染篇》）《尔雅·释器》：“苍，青也。”综合看来，丝染青色，所用染料即蓝靛之蓝，在西周时已然，那是毋庸置疑的。

染绛用茜（音“欠”），染青用蓝，至此已无疑问。染缁（黑）用涅，则富有讨论价值。《论语·阳货》：“不曰坚乎，磨而不磷（薄也）；不曰白乎，涅而不缁。”《荀子·劝学篇》：“白沙在涅，与之俱黑。”是涅肯定为染黑的染料，但涅本身是何等物质呢？《淮南子·俶真》：“今以涅染缁，则黑于涅。”高诱注：“涅，矾石也。”《山海经·北山经》：“孟门之山，其下多黄垩，多涅石。”郭璞注：“即矾石也。楚人名为涅石，秦名为羽涅也。”按，高诱为东汉时人，郭璞为西晋时人，皆以涅即矾石，是当时已具有这样的认识，其言当可信。唯矾石有多种，有明矾、胆矾、绛矾、青矾等。章鸿钊《石雅》石涅条云：“是为青矾，可以染黑。故亦谓之皂矾，又即绿矾。”如果我们承认诸家注释之说，那么，至迟在春秋时代就已经采用青矾溶液来做丝绸的黑色染料了。这种无机黑色染料一直沿用到有机黑色染料的出现而未见停止（如南京缎业以黑色缎著名，辛亥革命后仍用青矾做染料），它本身是具有悠久的历史根源的。但是也还另有一种看法，谓石涅即石墨，涅即墨汁。墨汁本身色黑，才有理由可以说“白沙在涅，与之俱黑”，“以涅染缁，则黑于涅”。青矾溶液本身不是黑色，只有与含没食子酸或五倍子酸的植物浆汁同用时才会显出深青色。这样看来，谓涅即墨汁，其理由较强。然而又引出一个新的问题：为什么不直截了当地用个习见的墨字，反而用个陌生的涅字呢？如“绳墨”即旧式木工所用之墨斗，见于《礼记》里的“绳墨诚陈”，见于《孟子》里的“改废绳墨”，岂不正好以类相从，用墨染黑，又何必采取似乎专为染黑所用之涅字呢？！因此我们在倾向于主张前说的同时，也把后说的理由为之充分表达而两存之，以供读者自行抉择焉。

## 第五节　小结

在本章一开始时，我们就把阐述我国奴隶社会时期的有关化学工艺的成就当为我们的任务。在结束时我们很高兴地指出，我国古代劳动人民在这一时期对人类文化所做的贡献是巨大的。在制陶工业中出现了白陶和釉陶，在金属冶铸工业中出现了非常丰富多彩的青铜器，在酿酒工业中发展了用曲糵使谷物发酵的技术，在染色工艺中保持着五颜六色的记录，这些辉煌的成就，在三千年前左右的当时，即居于世界文化水平最先进的行列，也就不得不引起我国人民的自豪感。

正是由于这些高水平的技术、工艺以及美术品的出现，有人曾怀疑这个时期是否还是奴隶社会时期。我们认为这是多余的。大量事实说明从殷代到春秋奴隶制度的存在。以人殉葬就是铁证。安阳武官村殷末贵族大墓埋有七十多具殉葬尸体，安阳王裕口圆形葬坑埋有十七个殉葬者，其中四个只有头颅，十七个全躯。这还仅是许多殉葬墓中两个例子而已。春秋时秦武公有六十六人殉葬，秦穆公有一百七十七人殉葬，都被载入《史记·秦本纪》中。至于奴隶在社会生产中所起的作用，恩格斯在他的《家庭、私有制和国家的起源》一书中说道："制品底多样性和制作艺术，在织业、金属制造业以及其他一切彼此愈益分离的手工业中，日益显著地发展起来；农业现在除了谷物、豆科植物及果实以外，并且也供给油及葡萄酒，这些东西都已经学会制造了。如此多样的活动，已经不能由同一个人来执行了；于是发生了第二次劳动大分工——手工业与农业分离了。生产以及随之俱来的劳动生产率底不停止的增长，提高了人的劳动力底价值；在前一个发展阶段上刚才发生并且曾是偶然现象的奴隶制，如今已成为社会体系底一个主要的构成部分了；奴隶们不再是简单的助手了；如今把他们大批地驱到田野中和工场中去工作。"[①]如前所说，至迟在殷代后期以迄于周代的春秋，奴隶制不但业经形成，而且取得巩固和发展。大批奴隶被驱到田野中工作，可从《诗经》中好多句子得到证明。如《周颂·噫嘻篇》："骏发尔私，终三十里，亦服尔耕，十千维耦。"叙述奴隶主在开发他所占有的方三十里的私田，用了一万个奴隶来进行并耕，就是一个显著的例子。大批奴隶被驱到工场中工作，更可从近年发掘的殷周遗址中陶窑、铜器冶铸场、骨器作场分布的情况而得到证实。如在郑州铭功路所发现的窑场，其总面积就达到1300平方米以上，

① 《家庭、私有制和国家的起源》，人民出版社1955年版，第157页。

窑址有十四座之多，附近的陶坯、废品、残陶片等所见皆是，折合整器，当不下数万件。又如在郑州南关外所发现的冶铸铜器的作坊遗址，其总面积也达到1000平方米以上，到处散布有炼锅的残骸、红烧土、炼渣和陶范等；而且在这一带出土的兽骨和陶片上都被铜锈染成绿色，遗址的几处硬土地面上也堆满了厚厚一层铜渣。这两种遗址都属于商代早期，其规模之大，已足够说明必有大批奴隶工匠集中进行工作，绝非附属于农业的家庭手工业所能包容得了的。再如属于殷代晚期的司母戊大鼎，重近900千克，须得一次铸成。如果按照从小屯发掘出的冶炼坩埚“将军盔”容量计算，每个“将军盔”只能容纳12.5千克的铜水，大致需要70个这样的坩埚同时加火熔铜。如果每个盔的周围有三四人进行工作，就需要250人左右。再加上制模、雕花、制范，以及折范后的修饰技术工作人员，还有运输、管理等事务，总计恐怕不下300人。这样大的场面，都是利用奴隶来做的。所以恩格斯说：“只有奴隶制才使农业和工业之间更大规模的分工，成为可能，并因此而为古代文化的昌盛——为希腊文化创造了条件。没有奴隶制，就没有希腊的国家、希腊的艺术和科学……”[①]社会制度对于民族文化发展的影响，东方和西方殊无二致；我国的殷周文化正是在进入了奴隶制度的社会发展起来，那是毫无疑问的。

---

① 《反杜林论》，人民出版社1956年版，第186页。

# 第三章　封建社会前期（战国—南北朝）

中国的封建社会，开始很早而结束很迟，从公元前457年战国时期起到1840年鸦片战争，一直绵延了二千多年。在这样漫长的年代中，社会性质没有根本的变化。但是由于社会生产力逐步的发展和阶级斗争的强大推动力量，社会面貌在不同的历史时期中，表现了一些相对的差别。因此，以589年隋统一为界线，可以分为前后两个时期，前后两期是互相联系而又互相区别的两个发展阶段。

本章的任务是将前期里，即战国至南北朝，有关化学发展的主要历史事迹加以叙述和分析。首先是冶铁技术和炼钢技术。铁器的出现和广泛使用是封建社会生产力发展的标志。随着社会生产的需要又出现了炼钢的技术。具体分析的结果证明我国的冶铁技术和炼钢技术在历史上都是先进的。其次是关于物质认识的哲学思想，即阴阳五行理论的形成。它原先是从劳动人民在生产实践和生活实践中逐渐概括出来的，它是朴素的唯物主义。战国时著名的思想家邹衍把它推衍成为政治哲学的系统，就完全走向唯心的歧途。再次是炼丹术的产生。炼丹术是社会生产到一定的水平，在一定的物质基础和思想基础上产生出来的。它受到最高统治阶级的鼓励和支持，那是剥削阶级贪得无厌的欲望的表现。我国炼丹术者积累了丰富的关于物质变化的经验，出现了魏伯阳、葛洪、陶弘景等在世界化学史上占着重要地位的著名炼丹家，前开后继，形成中国炼丹术的主要流派。陶瓷器的出现和制作技术的高水平，和炼铁技术一样也反映了这一时期生产力的发展情况。两汉以来的釉陶和魏晋时期的青瓷，代表着当时劳动人民的高度智慧。造纸术的发明和革新也是中国化学史上光辉的一页，对全世界文化的发展和交流有着重大的贡献。冶炼钢铁、烧制陶瓷都要求古代劳动人民去寻找得到高温的方法，晋代的铝铜合金的发现正是古人摸索冶炼技术和掌握高温过程中的一项产物。

在这一段时期内，由于新的封建社会的生产关系出现，促使生产力迅速提高，科学文化事业因而得到巨大发展，化学方面的成就是非常丰富的，本章内讨论的只是其中一些重要的项目。

## 第一节　铁器的广泛使用和炼铁技术的发展

铁的冶炼，是一个化学过程。用铁做生产工具，是古代社会生产力发展和提高的一个重要标志。我国的封建社会，起始于春秋战国之交。根据近年来的考古发掘和报道，在战国的墓葬中出土了大批铁器，铁工具开始大量使用。社会生产面貌起了很大变化，在这以前当然有一个渐变的过程，恩格斯在《家庭、私有制和国家的起源》里说过："这时已经有铁来为人类服务了，它是在历史上起了革命作用的各种原料当中的最后者（直到马铃薯的出现为止）和最重要者。铁使人有可能在广大面积上进行耕作，把广阔的森林地域开垦成为荒地；它所给予手工业者的工具，其坚牢而锐利程度是无论什么石头或当时所有的任何金属都不能与之匹敌的。所有这些都不是一下子达到的……但是，进步现在已是来得不可抑制，更少间断和更加急速了"。[①]对当时的冶铁技术及其以后的发展进行深入的讨论，是古代化学史中的一个十分重要的组成部分。

关于古代冶铁技术的研究工作，我们认为应该结合以下三方面的工作进行，第一是关于古代冶铁遗址及冶炼工具遗物的实际调查工作，考古工作者已经提供了非常丰富的资料或线索，亟待于深入一步的开展。第二是系统整理和研究古代有关冶铁技术的文献记载，这是一项很艰巨的工作。第三是对出土的古代铁器进行科学分析和考察工作，确定或者推断当时的技术水平，这一项工作虽然已经有了开端，但是还是很初步的。

关于战国到两汉的冶铁技术，文献记载很少，即使有一

---

① 《马克思恩格斯文选（两卷集）》第二卷，第309页。

点，也不够具体、清楚，所以研究这一时期的冶铁技术，应该着重于实物的科学考察和冶铁遗址的调查工作。

有关古代冶铁炼钢技术的研究工作，内容非常丰富，涉及的问题很多，每一个具体问题都需要做很多的实际工作，才能深入，在中国化学史的研究范围内，则只就主要的有关冶炼化学方面加以讨论，不能涉及全面的问题。

## 一、古代铁器的出土情况及古籍中有关冶铁技术的记载

随着大规模的经济建设事业的开展，特别是1958年“大跃进”以来的工作，大批的古代铁器出土，重要的冶铁遗址陆续发现，对于研究古代的冶铁技术，提供了非常丰富和非常重要的资料，现举其重要的列如下页表。除表中所列以外，四川、两广、山西、江苏等地汉代遗址或墓葬中皆有铁器发现，可见当时冶铁事业已遍及全国并边远地区。近几年来，汉代冶铁遗址陆续又有发现，河南南召、南阳发现了西汉冶铁遗址，1958年湖北省也发现汉代冶铁遗址。最重要的是河南巩县铁生沟汉代冶铁遗址的发掘，这一遗址的总面积为21600平方米，已发掘2000平方米，发现炼炉、熔炉和锻炉共20座，铁器166件，在冶炼遗址内还发现了煤块、煤饼和煤渣，这是我国汉初已用煤来冶铁的确证，此外还发现处理矿石的工具以及鼓风管遗物等，这一遗址的发现极为重要，为研究我国早期的冶铁技术提供了极为重要的材料。

| 时期 | 出土地点 | 冶铁遗址及出土铁器情况 | 根据报告 |
|---|---|---|---|
| 战国时期 | 河北兴隆寿王坟 | 发现冶铁范畴工场遗址，有生产工具范87件（共重190多千克）（参见图版十） | 《考古通讯》1956.1 |
| | 河南辉县固围村 | 五座大型魏墓共出铁器95件 | 夏鼐等：《辉县发掘报告》 |
| | 信阳 | 一座战国大墓出铁器47件（其中生产工具半数以上） | 《考古学报》1957.3 |
| | 长沙 | 战国墓葬出土铁器数十件 | 《考古通讯》1956.1 |
| 两汉时期 | 辽阳三道壕西汉村落 | 发现大批铁生产工具和生活用具，生产工具265件（其中农业生产工具占过半数），其他用具如铁链、铁钉也出土了400多件 | 《文物参考资料》1955.12 |
| | 河北承德西汉铜矿冶址 | 发现铁锤等工具 | 《考古通讯》1957.1 |
| | 北京清河镇 | 发现西汉初期铜铁冶坊址，出土铁农具及兵器多件并有炼铁炉遗迹 | 《考古学报》1957.3 |
| | 洛阳 | 一千多汉墓中出土铁器多件。西郊发现东汉小型铁工场遗址有铁渣一大堆 | 《文物参考资料》1955.8 |
| | 河北武安午汲古城 | 东汉灰坑中出土铁生产工具甚多 | 《考古通讯》1957.4 |
| | 云南晋宁石寨山 | 出土铁器及铜身铁刃兵器 | 《文物参考资料》1957.4；《考古学报》1956.1 |
| | 山东滕县古薛城遗址 | 发现西汉初期冶铁遗址及铁器多件 | 《文物参考资料》1957.5 |

以上资料，主要根据黄展岳：“近年出土的战国两汉铁器”，《考古学报》，1957年第2期。（在此以后的尚未列入）

我国的史籍浩如烟海，有关冶铁技术的也有一些，虽然有些文献的记载，国内史学界还有不同的见解，引起了广泛的讨论。但是有些即便是作为传说，也不失其作为古代冶铁技术研究的重要参考资料的价值。例如：

《左传》昭公二十九年说：“冬，晋赵鞅荀寅帅师城汝滨，遂赋晋国一鼓铁，以铸刑鼎，著范宣子所为刑书焉。”《管子·小匡篇》说：“美金以铸戈、剑、矛、戟，试诸狗马，恶金以铸斤、斧、锄、夷、锯、欘，试诸木土。”《管子·海王篇》和《管子·轻重乙篇》也都记载有用铁之事。《孟子·许行章》有“许子以铁耕乎”的话。这都是关于使用铁器的记载。

《吴越春秋·阖闾内传》：“干将者，吴人也，与欧冶子同师，俱能为剑……莫邪，干将之妻也，干将作剑，采五山之铁精，六合之金英……而金铁之精，不消沦流，于是干将不知其由……于是干妻乃断发剪爪，投入炉中，使童女童男三百人鼓橐装炭，金铁乃濡，遂以成剑，阳曰干将，阴曰莫邪，阳作龟文，阴作漫理。”《越绝书·越绝外传》记宝剑：“欧冶子，干将凿茨山，泄其溪，取铁英，作为铁剑三枚，一曰龙渊，二曰泰阿，三曰工布。”丁格兰（F.R.Tegengren）曾解释认为，“铁矿石及炼铁所用之木炭，其中所含之磷皆不甚多，在古时所用之铸铁炉，实不易发生相当温度，使生铁充分熔融，须加相当磷分，熔融方易，中国古代虽未能有关于磷之化学知识，但从经验上发现熔铁吸收骨质后较易铸作则甚可能。”[①]关于这种解释，我们在后面还要谈到。

至于史书上的记载，关于汉代冶铁规模和发展情形则更为多见。汉武帝为发展生产，在全国四十九个冶铁重点地区，设置铁官，这些地区中的一部分可能是沿袭战国以来在这些地区的冶铁业的基础上发展起来的。同时贵族豪富也都经营冶铁工业，《史记·货殖列传》上说：“邯郸郭纵以铁冶成业，与王者埒富。”又说：“蜀卓氏之先，赵人也，用铁冶富……秦破赵，致之临邛，即铁山鼓铸，运筹策，倾汉蜀之民富至僮千人……田池射猎之乐拟于人君。”又说：“宛孔氏之先，梁人也，用铁冶为业，秦伐魏，迁孔氏南阳……大鼓铸，家致富千金。”由此可见贵族以冶铁致富的情形。汉代冶铁业广泛使用卒役，因此规模很大。《盐铁论》上有当时冶铁“一家聚众到几千人”的话。这样大规模地集中劳动人民，从事冶铁工业是冶铁技术能够迅速提高和发展的重要基础。

两汉以后，冶铁技术不断发展和提高。古籍上记载有关冶炼钢铁的内容也陆续不断。到了南北朝时期，有一位名叫綦毋怀文的道士，发明了冶炼灌钢的方法，这是一项卓越的创造性成就。《北史·艺术列传》说：“怀文造宿铁刀，其法烧生铁精，以重柔铤，数宿则成钢。以柔铁为刀脊，洛以五牲之溺，

① 丁格兰：《中国铁矿志》第二编（1923年地质调查所印行《地质专报》甲种第二号）。

淬以五牲之脂，斩甲过三十札，今襄国冶家所铸宿柔铤，是其遗法，作刀犹甚快利。”比綦毋怀文更早一些时候的一位著名的医药炼丹家陶弘景也说：“钢铁是杂炼生柔做刀镰者。”[①]这种灌钢技术，是一种半液体状态的炼钢方法。在坩埚炼钢法发明以先，这是一种相当进步的炼钢技术。所谓“生”是指生铁，“柔”指的是熟铁，杂炼生柔即是将生铁和熟铁结合在一起炼成钢。由于生铁的熔点低，易于熔化，生铁熔化后，滴入熟铁中，使碳分渗入，即能成钢。这种先进的炼钢方法，在封建社会后期中，由于劳动人民生产经验的积累而不断得到发展和提高。

关于钢铁的热处理技术，在我国早期的文献中，也已有记载，如淬火技术，《史记·天官书》说：“水与火合为淬。”《汉书·王褒传》有“清水淬其锋”的话。《史记·苏秦列传·索隐》引晋《太康地理记》说：“汝南西平有龙泉水，可以淬刀剑，特坚利，故有龙泉水之剑。”《北堂书钞》卷一百二十三武功部十一引《蒲元别传》说：“君性多奇思，得之天然，忽于斜谷为诸葛亮铸刀三千口，镕金造器，特异常法，刀成，自亮言，汉水钝弱不任淬，用蜀江爽烈……刀成，以竹筒内（纳）鉄珠满中，举刀断之，应手虚落，若剃生刍，故称绝当世，因曰神刀。”至于为什么不同地方的水，用以淬

① 《重修改和经史证类备用本草》卷四玉石部引。

刀剑，所得效果不同，还值得进一步考虑。

## 二、古代铁器的科学考察

关于古代铁器的科学考察工作，还仅是开始，见于正式报告的不多。1956年，东北工学院孙廷烈先生，接受中国科学院考古研究所的委托，对一批战国时期的铁器进行了金相学考察，这批铁器是河南辉县出土的，考察的共六件，计一铲、一削、一带钩、一凿形器、一斧刃和一锄。根据金相考察，对它们的金属冶炼方法和成型过程，进行了如下的推测：①

（1）这些铁器气眼夹杂物很不均匀，显微组织的不均匀性也很突出，夹杂物中不仅不是一般所知的非金属夹杂物而且是被氧化皮所包围的金属体，是不容易出现于液态冶炼的金属体中的，因为在液态冶炼过程中，这样的金属夹杂物由于氧化层的存在，比重小，是容易浮起去掉的，因此，推测这些铁器的冶炼，还是用的早期冶炼法，即固体还原法，也就是“块炼法”。

（2）铁器上有相当厚的脱碳层存在，说明当时成型加工是在氧化情况下加热进行的。加工曾经较长的时间，所付的劳动代价是相当大的，当时对于脱碳层的产生会降低成品质量这一点，还没有注意到。

---

① 孙廷烈：“辉县出土几件铁器底金相学考察”，《考古学报》，1956年第2期。

（3）根据多方面的观察，在这些铁器中，有“用锤打扁板合拢为空鞘”法来成型的；有“用模具作空鞘法”来成型的，所谓“用模具作空鞘法”，就是用一块料把模具打进去，先开空鞘，再反复加热反复加工进行成型，这样在成型中使用模具，是在金属工艺相当发展的基础上获得的。

（4）有的铁器是由一块高碳钢造的，在一件铁器上，刃部由高碳钢的内部和脱碳层的表面所组成，而空鞘是由大颗粒的纯铁组成，这是在加工加热过程中氧化脱碳的结果。（空鞘部分是由两面进行脱碳，而刃部只由一面进行脱碳。）

（5）在这些铁器上有不少白条组织存在，这种白条组织相当硬而有耐酸性，但出现得不均匀而无规则，经过多方面的考察，到目前为止还不能断定它是铸造出来的。

孙廷烈先生的金相考察工作是细致慎重的，尽管学术界还有一些不同的看法，但是它能够反映在战国时代，一个地区间的大致冶铁技术水平，这是无可争辩的。

从1958年起，我们也受考古研究所之托，对近年出土的战国、两汉的铁器共二十六件进行了分析考察工作。（参见图版十一）其中属于战国时期的有六件，有铸造成型的，也有锤锻成型的。铸造成型的有四件其金相组织分别叙述如下：

石家庄出土铁斧大小各一件，金相组织基本相同，其较大者是一件锄状工具，长7.2厘米，宽5.6厘米，下端稍窄，侧面呈尖劈形，顶端为1.6厘米，銎深3厘米，劈厚约0.3厘米。在銎部和尖劈的外层是灰白色的细小结晶体，中间是粗大的方向性亮白色结晶，用肉眼即可看出这二层结晶的界限，经硝酸酒精浸蚀后更为明显。当腐蚀较久时外层是黑色，中间仍较亮，外层结晶粒的厚度0.1—0.2厘米不等。铁斧的断面的金相组织不同，边缘层组织是各种含碳量不同的共析和亚共析组织，自内至外，含碳量逐渐降低，在最边缘处出现了脱碳组织，而在内层则系粗大的白口组织，其中也有初生的碳化铁，属于过共晶组织，在銎的底部也存在着粗大的脱碳组织，最外层含碳量很低，几乎全是铁素体，这些部分恰恰是铸件厚度较大的所在，距内层白口组织约是2厘米，它们代表整个铸件外层原有的情况，銎壁部分，在靠下部较厚处，还有很少的白口组织，约0.5厘米宽，其余大部分是亚共析珠光体组织。

另一铸件是兴隆出土的战国铁工具内范，这件内范外形完整，呈长方形，长约10厘米，宽约6厘米，下端稍小，两端厚度不一，呈楔状，表面稍有腐蚀，这件内范厚的部分已经断裂，在断面上有很多气孔和缩孔，并看得出明显的方向性结晶，断面甚亮，全是白口组织，上有夹杂物数处，最大者直径约0.3厘米，并有直径约1厘米的气孔，铁范的金相组织是典型的白口组织，在共晶体内有初生的碳化铁存在。［参见图版十一（2）］兴隆铁范的发现和考察结果有重大意义，它是我国早在战国时期就已发明和使用生铁的证据之一，同时它也是在战国时期已用金属型来进行成型加工的有力说明。

第四件铸件是长沙出土的小铁铲，这是一件令人惊奇的铁器，器物完整，形状精致。铲的平面略呈方形，器身很薄，仅0.1—0.2厘米，外形端正，表面颜色是深青绿色，几乎没有一点腐蚀，这是古代遗留下来的铁器中所罕见的，可能是在墓葬中保存较好，不和外面空气接触，又没受潮湿所致。为了保持这件铁器的完整，我们没有将它破坏，只是在它的外表面上选择几小块位置抛光、浸蚀，观察它的显微组织，结果也使我们惊奇，它的金属组织是以铁素体为基体的展性铁，其铁素体呈不均匀的分布，在所浸蚀的位置附近观察，也有以铁素体和珠光体为基体的展性铁组织。［参见图版十一（6）］在表面上的另一位置抛光，发现它的组织情况基本相同，两处抛光的位置距离有5—6厘米，其组织没有什么变化，可见它的组织相当均匀。铁器的内部组织如何，还待将来做进一步的考察。

从这四件铁器的考察结果看来，战国时代已经掌握了冶炼生铁的技术和表面脱碳热处理技术，这当然是初步的。

战国时代的两件锤锻加工成型的铁器都是在西安半坡出土的。一为铁凿、一为铁斧，铁凿截面呈矩形，一端有约成20°角的尖端，在凿的各处横断取样，发现近尖端处都已锈蚀，上端的金属基本组织是纯铁体，各部位含碳量并不均匀，在凿身纵向取样观察，有明显的纵向条状杂质，亚共析组织同样有方向性。

铁斧的截面呈尖劈状，中间有銎，壁厚为0.25厘米，斧的截面上发现有明显的条状分布杂质，这是典型的亚共析体经过热加工处理后的组织，并发现有明显的亚共析组织。

从这两件铁器的组织和成型情况，可以明显地看出它们是经过加热反复锻打后成型的。在这次金相考察工作以后，我们又曾对1955年北京近郊清河镇出土的若干战国时代的铁棺钉进行了调查，承北京市文物工作队同志协助供给了一些样品，发现大部分铁钉已完全锈蚀，个别的还保留有一些金属组织，经过考察，确定它们也是经锻打制成的。

属于两汉时期的铁器共有二十件，其中西汉铁器十件（铸件、锻件各五件），在东汉的十件铁器中，有三件是铸件，七件是锻件，这些铁器的金相组织不逐一叙述，总起来把它们分作下面三种类型：

（1）典型的生铁铸件，没有经过热处理的。

这类铁器包括西汉三道壕地区的铁镬、铁车辖，河北武安午汲古城的一件完整的铁镬和东汉时期清河镇的一件铁农具（镂角）共四件，它们都是典型的白口组织，有明显的方向性结晶，它们的化学成分的一个共同特点是含碳量都很高，最低的一件是西汉午汲古城的铁镬，含碳3.82%，其他三件都在4%以上，而所有这四件铁器的其他成分硫锰都不足0.5%，磷为0.1%左右说明它们都是木炭炼成的生铁。

上文提到丁格兰曾认为我国炼生铁时由于加入磷质，铁的熔点便可降低，其他一些欧美学者也有这种说法，但是这还只能是一种推测和假设，还缺乏确切的证据。从我们所分析的铁器来看，含磷并不显著的高，因此我们可以断定，早在战国以前，我国人民一定掌握了足以使生铁熔化的高温。

（2）属于生铁铸件而经过热处理的。

从我们的考察工作看来，山东薛城发现的一件西汉时期的铁斧，是一件非常值得重视的铁器，它的断面发现有明显的气孔和疏松的组织，铁质很软，我们试验将它弯至90° 角也不折断，它的金属组织在纵断面内是普通的纯铁体，没有压力加工的痕迹，也没发现有石墨，在靠刃部处的横截面上的金属组织发现了团状石墨［参见图版十一（4）］，由内部到外层石墨渐细。这些情况说明它是一件经过比较彻底脱碳热处理的铸件，是黑心可锻铸铁，这在我国冶金史上是一项重大的成就。

（3）锻打成型的铁器。

两汉的兵器多属此类，即铁器的加工成型是在加热情况下反复锻打成型的，它们包括西汉三道壕的铁剑、铁锥和铁凿，东汉云南晋宁的铁矛和铁剑［参见图版十一（1）］，清河的铁剑和广州的铁刀。在锻打加工过程中，由于反复进行的次数不同，铁中的杂质渣滓脱去的程度也各异，含碳量也不一样，所以铁器的质量各有高低，其中以辽阳三道壕的铁剑和云南晋宁的铁矛两件的组织最好，它们全是高碳钢的组织，杂质去得比较彻底，经过了反复锻打，金属组织也很均匀。

从以上的结果可以看出，战国时期已经成功地掌握了冶铸生铁的技术，根据宏观考察（如铸件所特有的缩孔、疏松及其所处的部位，结晶的方向性、形制和表面的披缝等）。显微组织的考察（白口共晶组织、可锻铸铁件内层残留的白口组织等），以及机械性能的考察（白口铸铁件都不能锯切，极硬极脆，取样时用锤敲断，兴隆的铁内范在出土时即已在缩孔处断裂等），可以断定，这些铸件都是用高温还原法得到液态生铁浇铸成型的。我国早于欧洲约一千五百年就发明了生铁冶铸技术，这是一项具有重大意义的成就。

采用热处理的方法变白口铸铁为可锻铸铁以解决白口铸铁件脆硬易折不好使用的问题，是战国和两汉时期冶铸技术的又一突出成就。从来人们都认定白心可锻铸铁是十八世纪后期由欧洲人发明的，而黑心可锻铸铁则迟至十九世纪才由美国人试制成功。虽然法国列渥缪尔于1722年出版的《生铁软化术》一书中曾提出：在十七世纪末叶巴黎工人中就盛行一种传说："生铁软化的生产方法，早就被人发现，但后来又屡次失败了。"对此说法，谁也未予重视，因为谁也不认为可锻铸铁会出现于灰口铸铁之前。而战国、两汉可锻铸铁的发现却证实了巴黎工人这个古老的传说，证明我国是最早使用可锻铸铁的国家。

金属加工工艺在古代并没有现在这样精细的分工，有名的匠师总是兼能冶炼、铸造、锻打和热处理等项技术，他们经过了长时期的生产实践，积累了丰富的经验。在已经考察的十一件铸件中有近一半经过不同程度的表面脱碳热处理，年代由战国到东汉，地区分属河北、河南、山东、湖南诸省，说明了当时这一热处理技术传播已相当广泛了。

至于得到可锻铸铁的具体方法，推测有以下三种可能性。

（1）把毛坯放在陶制罐中，周围填沙子，用泥密封使与氧化性炉气隔绝，以防止铸件高温退火时变形或氧化，然后放入炉中长期加热（最高温度达950—1050℃），再缓慢冷却使铸件得到较完全的石墨化处理。金属型铸件由于冷却速度快，内应力较大，能促使碳化物分解，对制作可锻铸铁是有利的。

（2）把白口铁铸件埋在铁矿石或其他氧化性介质中长期加热，使铸铁表面脱碳，碳分由内层向表层扩散而得到以组织的不均匀为其特征的白心可锻铸铁。

（3）把铸件反复加热甚至表面鼓风，使含碳量逐渐降低，日本人近重真澄在《东洋炼金术》一书中曾介绍古代用这样的炼钢方法可依次得到高碳钢、中碳钢以至低碳钢。

从两次对铁器的考察工作中可以看出，战国时代的铁器中是既有锤锻加工成型的锻件又有高温还原成液体浇铸成型的铸件，几个地区的冶炼和加工成型技术的发展并不一样。世界各国人民使用铁器，多系先用熟铁，后用生铁这一发展途径，而且生铁的使用往往比熟铁晚得多。杨宽先生据此认为：“世界各国冶铁术都是由锻进步到铸的，这是冶铁术发展的一般规律，我们中国也不能例外。”[1]李恒德先生则根据文献的记载推测，“中国在钢铁冶金技术上的发展似乎和欧洲相反，中国可能是先掌握了铸的技术。”[2]我们认为：由于我国幅员辽阔，各地区的自然条件和经济状况并不一样，技术发展也就有较大的差别。因此在不同的条件下，适应不同的生产要求，铸和锻两种工艺在同一地区或不同地区，同时或稍有先后的发展着是可能的。由于我国制陶业和铸铜业的高度发达，以及炼炉、鼓风器、燃料和熔剂的改进，使得我国冶铸生铁的技术早于欧洲约一千五百年即已使用。从考古发掘的情况来看，古代重要的冶铁遗址如辉县、辽阳三道壕等地都是铸件和锻件同时并存，也可作为上述看法的一个说明。

## 三、封建社会前期冶铁技术的几项成就

根据以上考察总括起来说，我国从战国到南北朝的一千多年封建社会前期内，冶炼钢铁的技术有了很高的成就，并且一直不断发展着。这一时期的技术成就可以概括为以下几点。

（1）能够冶炼生铁，掌握了能使生铁熔化的高温技术，而且有了相当高的铸造铁器的技术。

（2）淬火技术广泛应用，不但懂得用清水淬火可使铁制兵

---

① 杨宽：《中国土法冶铁炼钢技术发展简史》，上海人民出版社1960年版，第27页。

② 李恒德：“中国历史上的钢铁冶金技术”，《自然科学》，1951年第7期。

器的刃部锋利，而且懂得了选用动物脂肪淬火，采用不同的淬火剂。在实际经验中，还掌握了柔化热处理技术，使脆硬的生铁器变软一些，使它可锻化，同时炼成了钢。

（3）南北朝时期，进一步发明了半液态炼钢技术和热处理技术，即綦毋怀文所说的造宿铁刀的技术，这种炼钢技术的最大特点是冶炼温度不要太高，只要保持生铁熔化就可以了。而且省却了千百次锻打的艰巨劳动，大大节省了劳动力。中国最早炼成的一种钢是百炼钢，是在固态下反复锻炼成的。近代的炼钢技术是在完全液态下进行的；而这种炼钢法是在半流动状态下进行的。这种成功的技术是我国古代劳动人民在冶金史上的突出成就。在以后的时期中，中国人民一直保持使用这种炼钢技术并且不断有了发展。

我国古代劳动人民能够在封建社会前期中在冶炼钢铁技术方面，取得这样高度的成就，从技术条件来说，很主要的一个问题是如何掌握高温技术。远在奴隶社会时期，我国古代劳动人民在制陶和冶铸青铜的生产实践中，就已经掌握了比较高的温度，这就给冶炼钢铁技术的发展打下了非常重要的基础。古代掌握高温技术，主要要改进三个生产技术因素，即炼炉的形状和设备、燃料和鼓风设备。关于这三方面，我们也做一些讨论。

首先关于炼炉的形状及冶炼设备。北京清河镇西汉冶铁遗址曾发现汉代炼铁坩埚残段。由其形制判断，高约0.6米、口径约0.3米，用土筑成。河南南阳汉代炼铁遗址中发现的西汉坩埚炼炉是长方形，其中一座长3.6米，宽1.87米，深度尚存0.82米。坩埚用耐火泥制成，大的方形炉中一次可装240—300个，可炼铁2000斤左右，这种坩埚炼铁方法至今还流行于山西、河南、山东、辽宁等省，其中尤以山西太行山区最为发达。

巩县铁生沟西汉炼铁遗址共发现炼铁炉十八座（另外有熔炉、煅炉各一座），其中有的是用于炼海绵铁的，有的是低温炼钢炉，还有的是反射炉。反射炉只有一座，长方形，长3.47米，宽0.83米，最深处0.8米。炉身全用耐火砖砌成，其结构可分熔池、炉腔、炉门和烟囱四部分。

我国早期在坩埚炉以后，出现了竖式熔炉。据《南齐书·刘悛传》记载：蒙城汉邓通冶铜场有烧炉四座，高一丈，广一丈五尺，这虽然指的是炼铜炉，但是早期的炼铁炉可能是从炼铜炉演变而来的。

其次关于冶铁使用的燃料，根据文献资料和考古发掘材料，都可说明我国长时间以来冶铸青铜都是以木炭做燃料，同时兼做还原剂。到了战国时期冶炼生铁也是以木炭做燃料和还原剂。前面提到了从生铁的化学成分中含碳很高这一点也可以推断它们是用木炭做燃料的。但是用木炭做燃料有两个缺陷：一个是温度不能升得太高；另一个是木炭耐燃的时间比较短。这就要求在冶炼时不断往炉内补充木炭，炼炉的开闭和燃料的更替都会影响炉内的温度。到了西汉，冶铁开始用煤，这是技术上的一项重要的改进。当然用煤做燃料也有缺陷，譬如煤容易粘结，而且缺乏多孔性，含非金属杂质较多，对于炼得的铁的质量有影响。

关于我国古代开始用煤的时期问题，有不少文章进行了讨论。章鸿钊先生据《后汉书·郡国志·注》引“豫章记”有“建城县有石炭”一语说明“石炭为薪之始于汉”。但是汉代用煤做燃料是否用于冶铁，还是一个问题。近年考古工作的发掘报告，提供了确切的材料，解决了这一问题。山东师范学院师生在山东省平陵，汉初的冶铁遗址中发现了煤，这是一个证据。尤其重要的是，前述的巩县冶铁遗址中的发现，在炼铁燃料方面，发现了不少的煤块。而且在煤块中不仅发现有白煤，还有经过加工的煤饼，这是多么重要的发现。据考古工作者的观察，这种煤饼的制法可能是利用煤末掺以黏土和白色的石英或青色的石灰石颗粒，然后加水搅拌，最后拓成饼状，形状不规则。冶铁遗址中的煤块，经过分析，可燃基在70%—80%以上。

《水经注·浊漳水篇》引《释氏西域记》说：“屈茨（即龟兹）北二百里有山，夜则火光，昼日但烟，人取此山石炭，冶此山铁，恒充三十六国用。”由此可见，当时西域已用石炭冶铁，而且采煤冶铁的规模很大。西域各国的冶铁术是在汉代由中原传去的，《汉书·西域传·大宛传》：“其地皆丝漆不知铸铁器，及汉使亡卒降，教铸作它兵器……”因此，用煤来冶铁，也是中原传去。

最后，关于鼓风设备，我们知道熔炼青铜要求1000℃左右的高温，如果用木炭在炼炉内燃烧只凭自然通风是很难达到的。因此，必然早已使用了鼓风设备。早期的文献记载可以帮助我们推测当时的鼓风情况。《吴越春秋》上记载："……使童女童男三百人鼓橐装炭"，可以想见当时使用人力鼓风的规模。橐就是鼓风用的皮囊，我国古代的鼓风器都是皮制的，老子《道德经》说："天地之间，其犹橐籥乎，虚而不屈，动而愈出。"老子把整个宇宙比作一个巨大鼓风器（籥是鼓风器上的通风管）。这种鼓风器的形状具体怎样？文献上没有详细的说明，但是古代遗留下来的实物图像，成为我们重要的参考资料。山东省滕县宏道院的汉代画像石上，有一幅是描写东汉时代的冶铁生产过程的，图上左面部分是鼓风设备，王振铎先生据此做了复原的工作，现陈列在中国历史博物馆内。

近年来考古工作者还发现了一些汉代鼓风器上用的送风管和其他设备，这对于进一步研究古代的冶铁术，是极重要的资料。我国在东汉后期，在鼓风器上有了重大的科学发明，这就是南阳太守杜诗发明的水排——水力鼓风器。《后汉书·杜诗传》说："（建武）七年，（杜诗）迁南阳太守，性节俭而政治清平……善于计略，省爱民役，造作水排，铸为农器（原注：冶铸者为排以吹炭，今激水以鼓也），用力少，见功多，百姓便之。"当然杜诗的发明创造，是他总结了劳动人民的经验。南阳地区，从战国以来就是重要的冶铁场所，规模又大，杜诗在此时此地发明水排不是偶然的。后来，曾经发明马排的曹魏韩暨又把水排推行到全国的官营冶铁手工业中去，并且在杜诗发明的水排的基础上加以改进。《三国志·魏书·韩暨传》说：“冶作马排，每一熟石用马百匹，更作人排，又费功力，暨乃因长流为水排，计其利益，三倍于前，在职七年，器用充足。”可见在冶铁工业中鼓风设备的改进，大大提高了生产力。

## 第二节　青铜器的演变

上一节讨论了在封建社会前期这一千多年的历史时期中，我国古代劳动人民在冶铁炼钢方面的技术水平。我们知道，在春秋战国之交铁器的出现和广泛使用并不是偶然的，它乃是社会生产力发展的一种标志，说明了当时的社会经济出现了相当程度的繁荣局面。在这种情况下，作为商品交易媒介物的货币广泛流通起来，而货币的流通反过来又进一步促进了物资的交换和生产的发展。早期的货币，是用铜或其他金属铸造的，就金属的使用技术来说，它乃是化学史的主要问题之一，而用铜合金大量铸造货币以促进商品流通，又是社会经济发展的很重要因素。因此是一个很好的例子，又说明了化学史的研究和社会生产发展的不可分割的关系。铁器出现以后，它代替了铜应用于人类生产工具和生活用具等方面乃是逐步改变的。有一部分用具，由于它本身对金属性能的一定要求，一直需用铜来铸造，即使在冶铁技术相当发达的时候，也没有用铁制作，除了上述的钱币以外，铜镜也是这样。铸造钱币和铜镜的合金技术和它的艺术形式包括外形、铭文、花饰等各方面，在我国长时期来有了相当高的水平，逐步形成了具有独特风格的体系，融古代科学技术和文化艺术于一体，在世界文化史上占着一定的地位。因此，在青铜器的演变这一节中，我们选了这两个系统的青铜器物——货币和铜镜，就它们的类型、合金成分，以及它们和社会经济发展的关系等方面作一些讨论。

## 一、货币

铁制生产工具的广泛使用促进生产的迅速发展，由此而引起物资交换的频繁；作为物品交换的媒介物的货币便得到更广泛的铸造和流通。

从春秋到战国，货币广泛流通起来。当时货币的特征是：品种多，数量大，流通区域既分散而又交错。就品种说，一般分为四类：一是布币，以三晋（韩、赵、魏）地区为主，而散及于燕、秦、宋；二是刀币，以齐为主而后及于燕、赵；三是饼金与蚁鼻钱，仅流通于楚地；四是圜币，最为后出，布币区、刀币区、布刀并行区皆有之。用以制造货币的金属，除饼金是黄金外，概为青铜。这一发展的方向是很自然的，一则当时劳动人民对于青铜铸造技术已积有丰富的经验，再则铁器的出现使青铜用途的转移有了充分的条件。

（1）布币

布币的造型取象于农业生产工具的铲子（古名钱镈）（参见图版十二），形式的演变颇有线索可寻。空首布可说是最早的形式。所谓空首就是铲子上的銎；作为工具使用，需要安把，所以有銎；作为货币使用，无銎之必要，所以后来就变成平首了。空首布大概出现于春秋战国之际，本身有较大较小的差别，形状有平肩、耸肩、斜肩和平足、桥足、尖足之分，铭文也各有不同。然总的说来，它的广泛流通则自战国中期开始；因为较大的接近实用工具形状的空首布不但在传世收藏品中为数极少，而且在近年来大量考古发掘中还没有遇到过。但是在汲县山彪镇战国中期墓葬中，一次就发现了小型的耸肩尖足空首布达六七百枚之多。

布币的发展主要在战国中期和晚期，而表现在平首布方面。平首布在发展过程中留下了形状、轻重、流通范围的种种差别。值得特别注意的，首先是在铭文上出现了货币单位。如魏国的圆肩、圆裆方足币具有“安邑一釿”“安邑二釿”的铭文［参见图版十二（1）（2）］，还有“安邑半釿”的。

其次，值得注意是，大量小型的布币的出现，一般不记币值单位，只记铸造地名。1956年在北京东郊发现一处窖藏，出土一批方足布和尖足布，不同地名的铭文达50种之多。根据收藏品实测，这类布币多数重量在10—12克之间。同年在山西芮城出土的一罐布币，共460余枚，重约20斤。这批方足布具有26种不同地名的铭文，据报道，有些地名是不属于三晋地区，而属于齐、鲁、燕和秦、楚各国的，可见这类布币流通区域很广。这批“货币都是锋棱外现，字迹清楚，非常好看”，但是“体质轻薄”，[①]大体均重2.2钱，只合6.9克。

还有一种圆首圆裆圆足的布币，铭文中不同的地名不及十种，但形制上在首部和两足处出现三个圆孔［参见图版十二（5）］，纪值铭文，大者一两，小者十二朱（铢）。这类币已经是秦行半两圆钱的前身，因为古制以二十四铢为一两，十二铢即是半两。根据部分收藏品实测，重约9克。

（2）刀币

刀币造型，模仿工具的刀，可说是一望而知（参见图版十三）。初期刀币有“节（即）墨之法化（货）”［参见图版十三（1）］、“安易（阳）之法化”、“谭邦……”、“齐之法化”等，它们的特征是铸造精，形体大，而数量却都很少。根据部分收藏品实测，每刀约重50克。稍进一步的发展，而发现较多的是“齐法化”和“节墨法化”，实测重量在40—45克之间。以上这些刀币，数量都不大，流通范围也不广，大

① 《文物参考资料》，1958年第6期，第64—65页。

致不外山东一带。刀币的铸造数量增加和流通范围扩大，跟布币一样，也是在战国中期，从“明刀”出现开始。

关于刀币的形制和流通情况，可以概括为以下几点：（1）它们起初都是从生产工具的形式演变出来的。（2）它们的发展都是从大到小，从重到轻；最后最轻的两种形式不同的货币，居然重量相等，同是6.9克。（3）从近年出土的刀币与布币共存情况看来，它们在某些地区是同样流通使用的。这种情况也同时意味着，它是商品交换频繁所引起的结果。许多不同的铸造地名的出现也意味着该地区的商业的繁荣。（4）布币与刀币的大量铸造与广泛流通同是战国晚期才达到的。这在文献中也得到印证。《墨子·经说下》：“刀籴相为贾”，意思是以刀币来和谷物作交易。墨子是战国早期的鲁国人，齐鲁接壤，所以他仅仅举了齐国的刀形货币。《荀子·荣辱篇》：“余刀布，有囷窌（窖）。”又《富国篇》：“厚刀布之敛以夺之财。”荀子是战国晚期的赵国人，所以他提到货币时便刀布并举。行文措辞之不同无意中反映了货币流通伴随社会变迁之异。

布币与刀币的合金成分是否由于类型、地区、时代的不同而有显著的差别，目前尚无足够的系统资料可供说明问题。只有一个共同特征似乎可以肯定的是，它的铅含量都相当的高，这和战国时一般青铜器的特征是一致的。下面所列之表[①]就是少数分析结果中的几个例子。

| | 铜 | 锡 | 铅 | 铁 | 总计 |
|---|---|---|---|---|---|
| 布币 | 70.42 | 9.92 | 19.30 | — | 99.64 |
| 齐刀 | 55.10 | 4.29 | 38.60 | 1.00 | 98.99 |
| 明刀 | 45.05 | 5.90 | 45.82 | 2.00 | 98.77 |

（3）饼金

战国时各国货币多用青铜铸造，独流通于楚国的是用黄金制成，作方块形，制法也不是浇铸，而是在一大块金饼上加盖小方形戳记而成，文曰“郢爰”或“陈爰”［参见图版十四（1）］，有阳文也有阴文，所以饼金又名印子金。出土的大块饼金所含戳记数目从两个到二十个不等。单个的爰金大概是从大块剪取出来的。中国历史博物馆所藏一枚，实测重量为15.5克。爰金出土地点有安徽寿县、凤台、庐江、广德和江苏高淳县高淳镇等地。

（4）圜币

在四种货币中圜币出现最晚（参见图版十四）。辉县固围村一号墓出土一枚“垣”字圜钱，圆孔、无廓。旧著录中有“长垣一釿”“共半釿”等同类型的圜钱。这类圜钱的最初使用大概略晚，但不会很晚于“安邑一釿”“安邑半釿”布

① 表中数值为各成分含量的百分数，下同。——编者注

币流行时期。它是布币区的圜钱代表。秦国的圜钱也属于布币区，铭文有“重一两十四铢”的，有“重十二铢”的，还有“半睘”的，它的特征也是圆孔无廓，但以铢两为单位。圜币中有“賹化”“賹二化”“賹四化”“賹六化”等铭文的钱，以化为单位，方孔有廓，它出于刀币地区的齐国。还有“明化”“明四”的圜钱，方孔无廓；较小的“一化”，方孔有廓；都出土于河北省、内蒙古自治区和东北，即战国时布刀共行区的燕地。

战国时期货币形式的多样性到秦时得到了统一，那就是传世久远的方孔钱的形式。晋朝鲁褒作《钱神论》，其中有“亲爱如兄，字曰孔方”这样一句话，后世沿用下来，便以“孔方兄”三字为钱的代名词，为它的绰号。这种形式是从战国末期圆形币的发展而被肯定下来，用以通行全国的。以后历代沿用，以至前清末季，为时两千多年，而其固定则始于大统一封建王朝的秦。作为东方文化的一种形式，它不但在我国行使很广，而且亚洲其他国家，如朝鲜、越南、日本等国，在古代也使用这种形式的货币。

秦钱的单位是半两，即十二铢，所谓“重如其文”。但是由于尚未达到国家统一铸造，又铸造方法仍采用泥范，一范只铸造一次，秦半两钱的实际大小轻重并不一致，颇有相当大的出入。清末吴大澂曾用八枚秦半两钱测得秦两为16.14克，近时彭信威更用六十四枚秦半两钱测得秦两为20.38克，彼此之间竟有20%—25%的差异。但是这些实验结果只供说明，不能依据半两钱的重量来测定秦的衡量单位——两的实数；而半两钱作为统一的货币单位则仍然存在。

由于秦始皇过度使用人力物力财力，如大修阿房宫之类，被压榨的农民忍无可忍，掀起了我国历史上第一次大规模的农民起义。乘着农民胜利而起的是封建王朝的汉室。汉初货币因袭秦制，仍用半两钱为单位，但实际重量有所减轻。据文献记载：有吕后二年（前186）开铸的八铢半两，有文帝五年（前175）开铸的四铢半两。四铢半两是西汉初期最主要的货币，行使到武帝建元元年（前140）曾一度改铸三铢钱（文曰三铢，不是半两），但四年以后，四铢半两的形制又被恢复了，随后并继续了十八年。这种钱的铸造和使用，先后共历五十三年之久。

武帝元狩五年（前118）我国的方孔铜币，在大小轻重上，出现了一个稳定局面。在这一年国家改用了五铢钱制，钱文是五铢，不是半两。钱重与钱文一致，所谓“重如其文”。据实测，直径约2.3厘米，重约3.5克。武帝元鼎五年（前112）又禁止郡国铸钱，把货币铸造权统一到国家手里，使得货币大小轻重不一致的情况更有所减少。“五铢钱是中国历史上用得最久最成功的钱币。史家说它轻重适宜，一点也不错。中国自进入货币经济后，使用过的货币非常多，大小不等。……元狩五年以前，对于钱币的重量，是一个摸索时代；自元狩五年采用五铢钱以后，不但这五铢钱本身，在七百多年间是中国的货币，就是在唐武德四年（621）废止五铢钱以后，新钱大小轻重，仍以五铢钱为标准，离开这标准就失败。”[①]另一方面，伴随着社会经济的发展，商品流通的扩大，钱币铸造的数量也有了急骤的增加。据史籍记载推算，西汉一朝，从武帝到平帝（前140—5），140多年时期内，五铢钱的铸造量竟达280亿枚之多。

西汉东汉之际，王莽时期，货币制度经过一度反常的改革。一种貌似系统而实是紊乱的币制出现于此时。（参见图版十五）其中常为旧著录所道及的有二刀（栔刀五百、错刀五千），六泉（小泉值一、么泉一十、幼泉二十、中泉三十、壮泉四十、大泉五十），十布（小布一百、么布二百、幼布三百、序布四百、差布五百、中布六百、壮布七百、弟布八百、次布九百、大布黄千）等名目。还有货布和货泉两种，一枚货布等于25枚货泉。凡是名刀的取刀形，名布的取布形，名泉的取圆形。二刀与大泉初行于居摄（7）时，与五铢钱并行，以五铢为单位。不难看出，五十、五百、五千等高额货币的发行，无疑是经济衰落、财政困难的具体表现。说来倒也奇怪，因为刘字是卯金刀三部组成的，王莽在始建国元年（9）又把栔刀、错刀废掉了，五铢钱也不用了，代以小泉

① 彭信威：《中国货币史》，上海人民出版社1958年版，第60—70页。

直一。同时还铸造了四种中值的泉币和十种布币。到了地皇元年（20），又改铸了货币货泉两种，并文献失载的一种布泉。货泉与布泉，实际跟五铢钱一样，只是钱文有所不同。王莽掌权不及二十年，更改币制就有三次，其紊乱可知。仅仅因为它铸造精美，花样繁多，遂为后世金石学家所珍视，为钱币学家所欣赏。现在看来，在考古发掘中，莽钱便成为可靠的时代指示剂之一。

铜币铸造是青铜器技术一个支流，它在西汉有很大的提高。在汉以前，铸钱大概是用土范，钱成后范就被毁，这样，便使得钱的形状大小轻重都不能一律，而且很难期望制范工作做得细致。西汉自四铢半两起采用了铜范。铜范的做法，是以泥范（阴文）开始，从它翻造出来的。有了铜范（阳文），又可从它翻造出无数的泥范。开头的泥范是雕刻成的，叫作祖范；铜范是浇铸成的，叫作母范；最后的泥范是压模成的，叫作子范。所以只要祖范做得细致，合乎规格，而且事实上也可能做到这样，因为为数较以前一次一范的办法是少得太多了，那么，这样铸造出来的钱就大小式样一致了。“所以武帝五铢钱中有非常精美的。这种方法一直维持到东汉。在王莽的时候达到了顶点……如金错刀的铜质，经久发水银光，钱币学家谓之水银古。错金的方法虽是承继先秦的技术，但是这种技术以后几乎是失传了。后代多少人想仿造金错刀，可是黄金错得不对，内行人看来，一望即知是假的。”①

西汉时期，钱币铸造的另一发展表现在用以铸造钱币的金属组成方面。在先秦货币中所未曾出现过的锌，在西汉货币中，至少一部分货币中，出现了。文帝的四铢半两钱中有之，新莽钱币中亦有之。早在二十世纪二十年代里，章鸿钊先生曾托王琴西先生分析过两批汉钱；一批包括一枚吕后八铢半两和三枚文帝四铢半两，另一批包括六种不同的莽钱，今将他所得的结果分别列表如下

| | 吕后八铢 | 文帝四铢（1） | 文帝四铢（2） | 文帝四铢（3） |
|---|---|---|---|---|
| 铜 | 61.23 | 92.66 | 70.77 | 93.97 |
| 锡 | 9.83 | 0.27 | 8.19 | 0.16 |
| 铅 | 25.49 | 0.43 | 12.50 | 0.57 |
| 锌 | 1.55 | 2.82 | 2.66 | 3.85 |
| 铁 | 1.54 | 0.28 | 2.80 | 0.05 |
| 共计 | 99.64 | 96.46 | 96.92 | 98.60 |

| | 大泉五十 | 货泉 | 小泉直一 | 大布黄千 | 货布 | 契刀五百 |
|---|---|---|---|---|---|---|
| 铜 | 86.72 | 77.53 | 89.27 | 89.55 | 83.41 | 81.13 |
| 锡 | 3.41 | 4.55 | 6.39 | 4.71 | 6.86 | 6.96 |
| 铅 | 4.33 | 11.99 | 0.37 | 0.62 | 6.54 | 6.17 |
| 锌 | 4.11 | 3.03 | 2.15 | 1.48 | 0.84 | 1.01 |
| 铁 | 0.13 | 1.46 | 1.50 | 3.56 | 0.47 | 1.39 |
| 共计 | 98.70 | 98.56 | 99.68 | 99.91 | 98.12 | 96.66 |

① 彭信威：《中国货币史》，上海人民出版社1958年版，第77页。

从上两表[①]看来，汉代的半两钱和莽钱都含有锌，大概是可以肯定的。因为十分之九的钱其含锌量都达到1%以上，最高者且超过4%。在这样的成分范围内，锌的存在不好认为是由于金属冶炼或货币铸造时所带入的杂质而漠然视之。但金属锌究竟以何形式而进入货币中，过去曾有一番争论，有的以为是随铅而入的，有的以为是随锡而入的，这都是为文献记载中几个名词如连（链）、鑞等所拘束而未能获得适当的解决。在此所应强调的，似乎不是随锡随铅之争，而是比较高成分的锌之出现。1956年在西安汉城遗址附近发现了汉代铜锭十枚，上面刻有重量的斤数（128，129，130），有的还刻有出产的地点。"这些铜锭经化验后，含有百分之九十九的铜质。"[②]根据这项事实，汉代货币中由铜带入的杂质不会达到1%。而且铜所含的杂质一般以铁居多而不是锌，这可从战国青铜器的分析结果得到证明。所以锌的出现，肯定是伴随铅、锡而来的。应该指出，锌在货币中的含量虽然只占1%—4%，但是对所伴随的铅锡来说，锌的百分率就高得多了。现在将上列十种货币中的锌量与锡、铅、锌总量比值列表如下。

| | 锌与锡、铅、锌总量的比值 |
|---|---|
| 吕后八铢 | 4.2% |
| 文帝四铢（1） | 80% |

① 章鸿钊：《石雅》，1927年版，第340—344页。

② 《文物参考资料》，1956年第3期，第82页。

| | 锌与锡、铅、锌总量的比值 |
|---|---|
| 文帝四铢（2） | 11% |
| 文帝四铢（3） | 84% |
| 大泉五十 | 34.7% |
| 货泉 | 15.5% |
| 小泉直一 | 24.1% |
| 大布黄千 | 27.7% |
| 货布 | 5.9% |
| 栔刀五百 | 7.1% |

很显然，如果锌只是伴随着一种金属（锡或铅）而来的话，它的百分比将还要提高一些。因此，我们说西汉劳动人民曾经冶炼出高锌含量的金属合金，那恐怕是不为过分的。高含量的锌合金，在当时认识水平上，被当作一种新金属看待，那也是合理的；因为它既不完全与锡相同，也不完全与铅相同。所以才有连（链）、鑞等新名词的出现，但是它们的含义不能专靠文献记载来解决，应该先从实际出发，结合文献记载来解决。还当提到，古钱的收集，尤其是稀有名品的收集，在新中国成立前大都为骨董鬼所操纵，所以辨别真伪常会发生问题。章先生所用来分析的样品还有两三种（其中有壮泉四十、幼布三百两名品），就是由于本身真伪可疑和锌含量过高而未列入表内。

只有在解放后的中国，有了从考古发掘和基本建设中发现的大量古代货币这项确实保证，进一步再作科学系统的分析，然后历代货币成分演变整个问题，才有可能得到彻底的解决。

## 二、铜镜的发展

### （1）战国时期

铜镜是青铜技术中之一大支流。跟方孔钱一样，它在我国行使了两千年左右，直到逐渐被玻璃镜子代替为止。它的前身是鑑（鉴），镜、鉴二字只是一音之转；周代鉴上铭文有时作监，汉代镜上铭文多作竟。《左传》昭公二十八年："王以后之盘鉴予之。"释文："镜也。"但二者之间，形制上和用法上本有差别。鉴是盆状的，装了水，人从水面上的反光来照察自己的形容；镜是片状的，绝大多数是圆形的，表面光平，直接借金属的反光来照察人的脸面。关于从鉴到镜，其间递变之迹，下面我们可引用郭沫若同志的一段很精辟的话。"以铜为鉴［镜］，是战国末年才行开的。原初的鉴就是'监（監）'，只是水盆，像一个人俯临水盆睁着眼睛（臣字即眼之象形文，即古睁字）看水。在春秋末年有青铜的水监出现，传世'吴王夫差之御监'便是盛水鉴容的镜子。后来不用水而直接用铜，在我看来，就是水监的平面化。大凡铜镜，在背面不必要的地方却施以全面的花纹，这是因为盛水之监的花纹本是表露在外面的，平面化了便转而为背面。"[1]

---

[1] 郭沫若：《青铜时代》，人民出版社1954年版，第308页。

应该指出，不能光靠字面的差别就认为照察形容的鉴一概都是装水的。《墨子·经下》有“临鉴而立”“鉴位［低］”“鉴团”三条，根据《经说下》中对条文的解释，可以认为所指是反光的平面镜、凹面镜、凸面镜三者在照物成像上具有大小、反正、远近的区别。科学史工作者都认为这三条的经文和经说反映了我国古代人民对光学的认识。由此可知，在战国早期的墨子（约前482—前420）年代，就已经出现了金属反光的镜子。但在那时还沿用着以水照面的鑑或鉴来叫它。大概终战国之世，也是这样。直到汉代镜字才普遍使用。《大戴礼（汉人戴德所传）·保傅》：“明镜者，所以察物也。”许慎《说文解字》载有镜字，段注：“金有光可照物谓之镜。”

战国时代的铜镜，是我国青铜艺术史上的盛开的花朵。过去研究的材料，多为盗掘出土，汉镜较多，战国镜有限。新中国成立以来所获战国铜镜数百件之多，均经科学发掘，从而使我们对战国铜镜，有了进一步的认识。过去所谓‘秦式镜’‘淮式镜’，实际是楚国的铜镜。黄河流域如陕西、河南、山东、山西、河北等地，出土战国铜器虽多，铜镜却很少。洛阳中州路发掘东周墓二百六十余座，其中确定为战国的九十余座，而铜镜仅出土一面，直径很小，质地非常粗劣。烧沟发掘五十九座战国墓，也仅出土一面，直径7.8厘米，素面无纹。辉县琉璃阁、固围村、赵固、诸丘等地，发现战国大中型墓六十余座，仅赵固村出土一件，直径11.5厘米，质地也很粗劣。再如陕西宝鸡、半坡，山东济南市郊战国墓，出土铜镜数量很少，质料也很粗糙，并多为素面。至于陕西后川，唐山贾各庄，山西长治、万荣，虽有大批精美铜器出土，竟无一面铜镜。这些现象表明，战国时代黄河流域诸国，铜镜是不流行的。楚墓出土铜镜与北方地区相比，俨然为两个系统，据1955—1956年湖南清理发掘的楚墓材料来看，有铜镜的墓占20%强，所得不下数百件，是研究楚国铜镜的重要资料。

“楚式镜多无铭文，镜多作圆形，镜身较薄，边缘上卷，除个别素面外，一般皆铸花纹。花纹多作双层，先衬以精细的地纹，多采用细线钩联，如云纹、羽状纹……主题花纹有四叶纹、山字纹、菱形纹、连弧纹、蟠螭纹、长尾兽纹等。方镜为透空雕纹饰，自成一种格调。从楚镜花纹结构来看，它是两种文化的混合：一种是商代的艺术传统，如两层花纹，是商代铜器花纹的普遍做法；而主题花纹的结构，除铜器中常见的蟠螭纹外，其他均为商周铜器所不见，有些纹饰在楚墓出土漆器、陶器的彩绘中却常遇到，它可能是楚国本地文化。楚式镜凝合了这两种文化的特点，达到杰出艺术水平。”

“从南北两地出土的铜镜分析，我们认为战国的铜镜已发展成为两个系统：一个是造型粗糙、多为素面的北方系统，另一个是造型优美艺术精绝的楚式镜的系统。”①

楚式镜面多呈黑色，光亮如漆，金石学家称为黑漆古。其中少数也有腐蚀程度较深而呈绿玉色者。化验的结果表明，黑色镜含铜量占71.44%，含锡量占19.62%，含铅量占2.69%；绿色镜含铜量占66.33%，含锡量占21.99%，含铅量占3.36%；而其所含锌、锑、镍、铁等杂质，则都在1%以下②。这样的研究是一个很好的开端，进一步的金相分析和其他必要的物理化学分析结合在一起，将对我国古代劳动人民在这一门特殊的合金工艺上的辉煌成就，获得更为深入的了解。

在目前认识的情况下，我们试图初步解答人们时常要问到的一个问题：为什么在战国时期楚国的铜镜较其他各国有更高度的发展？这是和楚国的社会条件和技术条件分不开的。在春秋列国中楚国是最后起家的国。所谓“筚路蓝缕，以启山林”，实际还是原始社会的形态。一旦同中原诸国相接触，就很快地从奴隶社会走向封建社会。新生的势力胜过了旧有的势力，结果是“汉阳诸姬，楚实尽之”。社会经济发展很快，原先称“晋国天下莫强焉”，后来就称“晋楚之富不可及也”。这些成就，看来又是以金属冶炼技术为基础的。《荀子·议兵

① 高明：“建国以来商周青铜器的发现及研究”，《文物》，1959年第10期。

② 《湖南出土铜镜图录》，文物出版社1960年版，第5页；《文物参考资料》，1957年第8期，第85页。

篇》："楚人……宛巨铁鉇惨如蜂虿。"可见楚国炼铁技术水平高出一时。楚国的货币，据前节所述，也有它特殊的地方。它一方面承继了殷周原始货币形式的铜贝，所谓蚁鼻钱；另一方面它又独创地采用了黄金为货币，所谓郢爰。郢爰出土数量不少，自北宋沈括以后颇有记载；地区之广，近年以来亦获证明；在此应该着重指出的是其纯度之高。在江苏省内发现的十余块中，有十块曾经用试金石鉴定，仅一块的含金量是82%，其他皆在90%以上，最高的三块达到98%，总平均也达94%。[①]作为广泛使用的货币金属来说，这是很高的记录。从青铜器技术总的方面看，楚器也留下了辉煌的成绩。1931—1932年间在安徽寿县朱家集附近李三孤堆地下一个楚王大墓葬中所出土的器物为数惊人（有人说三四千件），其确实保留着的铜器尚有675件，有铭文的两个大鼎每个重达二百余斤，另一个无铭文的大鼎传说重七百余斤。《左传》宣公三年："楚子伐陆浑之戎，遂至于雒（今洛阳），观兵于周疆。定王使王孙满劳楚子，楚子问鼎（即传说中禹所铸之九鼎）之大小轻重焉。"杜注："示欲逼周取天下。"这固然是对的，但是联系到后来发现的庞然巨物的大鼎来说，这个相传有名的问鼎故事里面还包含着一定的物质条件因素。铁兵器冶炼之锋利，黄金提炼之纯，青铜器铸造之多且大，从所有这些方面来考虑，楚

① 《文物参考资料》，1959年第4期，第11—12页。

镜之所以特殊成就，是楚国劳动人民勤劳、智慧的结晶，绝非偶然之事。

（2）汉魏时期

铜镜的铸造，在战国时期，如前所述，只有楚国有大量的生产，而且技术水平也高。这种情况，在汉初经过很短的一段时间就完全改变了，中原地区的墓葬，即使是比较小型的，也都很容易有铜镜出现。不仅如此，随着汉代文化的发展，汉镜流传到朝鲜、日本的为数亦复不少，所以在朝、日两国也不时有所出土。

作为汉镜区别于战国镜的主要特征是铭文的出现和其多样性。按其形制，大致可以分为四个阶段：

第一阶段，以秦末汉初的“大乐富贵”铭文镜为代表。这种镜子是处于楚镜和汉镜交替时期，主要造型还保持着楚镜的作风，铭文只处于从属地位。例如胎质薄，外缘高卷，复瓦形三轮钮，以四叶蟠螭纹为主题饰纹等，这些都与楚镜相同；但同时具有“大乐富贵，千秋万岁，宜酒食”的铭文，则为楚镜所无。

第二阶段，以武帝以后的昭明镜和日光镜为代表。这个阶段的镜子是以铭文为主，图案装饰已处于次要地位。胎质较厚，形制较小，钮形已变为半球形，外缘高出平折，这些都是这一阶段与上一阶段的区别。昭明镜的铭文一般是：“内清质以昭明，光辉象乎日月，心忽扬而愿忠，然雍塞而不泄。”

但时有脱文。日光镜的铭文是："见日之光，天下大明。"或作"见日之光，长毋相忘"。个别的也有昭明、日光两铭同见于一镜者。

西汉后期炼冶铅华镜

第三阶段，以新莽前后的规矩四神镜为代表。这个阶段的主要特点是在镜的边缘上出现了图案花边，神仙禽兽等图案也大量出现。属于这个阶段的镜子种类相当多，常见的有尚方镜、姓氏镜、长宜子孙镜、位至三公镜、汉有善铜镜等等。

第四阶段，包括东汉后期以及魏、晋的铜镜，因此很难以某些局部情况作为全阶段的代表。上一阶段的位至三公镜、长宜君官镜都继续得很久。这一阶段的主要特征可说是以圆雕式的手法来表现图案的主题，铭文作为装饰，出在边缘或在边缘与内盘之间。常见的铭文，可称为"多贺"铭文，铭文常以某某作镜开端，如青盖、黄羊、侯氏、吕氏等等，所以普通称为青盖镜或姓氏镜。继"善铜出丹阳"之后，出现了"铜出徐州、师出洛阳"或"铜以徐州为好、工以洛阳著名"的铭文铜镜。看了推崇洛阳工师的语句，不能不想到这类镜子是东汉时的作品，因为洛阳乃当时都城所在地的缘故。即使到三国时的曹魏，也还继承下去。至于徐州，其名甚古，东汉的徐州管辖五个郡国，彭城国为其中之一，即今之徐州，为曹魏时徐州刺史治所。东北有铜山，故清代徐州府的首县即以铜山命名。据此看来，徐州地区以铜著名，大概起于东汉晚期，流传于魏、晋。1955年在辽阳三道壕清理两座西晋壁画墓中，出土了一面鸟纹规矩镜，背有铭文："吾作大竟真是好，同（铜）出余（徐）州清且明兮。"[①]（见下图）就是一证。

关于"善铜出丹阳"的铜镜的衰落，我们作了两方面的了解。一方面，徐州冶铜业的兴起，对于中原地区的供应增加了方便；只要注意徐州和洛阳同在现在一条铁路线上（这条铁路是根据历史上的交通大道建设起来的），那就很容易领略了。而且丹阳地区在东汉末年已处于吴国势力范围之内，更难为北方所利用。另一方面，就吴国说，它自己已具有绍兴铜镜手工业，而且做得很好。丹阳只是产铜的地方，不是青铜手工业地方；绍兴既产铜，又有传统的青铜手工业（传说中的欧冶子铸剑即在其地，近年来绍兴陆续出土的战国青铜剑可证），那就无须再以丹阳善铜为号召了，尽管它还可能利用

西晋铜出徐州镜拓片

① 《文物参考资料》，1955年第12期，第52—53页。

一部分的丹阳铜。

了解到汉魏铜镜如此丰富多彩之后，我们可以进一步地探索一下它们的化学组成怎样：据日人近重真澄的分析，汉镜中铜、锡、铅三者的平均百分比是67∶27∶6；据小松茂、山内淑人的分析，则是73∶22∶5；其他元素或不足1%，可以当为杂质看待；或偶尔出现，可以当为个别情形看待。至于金、银、汞三者在绝大多数的样品中是空白，在少数样品中也只有微迹。综合两组分析的结果，在数量上，彼此虽说有一定的差异，然而有一点是共同的，即铜锡之外，铅作为一种必要成分是也。大致在5%—6%，较战国铜镜含铅量略有增加。铅以一种金属而正式参与铜锡行列，在镜铭中可以得到直接的证明。中国科学院考古研究所在长沙发掘的211号墓葬里所出土的一面铜镜具有"湅涺（炼冶）铅华清而明以之为镜宜文章"的铭文。[①]（参见上页附图）在旧著录中（《岩窟藏镜》第二集上第六五图）也曾记载着形制花纹非常类似的镜子，而铭文首句则完全一样。这是直接说到铅的实例，它跟许多"炼冶铜华清而明"的铭文是一致的。有时则铅锡并举，例如《岩窟藏镜》中的南方内向连弧镜（第二集上第八三图），它的铭文有"尚方作镜真大工……和周（调）铅锡清且明"两句，显然铅和锡居于同等地位。铜、锡、铅三者是铜镜的必要组成部分。这些

① 《长沙发掘报告》，第116页和图版陆拾柒3。

镜子的铭文实际上也部分地反映了，在各阶段中铜镜上的铭文都有一定的意义。它们反映着当时社会思想意识形态、青铜器手工业的变迁情况以及金属铜重点产地的转移等。研究这些铭文，可以进一步看出我国汉魏铜镜是何等的丰富多彩。由于本书的内容和篇幅所限，我们不能对铜镜的铭文作深入全面的讨论，而只就几个例子做一些扼要的叙述。

有一类镜子的铭文，开始的一句都是“尚方作镜……”，我们称它们为尚方镜。这种尚方镜的铭文有一类是祝福使用者常保好容颜的，所以就把神仙故事引进去了。另一类铭文则反映当时流行的阴阳五行学说，镜文中常有“左龙右虎辟不祥，朱鸟玄武顺阴阳”这类的话。

青铜手工业在西汉时期原来掌握在官工手里，“尚方作镜”的提法便是一个很好的证据，因为汉武帝时曾设有尚方令的官职专门为皇室制造器物。未必所有的尚方镜都是尚方令的官工所铸的，但是这样的题铭标志着传统上的关系，则是可以肯定的。到了东汉后期，盛行着纪年、纪地、纪姓氏的镜子。从纪年可以知道制作的年代；从纪地可以知道某地青铜工艺发达的情况；从纪姓氏可以知道至少部分的官工转为私营手工业的作坊。如传世的延熹三年（160）神兽镜，有“汉西蜀刘氏作竟”的铭文，就是一例。从近年出土的他种青铜器（如铜奁、铜洗、铜书刀等）看来，自东汉章帝至灵帝约一百年间，是广汉、蜀郡地区青铜器制造业最兴盛的时期。在私营手工业作坊中，还有严氏和董氏，大约是两个最大的，“蜀郡严氏造作”“蜀郡董是（氏）作”等铭文经常可以看到。另一个地区是浙江的绍兴，例如黄武五年（226）神兽镜，铭文是“黄武五年二月午未朔六日庚己扬州会稽山阴安口里思子丁，服者吉富贵寿春长久”。黄武是孙权建立吴国时最初的年号，而会稽山阴又适在吴国疆域之内，这样便形成这一时期地区性作品最有力的证据。绍兴出土的还有“建安二十二年（217）十月辛卯朔四日甲申（午）郑豫作”的神兽镜，从它可以推断在吴国建国以前这一地区的铜镜铸造业已相当发达，而铸造师的姓名已出现于镜背。其他见于著录者，如“黄武七年（228）陈世严作”“黄龙元年（229）陈世造”“嘉禾四年（235）安乐造”“赤乌元年（238）周公造”“天纪元年（277）徐伯造”等神兽镜。既然都用吴国年号纪年，其属于吴国地区——主要是绍兴地所造，那是没有什么问题的。通过纪年镜和其相传的出土地区，可说绍兴一带，在东汉末年以及三国时吴国兴亡所历六十余年间，形成了江南镜业的中心。在图案上它具有独创的风格，故事人物画像镜最为突出。著名的有伍子胥画像镜[①]，还有描写东王公、西王母、仙人王子乔神话故事的画像镜[②]。

至于汉、晋的金属铜主要产地，也于铭文中得到反映。两

---

① 《文物参考资料》，1957年第8期，第36页。

② 《考古通讯》，1955年第6期，第59—60页。

汉时期（包括王莽的新朝），出现了好些善铜镜。它们的铭文，一般都有“某有善铜”的字句。例如，“汉有善铜出丹阳，取之为镜清如明，左龙右虎补四方，朱爵玄武顺阴（下脱一阳字）”。又如，“杜氏作竟大毋伤，亲（新莽之新）有善铜出丹羊，炼冶银锡清如明，左龙右虎辟不阳（与前句羊字相互误植），长富乐未央。”读了这些铭文，立刻可以感觉到，除去反映着当时流行的阴阳五行思想外，它们还明显地说出铸镜所用金属铜的主要产地。丹阳铜后来便成为传闻远近的善铜名称，还连带流传下来关于丹阳铜某些奇妙的故事。今究其实，则汉时置丹阳郡，郡辖十七县，丹阳县乃其中之一，即今安徽当涂县地，地有铜山，汉代于郡设有铜官（见《汉书·地理志·丹阳郡下》）。铭文载此，盖以表其质量之好，也许是当时官工所之品。

最后，关于汉镜抛光过程，文献中还保留着一段很好的记录。《淮南子·天文训》：“明镜之始蒙然，及粉之以玄锡，劘之以白旃（毡），则须眉鬓毛可得察。”铜镜在铸造成型后，镜面无论如何平整，然在反光上总不免有些缺陷。所以必须用一种“玄锡”粉敷在面上，再用毛毡在上按着摩擦，才能既平整又发亮，而照影无遗。这是古代劳动人民用以抛光的技术。唯玄锡二字，释者不一。有人认为是水银，有人认为是铅粉，因为玄在色为黑，“铅为黑锡”，见载于《玉篇》。我们认为后说是对的，《参同契》里也有“故铅外黑，内含金华”

的句子，可证。但是金属铅怎样能做成粉状，这里不无疑问。看来古代劳动人民对于汞齐早有认识。也许他们先做成铅汞齐，再在乳钵里研一下，就可使它成为小颗粒状态的东西。把这种小颗粒的铅汞齐散布在镜面上，再用毛毡来摩擦，便可达到抛光的目的。镜铭中常有“焕（有的作假字）玄锡之流泽”的语句，似乎也可以这样来理解。

## 三、六齐规则的意义

根据以上两小节的讨论，我们看到从战国时期铁器广泛使用以来，社会生产的发展促进了社会生活的需要，使青铜工艺扩展到铸造货币和铜镜两个相当大的领域，而放出了奇光异彩。由于自殷商以来长期的经验积累，劳动人民总结出一套铸造青铜器的规则，那就是《周礼·考工记》里面的著名的六齐规则。它的全文是这样：

“金有六齐：六分其金而锡居一，谓之钟鼎之齐；五分其金而锡居一，谓之斧斤之齐；四分其金而锡居一，谓之戈戟之齐；三分其金而锡居一，谓之大刃之齐；五分其金而锡居二，谓之削杀矢之齐；金锡半，谓之鉴燧之齐。”这项规则的意义表现在：随着用途不同的青铜器所要求的性能有所不同，用以铸造青铜器的金属成分的比例也应有所不同。成分和性能关系如何，当然需要从长期的经验中来取得。《吕氏春秋·类别篇》：“金柔锡柔，合两柔则为刚。”古书中又有“剑太刚者则折”这样一类的话。把这两句话合起来看，就可以知道，古代劳动人民一方面从生产实践中认识到加锡入金（铜）可使硬度增强；而另一方面从生活实践中又认识到太硬的兵器是容易折断的。要做到恰如其分而更能适用，就摸索出一套改变加入锡的分量的办法。六齐规则，大致说来，是这样总结出的。其中道理也不难理解，因为六齐中的器物有三分之二是属于兵器和工具的，其他三分之一也是经常使用的东西，不是摆摆样子的（仪仗用的或作为殉葬用的明器当然不在此列）。

为了更能确切地体会六齐规则的意义，我们想讨论两个问题。

第一是文字解释问题。在这一问题上存在着两种分歧的意见。一种说：“六分其金而锡居一者，金五分、锡一分，共六分也。”另一种说法是：“所谓六分其金而锡居一者，应解释为钟鼎之齐共为七等分，铜六而锡一。”前后两说之所以有分歧，在于对几分其金的金字含义具有不同的了解：前说了解为铜锡合金之青铜，后说了解为青铜中之单质的铜。我们对此作了一番较详细的考订，得出一条义例：凡是金锡对举成文的金，所指概是单质的铜而不是合金的青铜。这一义例不仅在《周礼》全书中，而且在周秦诸子中，得到验证。今将援引一些例文，并略为解释如下：

《周礼·考工记》

“凡铸金之状，金与锡……然后可铸也。”显然第一金字指合金的青铜，第二金字指单质的红铜。

“为量，改煎金锡”。量是量器，如斛、斗、升、合、龠之类。古代标准量器就是用青铜铸造的。金锡的金，这里跟上面一样，所指只能是单质的红铜。

“吴粤之剑，迁乎其地而弗能为良。……吴粤之金锡，此材之美者也。”剑是青铜器，金与锡是铸剑的原料。金字含义，显然为铜。

《周礼·地官》

“丱（矿）人掌金玉锡石之地，而为之厉禁以守之。”

《周礼·夏官》

“东南曰扬州……其利金锡竹箭。”

《周礼·秋官》

“职金，掌凡金玉锡石丹青之戒令……入其金锡于为兵器之府，入其玉石丹青于守藏之府。”

在以上三个例子里，自掌管的官吏、出产的地区，以至最后收入制造兵器的库房，都是金锡对举，其中金字意义，仍然是铜。

《荀子·疆国篇》

“刑（型）范正，金锡美，工冶巧，火齐得，剖刑而莫邪已。”莫邪是宝剑的别名，已是完成的意思。铸成宝剑的必要条件之一是选择优质的金锡原料。金字在此，舍铜莫属。

就以上这些义例说，对举成文的金与锡即是铜与锡的意思，可认为毫无疑问。在古书中，还有铜锡并举的例子，更可作为直接的证据。《战国策》曰：“涸若耶（溪水名）而取铜，破堇山而取锡。”[①]不曰取金而曰取铜，实际是同一件事，而说得更明白了当了。而且取铜与取锡并不是各自孤立的单独事件，而是相互联系为了同一目的的事件。《越绝书·宝剑篇》[②]曰：“当造此剑（按，指宝剑中之以纯钧名者）之时，赤堇之山破而出锡，若耶之溪涸而出铜。……欧冶乃……悉其伎巧，造为大刑（大形的剑）三，小刑（小形的剑）二。一曰湛卢、二曰纯钧、三曰胜邪、四曰鱼肠、五曰巨阙。”此欧冶子造剑故事，正是上文中迁地弗良的吴粤（即吴越，粤越二字古通用）之剑的具体说明；若耶铜、堇山锡，正是吴粤之金锡所以称为美材的道地注脚。据此，金锡等于铜锡，夫何间然？！

由此以推究六齐中词句，可以立即肯定者是鉴燧之齐。[③]所谓“金锡半”者，即铜锡各半之意。历来注疏家概无异辞。其他五齐都用了“几分其金而锡居几”的句法，金锡对举与上述义例仍然是一致的，即“几分其铜而锡居几”之意。只有首

---

① 今本《国策》无此二语，应是佚文，但见引于《太平御览》与《太平寰宇记》。

② 据近人张宗祥校订本称，“此盖汉人收辑战国旧闻，撰为是书”。

③ 燧亦作遂，或称夫遂，或称阳燧，向日光以取火之具，即今之凹面镜是也。《周礼·秋官》：“司烜氏掌以夫遂取明火于日。”便是此文所说之燧。

句“金有六齐”之金，所指才是合金的青铜，它也没有与锡对举。其余所有与锡对举成文之金，其含义概为单质的红铜。依此解释，将六齐的铜锡成分演为百分比而列表①如次。

| 器名 | 铜 | 锡 |
|---|---|---|
| 钟鼎 | 86 | 14 |
| 斧斤 | 83 | 17 |
| 戈戟 | 80 | 20 |
| 大刃 | 75 | 25 |
| 削杀矢 | 71 | 29 |
| 鉴燧 | 50 | 50 |

第二是对于六齐规则估价的问题。有人认为应该以六齐规则作为“证明近世出土之周代彝器是否赝作”的标准，这是重视六齐规则的表现。另有人认为《考工记》不足信，因为“殷周铜器的合金成分和《考工记》所载的大部分是不符合的”，这是轻视六齐规则的表现。我们觉得这两种看法都不免有它的片面性。其原因在于对《周礼·考工记》这部书是怎样一种著作未能予以切当的注意。郭沫若曾根据江永、程瑶田的考证，并加以补充，而订《考工记》为战国时齐国的官书。我们赞同他的看法，因为上节曾经谈到铜镜在战国时才通行开的，而六齐中却有了“鉴燧之齐”，这不能不说是著作时代的一种旁证。正是因为《考工记》是一种官书，它对于当时当地的名物

① 表中数值为各成分含量的百分数。——编者注

制度具有一定程度的确实反映；正因为《考工记》是战国时齐国的著作，它又具有一定程度的时代性和区域性的限制，因此就不好以殷代和西周的铜器成分来验证六齐规则是否属实。而且在当时条件下，实际的操作手续与制造规则之间，往往有相当范围的出入，不见得一一若符节之相合。我们觉得应该从全面观点出发，掌握六齐规则中总的精神实质，在一定范围内允许有所出入，才能对它予以适当的估价。近年于省吾考出战国剑铭中有“某某执齐”文字者，即系“某某掌握兑剂”[①]青铜合金之事。具体的实例，有元年右军剑、四年导平相邦剑、八年相邦剑，见于《贞松堂集古遗文》（罗振玉辑）；有左军剑、十五年剑，见于《商周金文录遗》。这项释文实际上为《考工记》中“筑氏执下齐，冶氏执上齐”两语下了一个很好的注脚。不但如此，《左传》成公二年：“楚侵及阳桥，孟孙请往赂之以执斫、执针、织、纴皆百人。”《论语·子罕篇》：“吾何执？执御乎？执射乎？吾执御矣！”把这些语句综合起来考虑，不难看出，所谓执齐（铸工）者，是和执斫（木工）、执针（绣工）、执织（织工）、执纴（缝工）、执御（车夫）、执射（弓手）等一样，成为一种专门职业。执齐二字之大书特书，见于统治阶级随身携带的主要兵器的铭文，难道还不够表示六齐规则的重要性吗？

---

① 于省吾：《商周金文录遗》“序言”，第2页。

## 第三节　铝铜合金的出现

在我国封建社会前期，在钢铁技术的辉煌成就和青铜技术继续扩展之外，又出现了一项重大贡献，那便是在晋代墓葬发掘中出土的少数含有很高铝成分的合金。这种合金出现于晋代，在世界化学史和冶金史范围内，将被认为是我国古代劳动人民所创造的一种奇迹。

1956年南京博物院在江苏宜兴县城内具有元康七年（297）砖铭的墓葬中，清理出一种金属带饰，约有二十多片（包括残片在内）。形式不一，但都有镂空的花纹。（参见图版十六、十七）它们出现于墓主的骨架的中部，所以知其为束腰大带上的饰件。“它们与广州西郊大刀山东晋明帝太宁二年（324）墓中出土的鎏金铜带饰的形式、花纹和出土位置完全相同。”外表作灰土色，内层金属为银白色，厚一二毫米。这项金属片，初经南京大学化学系进行化学分析，成分是：铝约85%、铜约10%、锰约5%；旋经科学院应用物理研究所进行光谱分析，结果是：铝（大量）、铜、铁、锰、铅、镁（其他微量的元素从略）[①]。

在这项发现一经传布开来的时候，引起了我国化学工作者

① “江苏宜兴晋墓发掘报告”，《考古学报》，1957年第4期。

和冶金工作者的十分重视。众所周知，铝是一种难于冶炼的金属，用金属钾把铝从氯化铝中取代出来，是在1827年才做到的。而工业上电解氧化铝的方法，直到十九世纪末叶才获得成功。既然如此，远在一千六百多年前的晋代，高成分的铝合金的出现和其如何出现，便成为人们所亟欲研究的一个非常重要的问题。

在同样心情而各不相谋的情况下，清华大学的杨根同志和东北工学院的沈时英同志分别取得了带饰样品并进行了化学的和物理的检验。但是，检验获得不同的结果。在前者先后所取的两种样品中，都含有大量的铝，是铝基的合金[①]。在后者先后所取的两种样品中，都含有大量的银和少量的铜，是银铜合金。因此，后者又从前者分去一部分样品，进行了光谱分析和显微镜分析，结果证实是铝基合金，只在成分估计上有所差别[②]。

在一套带饰中出现了铝基的和银基的两种成分不同的合金，因此引起人们某些疑问，现在应该作一度澄清。首先是铝基合金问题，因为银带饰出现于晋代是不足为奇的。今将所有分析带饰而得到含铝合金的结果综合列表如下：

① 《考古学报》，1959年第4期。

② 《考古》，1962年第9期。

| 分析次序 | 分析单位及分析者 | 分析样品编号 | 样品来源 | 分析方法 | 分析结果 | 注 |
|---|---|---|---|---|---|---|
| 1 (1956) | 南京大学化学系 | A01 | 南京博物院送交 | | Al 85%<br>Cu 10%<br>Mn 5% | 《考古学报》1957.4 |
| 2 (1957) | 科学院应用物理研究所陆学善 | A02 | 中国科学院考古所夏鼐送交 | 光谱定性 | Al（大量）<br>Cu　Fe　Mn　Pb<br>Mg（其他甚微） | 《考古学报》1957.4 |
| 3 (1958—1959) | 清华大学化学教研组杨根 | A03 | 中国科学院考古所夏鼐 | 测定比重 | 4.49 | 《考古学报》1959.4 |
| | | | | 化学定性分析 | 有大量Al | |
| | | | | 光谱定性分析 | Al（大量）Cu<br>Fe　Pb　Mn<br>Mg　Ag（少量）<br>Cr　Sn　Si<br>Ca（微）（参见图版十七下） | |
| | | | | 金相考察 | 得到比较均匀的多种合金组织 | |
| 4 (1959) | 东北工学院轻金属冶炼教研室沈时英 | A03 | 杨根送交 | 光谱半定量分析 | Al　97%—99%<br>Cu　0.2%<br>Fe　1%<br>Mg　0.3%<br>Si　0.3%—1%<br>Mn<0.01%<br>其他略 | 《考古》1962.9 |
| | | | | 金相考察 | 以0.5%HF腐蚀放大370倍得到铸造组织 | |

续表

| 分析次序 | 分析单位及分析者 | 分析样品编号 | 样品来源 | 分析方法 | 分析结果 | 注 |
|---|---|---|---|---|---|---|
| 5 (1959) | 清华大学化学教研组杨根 | A04 | 中国历史博物馆调来 | 化学定性分析 | 有大量铝 | 《考古学报》1959.4 |

值得注意的是，四种不同的样品，经过四组不同人员的检验。其中还包括不同的人员检验同一样品和同一人员检验不同的样品；而所得结果则基本相同。所以铝合金之出现于这组带饰中，从科学检验角度来看，应该是肯定的。

至于带饰中同时还出现了银合金的样品，两者并没有什么互不相容的矛盾。前者的存在并不排斥后者；后者的存在也不排斥前者。唯一的合理解释是，当时劳动人民在有意无意中炼出铝合金时，就把它当白银来看待和使用。1855年在巴黎工业博览会上金属铝首次以商品出现于市场，它的标签便是“来自黏土的白银”。岂不也正是这样的吗？！

再有一个需要澄清的疑问即带饰中的铝合金片能否确定是晋代遗物呢。在历次报告中人们都曾注意到这个问题，最近更由周处墓发掘人罗宗真同志作了一个明确详细的答案。他说：“这项金属带饰发现于一号墓（即周处墓）后室人骨架的中部，它们的位置和形状在清理过程中，是没有被动过的。它们在人骨架的中部，正是死者腰带饰件所在，大部分又压在淤土下面，说明层次没有被扰乱。因此从埋葬位置和层次关系看，这项带饰肯定是该墓的遗物，和其他各项出土物一样，都是西晋时代的。同时与广州西郊大刀山东晋明帝太宁二年墓出土带饰的形式、位置完全相同；不仅如此，新中国成立后在六朝墓葬中也有同类形式的带饰发现。因此，它是该墓的遗物，是晋代的遗物，而不是后来盗掘时带进去的。”[①]由此看来，部分含有铝合金的带饰，其时代的真实性，也是应该肯定的。[②]

在澄清上述两个疑问之后，高成分的铝合金之出现于三世纪末期的晋代，就成为一个颠扑不破、确凿不可移易的事实。在北京中国历史博物馆里，在南京江苏博物馆里，都陈列着这项带饰的样品，那是有确实的科学根据的。至于西晋劳动人民怎样冶炼出这种铝合金，在当时技术条件下怎样获得这项惊人的成就，是我国科学技术史工作者所亟须解决的一个重要课题，今后还要做更多更细致的研究工作。

## 第四节　物质变化的理论和物质构成的概念

### 一、阴阳五行学说的产生及其意义

在冶金技术发展的基础上，生产工具的革新进一步促进生

① 《考古》，1963年第3期，第165页。

② 关于晋代能否炼制金属铝及鉴定样品来源于晋代墓葬还是后世混入的问题，此后仍有争议。参见夏鼐：“晋周处墓出土的金属带饰的重新鉴定”，《考古》，1972年第4期，第35—40页。——编者注

产力的发展，由此而出现的商业繁荣和交通开拓更进一步地促进文化高潮的来临。战国时期百家争鸣盛况就是封建社会初期一种必然的结果。邹衍的阴阳五行理论正出现于这个时期。这一理论后来在各方面所起的影响很大，尤其是对炼丹术和医学的影响。因此我国化学工作者对它的内容如何、来源如何、意义如何等问题，应该予以明确的解答。

五行的明文见于《洪范》："五行：一曰水，二曰火，三曰木，四曰金，五曰土。"《左传》里有"天生五材"，杜注："金、木、水、火、土也。"又有"五行之官"，则明言木、火、金、水、土五官矣。邹衍名之曰五德，所指仍是金、木、水、火、土。五行的条目就是这样。

关于它的起源，过去我国学者曾费了许多功夫从文献上作了各方面的考证；但往往纠缠于时期先后问题上，而对这种概念究竟怎样产生出来的，或者避而不谈，或者谈得不够具体。唯郭沫若同志认为是"一种自然发生的理论"，那倒是正确的。理解前面所引《左传》里一处词句的全文是这样："天生五材，民并用之，废一不可。"人们在利用五材中逐渐对五材有了全面的认识，因此获得真实的反映。又如《国语·齐语》："以土与金木水火杂，以成百物。"韦昭注："杂，合也。成百物，若铸冶煎煮之属。"在此对五行的交互作用可说是进一步的反映。总之随着社会的发展，人们在生产实践和生活实践中逐步地认识到金、木、水、火、土五者的性能和它们之间交互作用，从而总括成为五行的概念，岂不是很显然的吗？为了彻底澄清这种“自然产生”的看法，还可举一两个例证。关于水火，《孟子·尽心章句上》说：“民非水火不生活，昏夜叩人之门户，求水火无不与者。”人类对水火有刻不能离的迫切需要，就不得不谋划获取的方法，更不得不对它们的性能有所认识和掌握。关于木，如《周易·系辞下》所说的：“斫木为耜，揉木为耒，耒耨之利，以教天下”，“刳木为舟，剡木为楫，舟楫之利，以济不通。”“弦木为弧，削木为矢，弧矢之利，以威天下。”这些叙述都是原始社会的情况，因为耒耜还是木制的，舟还是独木舟。这些在考古发掘中曾得到直接或间接的证实。尽管在这样远古的时期，对于木的加工就要经过斫（凿）、揉（顺着弯）、刳（挖）、剡（削直）等种种手续，因此对于木的性能不能不有所了解。至于土与金，在本书的第二、第三两章中已对陶器和青铜器发展史作较详细的叙述，在此就无须重复。只需指出它们更与五行理论产生有关。因为陶器不但是来自土，而且依赖于水与火；青铜器不但来自金，而且依赖于木（炭作为还原剂）与火。若农业产品出于土地，那更是古代劳动人民所熟悉的了。

对于五行性能的认识究竟怎样呢？《洪范》里说得很清楚。它说：“水曰润下，火曰炎上，木曰曲直，金曰从革，土爰稼穑；润下作咸，炎上作苦，曲直作酸，从革作辛，稼穑作甘。”前半言五行的本性，后半则言五味与五行的联系。就五行本性说，每行各具有双重性格。水有润湿之性，同时又有向下之性，农田灌溉则因此两性而用之。火有炎燥之性，同时又有向上之性，陶器的焙烧与陶窑的结构则因此两性而用之。润与炎相对，下与上相对，所以说水火不相容。木和金的相对双重性具于物质本身。木有直性又有曲性。“蓬生麻中，不扶自直”，言其具有直性也。“吾有大树，人谓之樗。其大本臃肿而不中绳墨，其小枝卷曲而不中规矩”，言其具有曲性也。因其本直故削之为楫为矢，因其能曲故弯之为耒为弓。金有可顺从之性，又有可变革之性，从指铸造，革指熔化，两者也是相对的。秦始皇“收天下之兵（即青铜兵器）聚之咸阳，销锋铸鐻，以为金人十二”。销用革，铸用从，一举而两性都利用到了。稼穑也有对应之意，稼指播种，穑指收获。“种麦得麦，种稷得稷”，这种认识当然是来自远古而流传于后代的。由此看来，把五行理论说成是朴素的唯物论，是完全正确的。因为对五行的本性的概念是从生产实践和生活实践中概括出来的，并非出于虚构或强加于物质本身的。不过它有它的朴素性，这也正反映了它是自然产生的。希腊的四元（水火气土）、印度的四大（地水火风）不也是在当地当时历史条件和社会条件下各自产生而发展起来的吗？

在五味与五行的联系问题上，固然不免有些牵强，但是仍然有它的道理。我们同意郭沫若同志的解释。他说：“润下作咸，是从海水得来的观念。炎上作苦，是物焦则变苦。曲直作酸，是由木果得来。稼穑作甘，是由酒酿得来。从革作辛，想不出它的胚胎。本来辛味照现代的生理学说来不是独立的味觉，它是痛感和温感合成的，假使侧重痛感来说，金属能给人以辛味，也勉强说得过去。”咸、苦、酸、甘四种味觉与水、火、木、土四行的联系，通过上述的解释，可以毫无疑问地说，《洪范》里词句的原意就是这样。只有金属何以给人以辛味，似乎还应当作一点补充的说明。由于兵器是金属所制，有时把金字作为兵器的代表词，古书中常见之，如《中庸》里面的“衽金革”就是披甲枕戈的意思，《孟子》里面的“去其金”就是把矢镞去掉的意思。金属作为兵器，用于刺击，使人感受痛楚，这是一方面。辛辣的食物使人在味觉上发生痛感，这是另一方面。把肌肤上的痛感跟舌头上的痛感联系起来，以类相从，就可能把辛味属之于金行了。金属本身不能给人以辛味，就跟水、火、木、土四行本身不能给人以咸、苦、酸、甘四种味道一样。五味是从五行性能衍生出来的。辛味“胚胎”于金行，经过这番补充的说明，似乎更接近于自然，而不至于感觉勉强了。为了弄清五行与五味联系的本意究竟怎样，多费了一点笔墨，看来还是值得的。

人通过感官而得到对五味的认识，人通过生产实践和生活实践而得到对五行性能的认识。在这两类认识的基础上企图找出它们的联系，也是很自然的。它实际上是一种自发的朴素的辩证法。由于当时生活条件和范围的限制，所找出的自然现象的联系只能是表面的和间接的，因此用后来的眼光看，不免给人以牵强之感。尽管如此，这种联系的出发点基本上是唯物的，它完全不同于巫卜的神权思想。这种自发的朴素的辩证法也表现在对五行性能的认识方面；五行理论表达了事物具有对立面的认识。润与炎对，下与上对，曲与直对，从与革对，稼与穑对；这些对立的因素或具于不同事物之中（如水与火），或具于同一事物之中（如木、金），或表现于同一事物的不同方面（如稼与穑）。总之五行理论已具体地提出事物是有对立面，虽然是很幼稚的。

从五行理论具有朴素的辩证观点出发，对阴阳理论就比较容易获得了解。概念的产生总是从具体的逐渐发展到抽象的，从个别的逐渐发展到一般的。以燥湿和趋上趋下分别为火与水的属性；以曲直从革分别为木与金的属性。以至于有土才会有稼有穑，这些都非常具体，而且各有所属。一经谈到“万物负阴而抱阳”（《道德经》），“一阴一阳之谓道”（《易经·系辞》），对立面便形成了一种普遍的抽象的概念。这样看来，阴阳理论便形成一种比五行理论更为普遍、更为概括的理论。应该指出，阴阳概念本身也有它的具体的内容，如《诗经·大雅·公刘》里所说的“既景乃冈，相其阴阳”，它的意义就是，在山冈上测度太阳光线的阴影。它是具体的阴阳而不是抽象的阴阳。从具体到抽象、从个别到一般，自发地运用了朴素的辩证观点而得出万物皆具有对立两面性的阴阳理论，在哲学的意义上，比五行理论更进了一步。邹衍的阴阳五行论就是当时历史的产物。

关于五行理论内容的另一方面，还有五行相生相克之说。相克之说发生较早，原来称克为胜，即胜过之意。水能灭火，故谓水胜火；火能销金，故谓火胜金；金属制的斧斤用来伐木，故谓金胜木；木材制的耒耜用来耕地，故谓木胜土；用土筑堤能够挡水，故谓土胜水。由此看来，相胜之说同样是从实践中得来的。但是它一部分已孕育于《洪范》五行理论之中，如润下之水与炎上之火在性能上彼此是对立的，所以水有胜火之可能。相胜说流行以后，随之而起的又有五行无常胜之说。《墨子·经下》："五行毋（无）常胜，说在宜（多）。"《经说下》："火烁金，火多也；金靡（消耗尽了）炭，金多也。"以炭火熔化金属，火大则金属销熔，金多则炭虽耗尽而不能熔。此中有一个数量多少（条件）关系，所以不能概括地总说火常是胜金。《孟子·告子上》："水胜火。……以一杯水救一车薪之火，不熄，则谓之水不胜火。"这段话也表达了与墨子同样的观点，虽然孟轲本人并不支持这种观点。庄子也有类似的说法："复杯水于坳堂之上，则芥为之舟，置杯焉则胶；水浅而舟大也。"这样朴素的辩证法对五行相胜之说可说是进一步的发展。后汉王充在《论衡·命义篇》说："譬犹水火相更也，水盛胜火，火盛胜水。"可当作又一个例子。

把五行理论和它与阴阳理论的关系弄清楚之后，现在便可谈到邹衍的阴阳五行学说的特点：（1）他用阴阳统摄五行；（2）他把自然界的五行相胜的道理推衍到社会变迁上去；（3）五行相胜是循环无端的。邹衍的著作已完全佚失，然从古籍中所称述和援引的文字里还可得其梗概。《史记·孟子荀卿列传》："邹衍乃深观阴阳消息……称引天地剖判以来，五德转移，治各有宜，而符应若兹。"《文选注》李善引邹子云："五德从所不胜，虞土，夏木，殷金，周火。"（见沈休文《故安陆昭王碑文》注）又引七略云："邹子终始五德，从所不胜，木德继土（土原作之，依高亨《墨经校诠》改），金德次之，火德次之，水德次之。"（见左思《魏都赋注》）所谓五德转移，符应若兹者，所指应是：虞以土德王，夏以木德王，殷以金德王，周以火德王，后者总是按五行相胜次序而取代前者。所谓终始五德者，从土到水，五德之运已终，继之而起的将又从土德始，因为能胜水者是土。终始的联系意味着终而复始，即循环之意。五行理论本是一种朴素唯物论，对于自然界说，它具有它的根据和理由，但是这些根据和理由却有相当大的片面性和局限性；邹衍想依靠它来考测社会历史的过程，用意是好的。所以郭沫若同志称"他确实是有独创性的一位大思想家"，但是结果却引向唯心的歧途。

阴阳五行学说作为关于物质变化的主导思想，却与后世炼丹术发生密切联系。《史记·封禅书》：“自齐威宣之世，邹子之徒论著终始五德之运。及秦帝，而齐人奏之，故始皇采用之。而宋毋忌，正伯侨，充尚，羡门子高最后，皆燕人，为方仙道，形解销化，依于鬼神之事。邹衍以阴阳主运，显于诸侯，而燕齐海上之方士，传其术，不能通。”这种传统关系看来是确实的。（下面炼丹术一节中将要再行谈到）在这里只提一下，东汉末魏伯阳所著的《参同契》，它里面就有“五行错王，相据以生，火性销金，金伐木荣”和“五行相克，更为父母”这类的词句。它们的意义是明显的，炼丹术的理论根源也是相当清楚的。

最后，还有五行相生之说，应该加以阐述。《宋书·历志》：“五德互王，唯有二家之说：邹衍以相胜立体，刘向（前77—前6）以相生为义。”是相生之说为后出，然不自刘向始。早于刘向近百年的董仲舒（前104?）在他所著的《春秋繁露》里，立有专篇，篇名“五行相生第五十八”。开首便说：“天地之气，合而为一，分为阴阳，判为四时，列为五行。行者，行也；其行不同，故谓之五行。……比相生而间相胜也。”以下分成五段：一曰“木生火”，二曰“火生土”，三曰“土生金”，四曰“金生水”，五曰“水生木”。五行相生，次序井然，终而复始，亦是循环相因之义。但相生的次第是木、火、土、金、水；而相胜的次第是水、火、金、木、土。所谓“比相生而间相胜”者，便是说：按照相生次第是比邻的而在相胜次第中则是间隔的。最近武汉医学院任恕教授作出一个五行生克关系图[①]如下左，以曲线明相生，以直线明相克，很能表明“比相生而间相胜”的关系。因此也可以看出，所谓比相生而间相胜者还只是一方面；如果从另一方面看，先依相克之序排成一环，再以直线连接相生之序，如下右，则所得的关系乃是比相胜而间相生也。但是应该指出，以相生之说说明物质变化是更能与自然界所发生的或日常生活中所接触的化学现象相结合的。

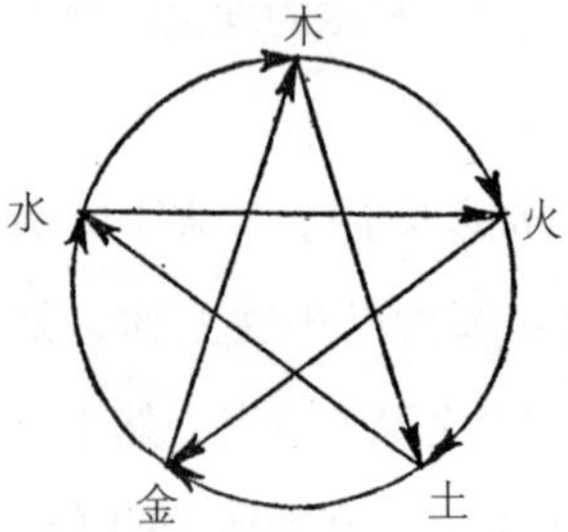

## 二、构成物质的颗粒性概念

跟基本物质理论密切有关的问题是物质结构问题。随着社会生产的发展，人们在生产实践和生活实践中提出了物质结构的连续性或非连续性这一重要问题，那是很自然的。春秋末年孔子在《中庸》里就说过这样一段话：“天地之大也，人

① 《科学通报》，1960年第10期。

犹有所憾。故君子语大，天下莫能载焉；语小，天下莫能破焉。”《庄子·天下篇》里也曾记载着战国时惠施的话：“历物之意曰，至大无外，谓之大一；至小无内，谓之小一。”这两段话的意思可以说完全相同，不过惠施说得更清楚一些，因为他首先指明这是“历物之意”，历是排比的意思，物在这里应作物质解。小一当然就是小的单位。这个小的物质单位，既不能再破，又无再内之可言，那就意味着物质结构是非连续性的，是对于破裂有止境的，是具有颗粒性的。我国古代的原子概念就是这样。

上面所说只是问题的一方面，在另一方面，则有相反的看法。同在《庄子·天下篇》里，就记载着这样的说法：“一尺之捶，日取其半，万世不竭。”这明明是说物质对于分裂是没有止境的，也就意味着物质结构是具有连续性的。并且篇中紧接就说道：“辩者以此与惠施相应，终身无穷。”可见两派的争论还是相当热烈的。

在这一问题争论中，我们应该提出，而且还须着重提出另一派别哲学家墨子的看法。为什么我们要这样说呢？第一，墨子是当时最能以科学分析方法来处理某些自然现象问题的人，在《墨经》（包括“经上”“经下”“经说上”“经说下”四篇）里保存着好些有关数学、几何学、力学、光学的道理，目前已逐渐为人们所了解。第二，在与名家（即上文所举的惠施和辩者）争辩中，墨子和墨家比较能在多数场合上从事实出发而保持一定的唯物观点。作了这样短简的表白以后，现在我们可以具体地考察一下，对于物质构成问题，墨子的观点如何？他说：

> 非半弗斮，则不动，说在端。（“经下”）
>
> 非斮半。进前取也？前则中无为半，犹端也。前后取？则端中也。斮必半，毋与、非半，不可斮也。（“经说下”）

很显然这两条是针对辩者“一尺之捶，日取其半，万世不竭”的说法说的。我国各专家治《墨经》者也莫不同意这一看法，只是在条文字句上，主要的在后条前半诸句上，解释有所不同而已。我们将采取“集众说、下己意”的办法，对条文作如下的解释。斮即是斫的意思。不能分为两半的物体是不能斫开的，也就对它不能有所动作，它便是端，即物质的最小单位。以上是前条的释文，大家并无异议。至后条一开端“非斮半”三字有人便觉得有些难通，想用校改的方法加以解释，我们觉得那是多余的，只需明了它是迭经文而自为一句就足够了。孙诒让说：“即约经云，非半弗斮也。”我们同意这种说法。怎样进行才能获得物体最小单位的端呢？墨子认为有两种办法：一是“进前取”，另一是“前后取”。进前取就是按辩者所说“一尺之捶，日取其半”的办法，每次只取其前半，及到最前，不能再半，那就是端。“经上”说：“端，体之无序而最前也。”是其证。前后取却是墨子提出的新办法。权且仍以一尺之捶为例，前后各去彼此相等之一段，依次递推下去，如果最后无可再去，则所存留之体，从位置上说是尺之中，从结构上说是物之端，所以他说“前后取则端中也”。值得注意的是，墨子为什么要提出这一新办法呢？看来他似乎已经体会到，构成物体的质点的数目，既可能是双数，也可能是单数。双数则采取“进前取”的办法，单数则须采取“前后取”的办法。如果我们这样的解释是不错的话，同时便可看出墨子的分析方法是相当细致的和相当全面的。后条条文后段文意也相当清楚，只有“无与、非半”一句应作一点补充说明。“无与”者，无有相与也。即“经上”“端、是无同也”之意。就所处的环境说则曰同，就彼此关系说则曰与，《孟子》里“与民同乐”“与民同之”，《诗经》里“与子同仇”“与子同袍”皆是其证。即如后来宋代的张载在“西铭”一文里还说：“民吾同胞，物吾与也。”但是孤零零的一个小整体，其中并无相与之物，那是不可能分为两半的，所以说它是“非半”，就是物质最小单位的端。

## 第五节　炼丹术的产生与发展

### 一、概述

炼丹术是炼制长生不老之药的方术，从事这种技术的人起初称为方士，后来又称为道士或丹家。炼丹术在我国有其悠久的历史。它形成于公元前二世纪的汉武帝时代，而以前三世纪的秦始皇时代为先驱。秦始皇在统一六国（前221）之后，即陆续地“遣徐市（福）发童男女数千人入海求仙人”“使燕人庐生求羡门、高誓（古仙人名）”“使韩终（众）、侯公、石生求仙人不死之药”。这些只是炼丹术的萌芽，但其目的则很明确，就是要求得长生不老的奇药。到了汉武帝时（前140—前87），这位雄才大略的帝王通过种种措施使汉朝政治统一的局面远远地超过了秦朝。正是在这样的情况下，炼丹术得以生长了根干。汉武帝之求仙求药，几乎跟秦始皇一样，但是规模更为阔大，影响更为深远。先是“齐人之上疏言神怪奇方者以万数，然无验者”，武帝“乃益发船，令言海中神山者数千人求蓬莱神人”。在这样巨大数目的方士中，其姓名见于《史记》《汉书》者有少翁、栾大、宽舒、公孙卿等，然其最关重要者莫如李少君。关于少君事迹，《史记·孝武本纪》（《汉书·郊祀志》同）有这样一段话：

少君……善为巧发（发言之发）奇中。常从武安侯宴，坐中有年九十余老人，少君乃言与其大父游射处。老人为儿，从其大父行，识（记）其处。一坐尽惊。少君见上（武帝），上有故（古）铜器，问少君，少君曰：“此器齐桓公十年陈于柏寝（台名）。”已而案其刻（器上所刻的铭文），果齐桓公器。一宫尽骇，以为少君神，数百岁人也。少君言于上曰：“祠灶则致物（谓能招致鬼物），致物而丹砂可化为黄金，黄金成，以为饮食器则益寿，益寿而海中蓬莱仙者可见，见之以封禅（封谓祭天禅谓祭地）则不死，黄帝是也。臣赏游海上，见安期生（仙人名）食枣大如瓜。安期生仙者，通蓬莱中，合（谓道术相合）则见人，不合则隐。”于是天子始亲祠灶，遣方士入海求蓬莱安期生之属，而事化丹砂、诸药齐（剂）为黄金矣。居久之，李少君病死，天子以为化去不死也。使……宽舒受其方，求蓬莱安期生莫能得，而海上燕齐怪迂之方士多相效，更[来]言神事矣。

这段记载非常重要，其理由有三：（1）它是一项实录。司马迁以史官的职位亲事汉武帝，他在《封禅书》赞语中说：“余从巡祭天地诸神名山川而封禅焉，入寿宫，侍祠神语，究观方士祠神之意。”可见他所记的是当时耳闻目睹之事，完全不同于后代的传说。（2）它是炼丹术的最早记录，包括了炼丹术中主要事项，如为何要祭灶，怎样从丹砂化黄金，如何可以益寿、不死等。（3）它最后说明了汉武帝由于追求长生而深信方士之说，对于炼丹术的兴起给予极大的影响。虽说在这段里只寥寥数语，但是在《史记·封禅书》中，一半以上的篇幅是用来叙述武帝信赖方士，力求实现成仙企图的。

不但是帝王使用方士，追求神仙。以图长生不死，来满足他无厌的欲望，即豪强贵族也是一样。如武帝时的淮南王刘安（前177—前122），他是汉室的宗族，长于武帝的一辈。他“招致宾客之士数千人，作内书二十一篇，外书甚众，又中篇八卷，言神仙黄白之术，亦二十余万言”（《汉书》本传）。还“有枕中鸿宝秘苑书，书言神仙使鬼物为金之术，及邹衍重道延命方，世人莫见”（《汉书·刘向传》）。现存《淮南子》二十一卷，大概就是内书。清代学者从《太平御览》等书中所辑录出来的《淮南万毕术》，也许即是外书之一。从上述两部书中人们还可找到关于炼丹术所常用的物品和其性质等的记载，如汞、铅、丹砂、曾青、雄黄等等。从西汉初叶到东汉末叶，方士们搞了许多奇奇怪怪的名堂，有的类似巫祝，有的竟是幻术，更加神秘化，借以售其技于统治阶级。《后汉书·方技列传》说：“汉自武帝颇好方术，天下怀协道艺之士，莫不负策抵掌，顺风而届焉。后王莽矫用符命（自然界发生某种不常见的现象，附会谓为祥瑞，当作受天命做帝王之符），及光武尤信谶言（即预言，如《汉书·王莽传》里有道士西门君惠好天文谶记，言刘氏当复兴之类），士之赴趋时宜者，皆驰骋穿凿，争论之也。”到了东汉桓、灵之际，豪强如曹操也招致方士，《三国演义》第六十八回“左慈掷杯戏曹操”，不过是一个例子，其他如“甘始、东郭延年、封君达，三人者皆方士也。……皆为操所录，问其术而行之”。“王真、郝孟节者，皆上党人也。王真年且百岁，视之面有光泽，似未五十者，自云……能行胎息胎食之方。……孟节能含枣核不食，可至五年、十年。……曹操使领诸方士焉。”（《后汉书·方术列传》）他的两个儿子，曹丕在“典论”中，曹植在“辩道论”中，也都谈到这些方士，其中还有郤俭、王和平等。“和平病殁……有书百余卷，药数囊。”弟子孙“邕乃恨不取其宝书仙药焉”（《后汉书·方技列传》）。这些还只是见于记载的人物，而不见于记载者为数当然不少。其中之一就是魏伯阳。他的事迹无可考，但他留下了世界上最早的一部炼丹术著作——《周易参同契》。在《参同契》中第一次出现了“丹鼎歌”，丹鼎就是炼丹所用的鼎炉，它是升华过程的重要工具。人们还可从这部书中了解到当时所用的药剂，如汞、硫黄、铅、胡粉、硇砂、铜、金、云母、丹砂等。由此可见，从汉到魏，贵族豪强之蓄养方士，方士之依附贵族豪强，有千丝万缕不可分割的联系。

在这种千丝万缕的联系的发展过程中，方术最后演变而为道教，方士便演变而为道士。东汉后期，外来的佛教以宗教的形式在我国逐渐流行起来。方士们得到这一启示，于是摭拾《道德经》里一些具有神秘性的，看来似与长生不老有关的语句，如“谷神不死，是谓玄牝”；“善摄生者，陆行不遇虎兕，入军不被甲兵……以其无死也”；“深根固柢，长生久视之道”等，作为他们的教义。他们又接引《史记》里所说老子“百有（又）六十余岁，或言二百余岁，以其修道而养寿也”，西出关“莫知其所终”，这一类的话，附会而成为“老子入夷狄为浮屠（即佛陀）”（《后汉书·襄楷传》）。这样，老子便驾乎佛祖之上，而自成为本土的教主了。至于老子高于儒家始祖的孔子，那是由于孔子问礼于老聃而早有成说的。在这种情况下，汉桓帝于延熹八年（165）两度遣亲信宦官到苦县（《史记》：老子者，楚苦县厉乡曲仁里人也）祠老子。又曾于“宫中立黄老浮屠之祠”（同上）。《后汉书·孝桓帝纪论赞》：“考（成）濯龙之宫，设华盖以祠浮图（屠）老子。”注引《续汉志》曰：“祀老子于濯龙宫，文罽（织花的毛毯）为坛，饰淳（纯）金银器，设华盖之坐，用郊天乐。”华盖之坐是所谓皇帝的宝座，郊天之乐是用以奉祀上帝的音乐。经过汉桓帝这样的捧场，老子便成了合法的教主，也就是后来的称为太上老君的张本。但是道教之兴起，在道士方面，也还有一段酝酿的历史和大同小异的派别。“顺帝时（126—141）琅邪宫崇诣阙上其师于吉于曲阳泉上所得神书百七十卷……号《太平清领书》。其言以阴阳五行为家”，“专以奉天地、顺五行为本，亦有兴国广嗣之术（即房中之术）。……而顺帝不行”。桓帝时襄楷又上之，亦“不合明听”。“后张角颇有其书焉。”（悉见“襄楷传”）“角自称大贤师，奉事黄老道，畜养弟子……十余年间，众徒数十万”（《后汉书·皇甫嵩传》）。可见张角之黄老道与宫崇之《太平清领书》是一脉相传的，所以又有太平道之称。道教中又一派别是五斗米道，即天师道。有张陵（即道教所称天师张道陵）者，“顺帝时客于蜀，学道鹤鸣山中，造作符书。……受其道者辄出五斗米。……陵传子衡，衡传于鲁（衡之子），鲁遂自号师君。其来学者初名鬼卒（主为病者请祷之法），后号祭酒（主以老子五千文教人学习）”（《后汉书·刘焉传》）。这一派别后来成为道教的中心，为历代封建王朝所承认，它的教主号称张天师，由张家子孙世袭，跟孔家子孙世袭衍圣公封号一样。总而言之，方术变而为道教，方士变而为道士，在内容上更添加一些迷信的东西，如符咒去病之类，然而在本质上仍然是为统治阶级服务，或者本人就是地主豪强，如张鲁等是也。

在两晋南北朝两百多年的时期中，除了西晋初期有一段短期的经济繁荣生活安定外，社会情况一般都处于战争频仍、干戈扰攘的形势下，人民生活动荡不安。当时士大夫阶层，所谓士族者，由于阶级的本能，好逸恶劳，贪生怕死，一部分依附老庄，高谈玄虚，“放浪形骸之外”，养成了玄学家的风尚；另一部分则依附道教，希图修道成仙，解脱厄运。这一时期的广大道教信徒中，代表人物应数葛洪和陶弘景。

葛洪号稚川，丹阳句容（今江苏句容县）人。生卒年岁还未考订清楚，但大致在281—361年。他出身于封建官僚家庭，祖父葛系做过吴国的大鸿胪，父亲葛悌做过邵陵（今湖南邵阳市）太守。太安中（302—303）石冰率农民起义，葛洪帮助当时政府军队进行镇压，“募合数百人，与诸军旅进”“以救诸军之大崩”，这是他政治生活的开始。中间又做过广州刺史嵇居道的参军，洪先到广州，但居道于途中被杀，洪就留在广州几年。大概在这一时间葛洪认识了南海太守鲍玄，并从鲍玄学过神仙方术之道。过了一些时间葛洪仍然回到江东。最后他想起交阯郡（今越南）勾漏县出丹砂可炼仙药，向皇帝申请去做那里的县官。走到广州，路不好通，终于退隐罗浮山中以卒。

葛洪的从祖葛玄是个方士，曾从事炼丹，人称为葛仙公。现在杭州西湖旁边的葛岭，上有丹井，旧传是这位葛仙公炼丹处。葛洪自述："昔左元放（左慈）于天柱山中精思，而神人授之《金丹仙经》。……余从祖仙公又从元放受之，凡受《太清丹经》三卷及《九鼎丹经》一卷，《金液丹经》一卷。余师郑君（名隐字思远）又于从祖受之……郑君以授余，故他道士了无知者"（《抱朴子·金丹篇》）。葛洪学道可以上溯到左慈，而葛玄乃其枢纽。葛洪一生对于学道一事确花去了不少的精力和时间。他说："余忝大臣之子孙"，"少好方术，负步请问，不惮艰险，每有异闻则以为喜，虽见毁笑，不以为戚"（"金丹篇"）。他又说："权贵之家，虽咫尺弗从也；知道之士，虽艰远必造也；考览奇书既不少矣，率多隐语，难以卒解，自非至精不能寻究，自非勤笃不能悉见也。"（内篇序）他在"遐览篇"里教人要"广索"，于是列举了他所见到过的道经（如《黄庭经》，也包括记，如《枕中五行记》）174种，共622卷；而那些完全属于迷信的所谓图（如五岳真形图）和符（如入山符，"登涉篇"中即载有六种十八套符）还未计举在内。在同一篇里，他还教人"当校其精粗而择所施行，不事尽谙诵以妨日月。……若金丹一成，则此辈一切不用也。抑或当有所教授，宜得本末，先从浅始以劝进学者。”他在自叙（《抱朴子·外篇》卷五十）里说：“洪年二十余，乃计……立一家之言……草创子书，会遇兵乱……不复投笔。十余年，至建武（317）中乃定，凡著‘内篇’二十卷，‘外篇’五十卷。……其‘内篇’言神仙方药、鬼怪变化、养生延年、禳邪却祸之事，属道家；其‘外篇’言人间得失、世事臧否，属儒家。”“又撰俗所不列者为‘神仙传’十卷，又撰高止不仕者为‘隐逸传’十卷。”根据葛洪本身的这些资料，可以说明他是一位彻头彻尾的道士，带有极其浓厚的迷信色彩。以有神的道教而能与无神论的儒教结合在一起，这也毫不足奇，因为两者同样地为剥削统治阶级服务，而按照道教的说法，道高于儒。拿葛洪自己的话说，就是“道者儒之本也，儒者道之末也”（“明本篇”）。具体的表现在于：“内篇”列前，“外篇”列后；“神仙传”列前，“隐逸传”列后。在这四部重要著作中，除“隐逸传”失传外，其余三部都还存在，同时也保存着它们的本来面目。撇开宗教迷信不讲，单就炼丹术本身说，《抱朴子·内篇》一书提供了可靠的历史资料，使我们对炼丹术的发展可以获得进一步的了解。以“金丹篇”为例，它所涉及的药物有铜青、丹砂、水银、雄黄、矾石、戎盐、牡蛎、赤石脂、滑石、胡粉、赤盐、曾青、慈石、雌黄、石流黄、太乙余粮、黄铜、珊瑚、云母、铅丹、丹阳铜、淳苦酒等二十二种，显然较魏伯阳《参同契》里所提到的要多得多。不仅品种数目增加，隐语也比较减少，有时还加以解释，如“大无肠公子或云大蟹……巨胜一名胡麻”（“仙药篇”）即是其例。

陶弘景字通明，晚号华阳隐居，丹阳秣陵（今江苏南京）人，与葛洪为同乡。生于宋孝建三年（456），卒于梁大同二年（536），经历了南朝的宋、齐、梁三个朝代。据《南史·本传》，弘景“幼得葛洪‘神仙传’，便有养生之志。读书万余卷。未弱冠，齐高帝（萧道成，479—484）引为诸王侍读。……性好著述，尚奇异，……尤明阴阳五行、风角星算、山川地理、方图产物、医术本草。……武帝（梁，萧衍）即位（502—549），每有吉凶征讨大事，无不谘请，时人谓之山中宰相”。这些事迹足够说明，这位自号华阳真逸的陶弘景从幼到老就是以道士的立场而为统治阶级服务的。《梁书·本传》（卷五十一）还说他大通中（527—528）为武帝制造“善胜”“成胜”二丹，并为佳宝，更是炼丹的具体表现。他还作诗劝武帝不要相信玄学家和佛教徒，诗云：“夷甫（王衍）任散诞，平叔（何晏）坐论空。岂悟昭阳殿，遂作单于宫。”何晏、王衍是魏、晋两位清谈大家；他们援引老、庄，依附佛教，与道士之崇奉黄、老，摭拾孔、孟（儒家），形成了两晋南北朝长时期宗教上的明争暗斗，而各自争取帝王的支持则一。陶弘景在此正是为道教做宣传工作。

陶弘景著述颇多，据《隋书·经籍志》和《新唐书·艺文志》所载约有十种。今所存而列入《道藏》者有两种：《真诰》七篇二十卷，言神仙授受真诀之事；《养性延命录》不分卷，言长生不老之术。其他虽未列入《道藏》，而实际是有关道教的书，如《真灵位业图》，所言分祀神仙所居之位和所居之职是也。又如《古今刀剑录》一书，一方面固然可以从冶炼上去了解，而另一方面也可从教义上去了解，因为宝剑一物是后来的道士用以除邪禳灾的法器之一。陶弘景另一重要著作是《名医别录》。它是《神农本草经》（西汉末年的作品）以后一部著名的药典。《神农本草》原载药物三百六十五种，弘景又增入汉、魏以来名医所用药物三百六十五种，名曰《名医别录》；与《神农本草》相合，称为《本草经集注》。《集注》一书现在只有"序录"部分的残卷抄本保留下来，出于敦煌石室中。《名医别录》虽已失传，然在宋代的《政和本草》和明代的《本草纲目》两书里还保存着一定数量的条文。他在"自序"（《本草纲目（卷一上）·历代诸家本草条》引）中说："隐居先生在乎茅山之上，以吐纳余暇，游意方技，览本草药性，以为尽圣人之心，故撰而论之。……精粗皆取，无复遗落，分别科条，区畛物类，兼注詺时用土地所出，及仙经道术所需，并此序合为七卷。"据此看来，陶弘景之撰著《名医别录》，发端于"吐纳余暇"，而归结于"仙经道术所需"，始终是与道教相结合的。不应该把《本草经集注》看成为一部纯粹药物学的著作，也不应该把陶弘景看成是一位仅仅受了道教影响的药物学家；他首先是一位道士，研究本草也是为道教服务。不过他和葛洪相似，比他们以前的方士要高明一些，那是因为社会生产总是在那里不断地发展，人类对物质世界的认识总是在不断地扩大，陶弘景之所以能在药物学上做出一定的成绩，不正是以汉、魏以来许许多多人的成绩为基础的吗？！

通过上面的概述，不难了解我国炼丹术的历史，从公元前二世纪的汉武帝到公元六世纪的梁武帝，在漫长的六七百年间，经历了一个相当复杂的过程。从方术变而为道教，从方士变而为道士，使原来极端唯心的成仙升天的幻想和极端神秘的炼丹术，更添上了一层浓厚的迷信气氛，于是各种“鬼怪变化”之事都引进来了。变迁虽多，但是以长生不死为目的的炼丹术始终是在为统治阶级服务，是在争取最高统治者的支持；这是因为它本身有赖于社会生产而不能促进生产，不符合广大劳动人民要求的缘故。在本节的开始，我们就提出了炼丹术是封建社会大一统局势下的特殊产物这一说法。其理由是：陶器烧制技术，金属冶炼技术都是人类文化发展必经之路，是直接与社会生产实践和生活实践息息相关的东西；而炼丹术则不是这样。所以它的发展途径与前两者不同，那也是很自然的。炼丹术在我国既然发生得那样早，其成就又那样大，它决然不是突如其来、从天而降的；它的发生具有一定物质条件和精神条件。下面将就它的具体内容、对化学的贡献，以及与它有关的各方面的问题加以探讨，那时它的全部面貌可能更清楚一些。

## 二、炼丹术对化学的贡献

### （1）水银的来源和性质

以一种金属的物质而呈液体的状态，在古人看来，是一种极其奇妙的东西。李时珍说：“其状如水、似银，故名水银”，秦始皇得了天下，自营陵墓，“以水银为百川、江河、大海，机相灌输，上具天文，下具地理”（《史记·秦始皇本纪》）。可见那时就有水银出现，数量上也许有些夸大，事实上恐还相当可观。水银一般是从丹砂（硫化汞HgS）冶炼出来的，炼丹家对此有足够的认识。淮南王刘安便有“丹砂为澒”的记载（“淮南万毕术”），按许慎《说文解字》：“澒，丹砂所化为水银也。”（《神农本草经》也说丹砂能化为汞）葛洪则更清楚地说到“丹砂烧之成水银”（“金丹篇”）。陶弘景又进一步地对人工炼制的水银和天然产生的水银作了区别，他说：“今水银有生熟。生符陵（地名）平土者，是出朱砂腹中……青白色最胜。……今烧粗末朱砂所得，色小（少）白浊，不及生者甚。”（《本草纲目·水银条》引）以生熟来分别水银的高下，不见得对；但是水银来源有生熟两种的区别，这是重要的，是符合实际情况的，是前者所未尝提到的。“色稍（？）白浊”，意思就是不够光亮；以此来判断水银之不纯，这也有它的充分理由。魏伯阳在更早的时期就正确地描述了水银的另外两种性能：一是流动性，他说："汞白为流珠。"又说："太阳流珠，常欲去人。"只需对水银稍有接触的人就知道"汞白流珠"是怎么一回事。一方面由于水银比重很大，大于水达到十三倍半，另一方面由于它跟水不一样，不能沾湿一般的容器，木制的、陶制的或铁制的，因而在取用水银时稍不小心就会使它溅出器外，流转到地面上去。很显然，魏伯阳所谓"常欲去人"者，所指就是这种不易控制的现象的实质。二是水银的挥发性。就这项性质说，水银与当时已知金属的距离较远，而与水的距离较近。所以魏伯阳说："河上姹女（隐射水银），灵而最神，得火则飞，不见埃尘"，这里无须再作不必要的解释。

（2）汞齐的形成

正是由于炼丹家对于水银的重视和其性质的注意，他们找到了水银与其他物质相互作用中一些新的现象并为这些现象开辟了新的用途。汞齐就是其中之一。魏伯阳在描述了"太阳流珠，常欲去人"之后，紧接着便说道："卒得金华，转而相亲，化为白液，凝而至坚。"《参同契》里有"故铅外黑、内含金华"一语，据此可以认为"金华"二字含义是指金属铅。魏伯阳的这段话意在说明水银的不易控制的流动性，可利用它与金属铅组成合金的性能而固定下来，产物即是铅汞齐。陶弘景还说过："水银……能消化金、银使成泥，人以镀物是也。"（《本草纲目》水银条引）这段话一方面既明白地提出了金、银两种金属，又确切地指出了这种汞齐的形态；另一方面并为这类合金作为镀金镀银的用途做了首次的说明。我们在铜镜的发展一节中，对《淮南子》里“粉之以玄锡”一语的解释便是根据陶弘景的说法。为了更好地体会魏伯阳克服水银流动性的办法的意义，我们还举出后来一位炼丹家的说法：水银“若洒失在地……或以真金及鍮石引之，即上”（《本草纲目》引胡演《丹药秘诀》语）。鍮石即黄铜，它是锌铜合金。锌和铜都能形成汞齐。或是铅，或是金、银，或是锌、铜，都能以它们与水银形成汞齐这一性质而找到各种用途。

（3）红色硫化汞的形成

红色硫化汞有天然的与人造的两种，天然的名丹砂或辰砂（从湖南辰州所产得名），人造的名银朱或灵砂，然其实质则一。人造红色硫化汞的成就是炼丹术对化学所做出的最大贡献，是人类第一次用自己的劳动得到了实质上与天然产物无二的成果。只是由于炼丹家误以为天机不可泄露或其他原因，常用隐语或其他方法以模糊真相，从而引起读者的怀疑和争论。然而事实终归是事实，真相总会弄明白的。如魏伯阳在克制水银挥发性的办法中说了这样一段话：“河上姹女，灵而最神，得火则飞，不见埃尘，鬼隐龙匿，莫知所存。将欲制之，黄牙为根。”黄牙跟河上姹女一样也是隐语，现存着三种解释：一是铅、二是黄金、三是硫黄。我们认为第三种解释是对的，其理由也有三，首先是，铅和黄金的解释不符合解决问题的条件。铅和黄金只能用以克服水银的流动性（如上条所述），而不能用以克服水银的挥发性，铅汞齐和金汞齐中的汞仍然会“得火则飞”也，汞齐炼金法就是一个实例。其次，硫黄能与金属化合是当时已知的化学现象，《神农本草经》云：“石硫黄……能化金、（？）银、铜、铁，奇物。”吴普（华佗的学生）《本草》也说：“能合金、银、铜、铁。”（孙星衍辑本《神农本草经·石硫黄条》下引）硫黄能与水银相化合较与其他金属更为容易，只需在乳钵中捣乳就行，无须加热，那也是客观事实。最后，丹家炼丹所用药物，水银而外，硫黄为不可缺少的东西。葛洪说：“第一之丹名曰丹华，当先作玄黄，用……矾石水……”（“金丹篇”）。这种矾石水又叫矾石液，就是硫黄。陶弘景《名医别录》说得很清楚：“石硫黄生东海牧牛山谷中及太行河西山，矾石液也。”弘景还说：“仙经颇用之，所化奇物，并是黄白术及合丹法。”（分别见于《本草纲目·石硫黄条》下集解与发明两项内）可见魏伯阳所用制服这位河上姹女的黄牙，绝不是铅和黄金，而确是硫黄。这样做出来的硫化汞是炼丹术的第一步，因为它的颜色是黑的，而不是红的。要得到红色硫化汞，还须进行一道升华的手续。对于这项手续的施行，魏伯阳留下了一段极其生动的描述：“捣治并合之，持入赤色门，固塞其际会，务令致完坚。炎火张于下，昼夜声正勤。……候视加谨慎，审查调寒温。气索命当绝，休使亡魄魂。色转更为紫，赫然成还丹。粉提以刀圭，一丸最为神。”[①]这里所说的紫色还丹，就是红色硫化汞，为初期丹家所非常重视之物，也就是后期丹家所称的灵砂。葛洪说：“第四之丹名曰还丹，服一刀圭，百日仙也”，又说：“取九转之丹，纳神鼎中……即化为还丹。取而服之，一刀圭即白日升天。”这里所述的还丹和其功能是与魏伯阳的话完全一致的。更为重要的是，葛洪对于还丹命名之意及还丹究为何物，总括成为这样两句话：“丹砂烧之成水银，积变又还成丹砂。”（同见“金丹篇”）可见所谓还丹者，乃还成之丹的意思；所还成之丹乃丹砂（HgS）之丹，而不是像有人设想为黄丹（$Pb_3O_4$）之丹或三仙丹（HgO）之丹也。对于还丹得名之义，魏伯阳也是这样说的。“阴阳相饮食，交感道自然。名者以定情，字者缘性言，金来归性初，乃得称还丹。”可见魏、葛二氏对于还丹的认识殊无二致，微小的差别在于：魏氏在手续上说得清楚些，在结论上说得含蓄些；葛氏在手续上说得含蓄些，在结论上说得清楚些。综合讨论，问题便得到全面的解决。

（4）关于铅的化学

金属铅和铅的化合物在东汉以前早已为劳动人民所熟悉。

① 原文作“粉提以一丸，刀圭最为神”。朱熹谓粉提刀圭未详，今依《抱朴子》文句做了校正，文意未改而文辞较顺。按《名医别录》合药分剂法则（《本草纲目·序例》引），“丸散云刀圭者，十分方寸匕（匙）之一，准如梧桐子大也。方寸匕者，作匕正方一寸，抄散（粉）取不落为度”。

他们用铅制成各种明器，把铅加入铜锡合金中铸造各种青铜彝器，在本书此前的章节都已谈到过。他们还用化学方法使铅变成妇女擦脸的白粉，战国时的宋玉在描绘一位面色有红有白的美女子时曾说她“施朱则太赤，施粉则太白”，这里所说的粉大概就是铅粉。它又叫胡粉，胡字的意义汉刘熙在《释名》里说：“胡者，糊也；和脂以糊面也。”《后汉书·李固传》：“固独胡粉饰貌，搔头弄姿。”胡、饰、搔、弄四字都是作动词用，而且是对仗起来的，便是确证。它的化学成分是碱性碳酸铅。金属铅表面容易被氧化而失去其金属光泽，所以魏伯阳说：“故铅外黑，内含金华。”颜色的变化是丹家用以考察物质变化的标志，而铅的化合物恰恰具有不同的颜色，因此引起丹家的重视。魏伯阳说：“胡粉投火中，色坏还为铅。”在柴炭燃烧的温度下，白色的碱性碳酸铅初步地起了热分解作用而放出二氧化碳和水蒸气，所余的氧化铅进一步地与碳或一氧化碳起作用而变成为金属铅。魏伯阳所说的便是这样一种化学现象的过程。但是，他不说“化为铅”“变为铅”“转为铅”等语句，而独独用“还为铅”来表达这一结果，似乎意味着，胡粉原来就是从铅制造出来的。关于这一点，葛洪便直截了当地说出：“黄丹及胡粉是化铅所作。”（“论仙篇”）实际上这是我国劳动人民早已获得的果实。黄丹的化学组成是四氧化三铅。它和胡粉都早见载于《神农本草经》里，一名铅丹，一名粉锡。陶弘景分别地作了注解，称前者“即今熬铅所作黄丹”，称后者“即今化铅所作胡粉”（《本草纲目》所引）。要知道黄丹与胡粉都不是天然产物，只有用人工方法才会制造出来。既然《本草经》里已有记载，那么，在该书著成以前两者必已风行一时了。正是由于这类产品已成为习见之物，丹家才引用来说明物质和其性质变化之可能。葛洪就这样说过：“铅性白也，而赤之以为丹；丹性赤也，而白之以为铅。”（“黄白篇”）前一白字应指铅能化作白色胡粉这一化学性质说，后一白字应作漂白之白（即去色）的意义来解。如果把黄丹投入火中，它将跟胡粉一样，“色坏还为铅”也。以上所述，便是炼丹家对于铅的化学变化的认识。

（5）铁与铜盐进行金属置换作用

在我国封建社会前期，铁器已广泛使用于生产工具和生活用具上，这样，便产生了铁与其他药剂接触而发生化学作用的可能性。炼丹术在探索各种物质变化中所进行的实验工作，更供给了实现这种可能性的有利条件。在最早的有关炼丹术著作——《淮南万毕术》里，就有了“曾青得铁则化为铜”的记载。曾青又有空青、白青、石胆、胆矾等名称，其实都是天然的硫酸铜，它是从辉铜矿（$Cu_2S$）或黄铜矿（$CuFeS_2$）与潮湿空气接触所形成的。它的溶液，古时用作眼药，谓“主明目”（《神农本草经》），即使在现代有时也还用得着。《神农本草经》也说：“石胆……能化铁为铜”，与《淮南万毕术》一致。葛洪则说：“以曾青涂铁，铁赤色如铜……外变而内不化也。”这一说法具有两方面的意义：一方面他比前人观察得更为仔细些，描述得更为清楚些；但另一方面，由于采用了涂抹的办法，没有采用浸渍的办法，从而使所用的铁得不到足够的铜离子来完成它的作用，他便得出了错误的结论，以为是外变而内不化。陶弘景也有这样一段话：“鸡屎矾……不入药用，惟堪镀作，以合（制备）熟铜；投苦酒（醋酸）中涂铁，皆作铜色；外虽铜色，内质不变。”鸡屎矾也许是碱性硫酸铜或碱性碳酸铜，它们是难溶于水的东西，所以要加醋酸使其溶解。陶弘景的方法和结论犯了与葛洪同样的错误。但所做的实验则扩充了以前的范围，即不限于硫酸铜一物，只要是可溶的铜盐就会与铁起置换作用。这一现象的发现和注意，流传到宋元，归还到劳动人民掌握之中，便成为湿法炼铜的胆铜法。

（6）其他

关于物质性能及其变化的事项，炼丹术还多所接触，今择要再举一些。如“夜烧雄黄，水虫成列”，见于《淮南万毕术》，这是对于雄黄燃烧后的产物（三氧化二砷和二氧化硫）有杀虫性能的认识。如“金入于猛火，色不夺精光……金不失其重，日月形如常”，见于《周易·参同契》，这是对于黄金在某种温度下不变色、不失重、不改形的认识。又如“铜青涂脚，入水不腐”，见于《抱朴子·金丹篇》，这是对于铜盐（碱性碳酸铜）有杀菌性能的认识。陶弘景在某些化学变化的现象中较前人观察得更细致，叙述得更清楚。如“石灰”条下，则说“近山生石，青白色，作灶烧竟，以水沃之，即蒸热而解”。烧石灰作为建筑材料之用，这无疑地是劳动人民老早的发明创造之一，但像这样确切扼要的描述，看来还是第一次。又如在“消石（硝酸钾）”条下，陶弘景则说：“以火烧之，紫青烟起，云是真消石也。”这简直是近代分析化学所用以鉴别钾盐和钠盐的火焰实验法，而当时却正用以鉴别消石与芒硝（硫酸钠又有朴消、玄明粉等名）也。云云者谁？当然还是出于熬硝的劳动人民之口。炼丹家在炼丹摸索实验中有认清真消石之必要，才会把这一科学的鉴定方法记录而传播下来。

以上所述，是炼丹术对于在物质变化的认识上所做的主要贡献。

## 三、炼丹术的思想基础和物质基础

作为一位炼丹术的道士，摆在他面前的有三方面的问题，要求他作出明确的解答。这些问题是：（1）成仙升天的说法是怎样来的？有无事实根据？（2）吃了仙丹，为什么可以长生不老，由此登仙？（3）有何理由，认为仙丹是可以炼成的？很显然，这些问题有它们本身的逻辑联系，但是，在分析炼丹家的解答时，应该区别地加以对待。这样做，便可很清楚地看出，在唯物与唯心的斗争中，在科学与宗教迷信斗争中，谁胜谁负的必然结果。

就第一个问题说，神仙的观念原是从神话传说来的。《庄子·逍遥游》称引《齐谐》："藐姑射之山，有神人居焉。肌肤若冰雪，绰约若处子……乘云气，御飞龙，而游乎四海之外。……之人也，物莫之伤，大浸天而不溺，大旱金石流、土山焦而不热。"这类的神话，以神话对待它，在民族文化发展过程中，具有一定的存在价值。但是，按照方士、道士所说，则直认为是事实，并以之为修炼的目标，那就大错而特错了。卢生对秦始皇说："真人者，入水不濡，入火不爇，陵云气与天地长久。"魏伯阳说："老翁复丁壮，耆（老）妪成姹女，改形免世厄，号之曰真人。"这些话跟《齐谐》里神话相差无几，而用意则不一样。后来葛洪著《神仙传》，或有其人无其事，或其人其事都出于虚构，只是为了要找历史上的根据，不惜捏造事迹，那简直是十分荒谬的。在指明其思想原委之后，更无在此多费笔墨之必要。

关于第二个问题，丹家的思想还具有一定的物质基础，但是他们在思想方法上，采用了一种类比的方式，企图在模拟自然基础上来达到超自然（即反自然）的目的。从此便堕入了唯心的泥坑而不能自拔。在总纲方面，魏伯阳是这样说的："欲作服食仙，宜以同类者。植禾当以粟，复鸡用其子。以类辅自然，物成易陶冶。"在具体的药饵方面，他又说："巨胜（胡麻）尚延年，还丹可入口。金性不败朽，故为万物宝。术士服食之，寿命得长久。……金砂（按，应指人造的灵砂而言）入五内，雾散若风雨，熏蒸达四肢，颜色悦泽好。发白更生黑，齿落出旧所，老翁复丁壮，耆妪成姹女。”葛洪以同样的理解而大放厥词地说：“余考览养性之书，鸠集久视之方，曾所披涉，篇卷以千计矣，莫不以还丹、金液为大要者焉。然则此二事盖仙道之极也，服此而不仙，则古来无仙矣。……夫金丹之为物，烧之愈久，变化愈妙；黄金入火百炼不消，埋之毕天不朽；服此二药，炼人身体，故能令人不老不死。此盖假求于外物以自固，有如脂之养火而可不灭。铜青涂脚，入水不腐，此是借铜之劲以扞其肉也；金丹入身中，沾洽荣卫，非但铜青之外傅矣。”（“金丹篇”）黄金经火不消失，入土不败坏；还丹在升华过程中，形色俱变；这些都是客观存在。丹家企图用服食金丹的方法把黄金的抗腐性和还丹的升华性转移到人体中去，这就是魏伯阳所谓“以类辅自然”，葛洪所谓“假求于外物以自固”。实际上这种想法是一种天真的想法，把药物在人体中所起的作用看成仅仅是一种机械的移植，希图把简单的主观意志强加于复杂的客观实体上去；这样，便完全堕入了唯心主义的泥坑。在服食云母的问题上，葛洪的见解是和服食黄金一致的，他说：“云母有五种，而人多不能分别也。……它物埋之即朽，烧之即燋，而五云以纳猛火中，经时终不然，埋之永不腐败，故能令人长生也。”（“仙药篇”）他紧接着又说：“服之十年，云气常复其上，服其母以致其子，理自然也。”唯心主义的发展，势必脱离实际，以至于望文生义，而荒谬到十分可笑的地步。

现在可以谈到第三个问题。这个问题是炼丹术在化学史中最关重要的问题。炼丹术对于实验化学做出了相当的贡献，在第二小节中已经加以叙述。要知道，炼丹家之所以能够做出一定的成绩，是和当时社会的生产实践和生活实践分不开的。在奴隶社会手工业分工的基础上所建立起来的制陶、冶金、酿酒、染色等业，过渡到封建社会时，都获得了长足飞跃的前进，而以金属冶炼尤为显著。即如与炼丹术有直接联系的水银，在秦朝就有不小规模的生产，《史记·秦始皇本纪》说到始皇陵墓中“以水银为百川、江河、大海，机相灌输，上具天文，下具地理”。水银是从丹砂炼出的；秦始皇以“巴蜀寡妇清，其先得丹穴而擅其利数世”，特为筑台而客之（《史记·货殖列传》），这件事大概就是他获得大量水银的来历。这些有关化学工艺的新成就提供炼丹术以广泛的物质基础，使丹家有可能进行初步的总结，找出物质变化的某种规律性，作为自己进行实验的准则。当然，这类准则和其内容又是受当时对自然认识的水平所限制的。最主要的一条是：物质变化是自然界的普遍规律。魏伯阳在阐明炼丹术的可能性和合理性的时候说道：“自然之所为兮，非有邪伪道。山泽气相蒸兮，兴云而致雨；泥竭乃成尘兮，火灭自为土；若蘖染为黄兮，似蓝成绿组；皮革煮为胶兮，曲蘖化为酒。同类易施功兮，非种难为巧。惟斯之妙术兮，审谛不诳语，传于亿代后兮，昭然而可考。”以这样坚定的口吻来表达自己的信心，不但所援引的事例是真实的，恐怕也是在炼丹实践中已经获得相当成就的一种表现。葛洪也说：“夫变化之术，何所不为？……铅性白也，而赤之以为丹；丹性赤也，而白之以为铅。……至于高山为渊，深谷为陵，此亦大物之变化。变化者，乃天地之自然，何嫌金银之不可以异物作乎？！”（“黄白篇”）“外国作水精碗，实是合五种灰以作之，今交（交趾）广（广州）多有得其法而铸作之者；今以此语俗人，殊不肯信。……愚人乃不信黄丹及胡粉是化铅所作，又不信骡及駏驴是驴马所生。……夫所见少则所怪多，世之常也。信哉此言！”（“论仙篇”）“泥壤，易消（消散之消）者也，而陶之为瓦，则与二仪（天地）齐其久焉。柞柳，速朽者也，燔之为炭，则可记载而不败焉”（“至理篇”）。只需把他们所举的这些事例合起来考虑一下，不难看出，绝大多数，如染色、熬胶、酿酒、烧瓦、烧炭、化铅做黄丹和胡粉等，以至使驴马杂交而生出骡子，何一非工农劳动人民在生产实践中所做出来的成绩？在这一切成绩的基础之上，才会使炼丹家体会到，物质经过一定的人工处理后可能大大地改变其属性，颜色变了，形态变了，暗浊的变为透明，松散的变为紧固，容易腐朽的变为永不腐朽。这样，就启发和加强了他们对炼丹的信心。由此更使他们在炼丹工作中注意到药物的名实相符、分剂的比例适宜，以及操作手续是否到家等。正如魏伯阳所说：“若药物非种，名类不同，分剂参差，失其纪纲；虽黄帝临炉，太乙降坐，八公捣炼，淮南执火；……亦犹和胶补釜，以硇（硇砂即氯化铵）涂疮，去冷加冰，除热用汤，飞龟午蛇，愈见乖张。”又如葛洪所说：“诸小饵丹方甚多，然作之有深浅，故势力不同。……犹一酘（音投，北京郊区清河镇产名酒叫二锅头，也许就是二锅酘的意思）之酒不可以方（比）九酝之醇耳。”（“金丹篇”）酒与醇的差别就是所含酒精浓度小与大的差别。要做出醇醪，既要依赖于发酵的程度，又要依赖于蒸馏方法的完善。醇醪的获得正是劳动人民在长期生产斗争中所积累无数经验的成果。魏伯阳用曲蘖化酒以明炼丹之可能，葛洪用酒、醇差别以明炼丹术之浅深，就其本身比较观之，也是颇有意思的。炼丹术之所凭借的广泛的社会物质基础就是这样。

根据上面这番讨论，不难看出，建立在这样广泛的物质基础上的物质变化规律是唯物的，是正确的。这是一方面，而另一方面，炼丹术所据以解释物质变化的理论又是以当时广泛流行的阴阳五行学说为基础的。因此在思想领域中便产生了唯心与唯物的错综复杂的斗争。大致说来，运用阴阳学说来解释物质变化的本质是唯物的，而运用五行学说来作解释便走向唯心的道路上去了。其理由是这样。阴阳学说是自发的辩证法，它反映着客观世界矛盾统一的普遍法则，个别的具体物质变化必然包含在这一普遍法则之中。五行学说是朴素的唯物论，它既有进步的一方面，又有落后的一方面。所谓进步的方面，指的是它从生产实践中总结出来；无论就相生说或者就相克说，都是这样。所谓落后的方面，指的是它未能随着生产的发展而发展，反而使自己逐渐地僵化了，徒然增加了一些牵强附会的内容。其中包括五音（宫商角徵羽）、五色（青黄赤白黑）、五方（东西南北中），还有四季（春夏秋冬并季夏合而为五）和干支（甲乙为木、丙丁为火、戊己为土、庚辛为金、壬癸为水）等组成一种五行网把自己的思想完全网罗住了。在物质及其变化的多样性面前，炼丹家就放弃了从事实出发的唯物论基本观点，而是从理论出发，用理论套事实以图自圆其说，于是活生生的事实可以避而不谈，莫须有的事实可以凭空杜撰。刘安论及五金则说："黄埃五百岁生黄澒（汞），黄澒五百岁生黄金，黄金千岁生黄龙；曾青八百岁生青澒，青澒八百岁生青金，青金千岁生青龙；赤丹七百岁生赤澒，赤澒七百岁生赤金，赤金千岁生赤龙；白矾九百岁生白澒，白澒九百岁生白金，白金千岁生白龙；玄砥六百岁生玄澒，玄澒六百岁生玄金，玄金千岁生玄龙。"（《淮南子·坠形训》）在这段奇离的文字里，我们且不说五种龙是怎样生出来的，且不说五、六、七、八、九等个百岁是怎样得出来的。只需指出：（1）当时所确实知道的不同的金属不是青、黄、赤、白、黑五种，而是金、银、铜、铁、锡、铅六种（不包括水银）；（2）五色不同的汞是不存在的；（3）从曾青得到的金属是赤金，不是青金；从白矾里无论怎样也得不出白金来。这些事实，难道可说刘安完全不知道吗？然而他竟然说出了上面的那番话，不能不认为他硬想把五行学说中五色属性套在五金分类上去，以图组成一个圆满的系统，这完全是唯心的把戏。后来葛洪在“仙药篇”中谈到服食药物时对药色须有禁有宜，说得尤为奇离，他说：“若本命属土（即生年月日时以戊己占主要地位者），不宜服青色药；属金，不宜服赤色药；属木，不宜服白色药；属水，不宜服黄色药；属火，不宜服黑色药；以五行之义，木克土、土克水、水克火、火克金、金克木故也。”关于服食云母的季节，他又说：“五色并具而青多者名云英，宜以春服之；五色并具而多赤者名云珠，宜以夏服之；五色并具而多白者名云液，宜以秋服之；五色并具而多黑者名云母，宜以冬服之；但有青黄二色者名云沙，宜以季夏服之；皛皛纯白名磷石，可以四时长服也。”这样强调药物本身颜色与服食者的生属和服食时的季节的莫须有的关系，好像把对症下药这一基本关系反而完全忽视了，岂不把朴素唯物论的五行学说弄得“玄之又玄”了吗？魏伯阳虽不像刘安、葛洪那样突出，但是他同样也免除不了当时五行学说中唯心成分的影响。“五行错王，相据以生，火性销金，金伐木荣”，“五行相克，更为父母”，“推演五行数，较约而不烦。举水以激火，奄然灭光荣”。这些还只是五行相生相克一般的道理。“日（时日之日）合五行精，月（岁月之月）受六律（音律中之黄钟、太蔟、姑洗、蕤宾、夷则、无射，六个阳律古人据音律以定节候谓之律历）纪，五六三十度，度竟复更始”，“土游于四季，守界定规矩”，“土王（旺）四季，罗络始终。青、赤、白、黑，各居一方，皆禀中宫，戊己之功”。从这些词句看来，用与五行相对应的五色、五方、四季、干支等也都运用到了。此外并添上一个六律；所以说，魏伯阳和先后于他的炼丹家一样，同是以五行学说为其思想基础的。

但是魏伯阳有一突出之点，即他的主导思想着重在阴阳学说方面。《参同契》一书，开宗明义便说：“乾坤者，易之门户，众卦之父母。……复冒阴阳之道，犹工御者执衔辔，准绳墨，随轨辙，处中以制外。”又说：“日月为易，刚柔相当”，“乾刚坤柔，配合相包，阳禀阴受，雌雄相须。须以造化，精气乃舒”，“物无阴阳，违天背元，牝鸡自卵，其雏不全”。尤其值得注意的是，他不是把阴阳与五行截然分为两面，而是以阴阳来贯串五行。如他说：“五行守界，不妄盈缩；易行（易以道阴阳，语出《庄子·天下篇》，易行即阴阳之行也）周流，屈伸反复。”又说：“阳神日魂，阴神月魄，魂之与魄，互为室宅。……男白女赤，金火相拘，则水定火，五行之初。”皆是其例。在具体的炼丹术的理论问题上，他是这样说的：“火记（关于炉火之事的记录）不虚作，演易以明之。偃月法鼎炉，白虎为熬枢，汞白为流珠，青龙与之俱。举东以合西，魂魄自相拘。”这里所说的炉火之事，就是炼丹之事，炼丹就是炼制丹砂，丹砂是硫汞的化合物。白虎在这里代表汞，青龙在这里代表硫。虎为阴，龙为阳；西为阴，东为阳；魄为阴，魂为阳；汞为阴，硫为阳，阴阳交错，遂生丹砂。这里所说的“魂魄自相拘”，就是上面所说的“魂之与魄互为室宅”，它是非常接近于化合现象的本质的。以阴阳学说来解释物质变化中的化合现象是自发的辩证法，是正确的。只是由于初期炼丹家对于这项重要化学现象本身抱着极端秘密的态度，在描述时，总是用各种隐名来模糊人们的了解，后人有时亦中其计而抱着不必要的怀疑。要知道人造丹砂的方法到了唐代便已逐渐地公开，旧日用隐语所掩蔽着的药物就在实际操作手续中终被揭露和对证出来。等到明朝晚期，魏伯阳的理论观点便由李时珍以简单明了的语言重述了一遍，他说：“硫黄阳精也，水银阴精也，以之相配，夫妇之道，纯阴纯阳，二体合璧，故能夺造化之妙。而升降阴阳，既济水火，为扶危拯急之神丹，但不可久服耳。”李时珍是反对道家服食登仙谬说的一位坚强战士，但是在炼丹理论上则完全与魏伯阳一致。李时珍的这段话同时说明了两个问题。一则证实了魏伯阳所叙述的确是水银与硫黄的化合反应；再则也表示了阴阳学说中的辩证观点的正确性。炼丹家的思想基础就是这样。它具有两面性：在脱离实际而滥用五行学说的方面是唯心的，在结合实际以运用阴阳学说的方面是唯物的。

## 四、炼金术与炼丹术的关系

炼金术与炼丹术本来是一件事的两个方面，只是名称上的差别而已。《史记》称汉武帝“亲祠灶……而事化丹砂、诸药齐为黄金”。《抱朴子》也说：“神丹既成，不但长生，又可以作黄金”，又说：“金成者，药成也。”（“金丹篇”）葛洪之所以以金丹名篇者，正“以还丹、金液……二事盖仙道之极也”（“金丹篇”）。这些都说明了炼金与炼丹在其历史发展过程中有不可分割的联系。因此，命名为金丹术，无疑是正确的。但是我们在本书中仍然采用了炼丹术这一名词，那是因为炼丹之术实际上包括了炼金一事在内的缘故，而丹家、丹经、丹诀、丹房、丹鼎、内丹、外丹诸有关名词既沿用已久，又具有一定的意义，人们不会有什么误解。再以化学的角度看来，丹家对于炼丹术（狭义的），无论在实践方面或理论方面，都做出了相当大的贡献；而对于炼金术说，除汞齐合金外，以异物作金银，其成绩是很难与前者相比拟的。所以用炼丹术作为这一科学技术部门的总名，既照顾了全面，也突出了重点。这样做，其目的在于区别何者为主要，何者为次要；但并不等于漠视炼金方面的问题。下面即将就这个问题提出一些初步的看法。

首先，应该指明的是，丹家在炼金方面从没有得到他们预期的结果。关于淮南王炼金的故事，既见于郦道元的《水经注》卷三十二，也见于沈括的《梦溪笔谈》卷二十一。郦说："刘安养方术之徒数十人，皆为俊异：多神仙秘法鸿宝之道，八士并能炼金化丹。出入无闲，与安登山，埋金于地，白日升天。"沈说："寿州八公山侧土中及溪涧之间，往往得小金饼，上有篆中'刘主'字，世传淮南王药金也。得之者至多，天下谓之'印子金'是也。"但新中国成立以后出土的和近数十年来传世的印子金，经考古学家的研究，都是战国时楚国的金饼货币，铭文是"郢爰"二字而不是"刘主"，当然不会是淮南药金，虽然发现的地区与沈说相同。这项论断根据确实可靠的古文物，证明了传说之不可信，这是第一步。第二步则是刘向按照刘安炼金方法而遭到失败的事实。《汉书·刘向传》："本名更生……宣帝时（前73—前70）上复兴神仙方术之事，而淮南有《枕中鸿宝秘苑书》，书言神仙使鬼物为金之术及邹衍重道延命方，世人莫见。更生父德，武帝时治淮南狱，得其书。更生幼而诵读，以为奇，献之，言黄金可成。上令典上方，费甚多，方不验。上乃下更生吏，吏劾更生铸伪黄金，系当死。"这番实验结果进一步说明了淮南炼金之法本身也是无效的。葛洪用了种种遁辞来为刘向解说，如把它比成种植五谷而"遭水旱不收"，又说："其中或有须口诀者皆宜师授，又宜入于深山之中，清洁之地，不欲令凡俗愚人知之，而刘向止宫中作之，使宫人供给其事，必非斋洁者。"（"黄白篇"）然而终不能否认这一不验之方的事迹。其他炼金故事的传说，也有很杳茫的，如王阳（《汉书》有王吉传，吉字子阳，故又称王阳）制金便是一例。班固谓“天下服其廉而怪其奢，故俗传王阳能作黄金”，魏伯阳仅有“王阳嘉黄芽”一语，可见根据都很脆弱。应劭对此说得很好：“秦汉以天子之贵，四海之富，淮南竭一国之贡税，向（刘向）假尚方之饶，然不能有成者，夫物之变化固自有极，王阳何人，独能乎？！”（《风俗通义》卷上）像葛洪在“黄白篇”里所叙述的两位道士（一名李根一未详）和程伟妻制作金、银的事迹以及所称引的“小儿作黄金法”，都很难令人置信，其主要理由是：按照他们所用的药物和方法，拿我们现有的化学知识加以衡量，要得到一种类似黄金的产物，那是难于想象的事情。尽管丹家对于物质经过人工处理可能改变其性质的想法是具有一定的物质基础的，尽管丹家在炼金实验中也付出了相当大的劳动量，但是对于化学上所做出的贡献，却是微乎其微的，只能说它提供了一个此路不通的教训。因此，它在化学史里应居于次要地位。

然而，炼丹术作为一个独立的科学部门来说，炼金部分仍不失为重要组成之一；尤其是在我国炼丹术后来传入阿拉伯并通过阿拉伯而再传到西欧的历史过程中，炼金术起了一定的作用，占有一定的地位。以此之故，我们想顺带提出三个问题，加以讨论。

（1）是否以致富为炼金的目的之一？有人以为财富是人情

所欲，炼金便意味着目的在于致富。又有人见欧洲中世纪没落的封建侯王豢养术士进行炼金，想借以加强或挽回其经济的优势，便认为我国炼金术的发展也是如此。看来，这是不符合我国当时实际情况的。正如应劭所说，汉武帝以“四海之富”，淮南王以“一国之贡税”从事炼金，是在当时社会经济极其繁荣的情况下进行的；其非为致富，固自显然。即在魏、晋干戈扰攘，经济破坏的时期，也不是这样。葛洪说得好：“真人作金，自欲饵服之，致神仙，非以致富也”，他还引桓谭《新论》说：“史子心见署为丞相，史官架屋、发吏卒及官奴婢以给之，作金不成；丞相自以力不足，又白傅太后。太后不复利于金也，闻金成可以作延年药，又甘心焉。乃除之为郎，舍之北宫中。”（“黄白篇”）丹家炼金的企图，以及支持这种企图的傅太后的心情，都充分说明了炼金的目的在于获取长生不死之药，而不在于致富。

（2）丹家炼金与民间造作伪黄金是怎样一种关系？这是一个比较复杂的问题，要解决这个问题，还须作进一步的研究。现在所以要把它提出的理由，意在先弄清楚问题的本质。有人是这样说的：

> 《汉书·王莽传》说王莽败后，“时省中黄金万斤者为一匮，尚有六十匮，黄门钩盾，府中尚方，处处各有数匮。”这六十多万斤的黄金如以今斤计算，约有一百五十来吨。这样大量的黄金，如果不是伪黄金，实在是讲不通

的。不要忘记，王莽是个笃信神仙说的人，《汉书·郊祀志》说他用方士苏乐，学“黄帝谷仙之术”，拿“鹤髓、毒冒、犀玉二十余物渍种，计粟斛成一金”。“食货志”也说他的“金银与他物杂，色不纯好”。他有丹家为他制作，所以这六十多万斤的黄金可能是种合金，或点化的金。[①]

这种说法的主要根据是：新莽时库藏黄金量如此之大，绝不可能是真黄金，或者说必然是伪黄金。有人并引“汉高祖以黄金四万斤与陈平……卫青击匈奴……受赐二十万斤……王莽聘史氏女为后，用三万斤”（语出赵翼《廿二史札记》）等事用来说明西汉一朝之挥金如土，足以加强前说。然而这只是一种看法，研究我国货币史的学者并不认为这些黄金是伪黄金，而是真实黄金。王莽时之所以有如此数量的黄金集中到国库里，“是王莽的黄金国有政策”的结果。“王莽在居摄二年（7）发行错刀、契刀，目的就是收买黄金。所以同时禁止列侯以下不得挟黄金；人民的黄金都要卖给政府。据说后来连代价也不给，等于没收了”。[②]至于数量之巨，是不是大到一种不合情理的地步呢？公元初前后中国和罗马是东、西方两个大帝国，黄金财富可以相互比较。“王莽死时政府所储黄金以七十匮计算，计七十万斤，约合十七万九千二百千克，这数字

① 《中国科学技术发明和科学技术人物论集》，三联书店1957年版，第130—131页。

② 彭信威：《中国货币史》，上海人民出版社1958年版，第85页。

可以代表中国政府在第一世纪的储金量。罗马帝国的贵金属储备量据估计约值一百亿金马克。其中金银数量大约相等，这样就可以算出罗马帝国的黄金储量是十七万九千一百千克。和中国可以说完全相等。这是一个有趣的巧合”[①]。当然问题的说明不在于巧合，而在于黄金储量的数级与当时国家经济力量是相对应的。由此看来，前面所称“如果不是伪黄金，实在是讲不通的”结论，是值得进一步地加以考虑的。

再则所举王莽用“丹家为他制作”黄金的证据，也是有疑问的。问题在于“计粟斛成一金”这句话的解释是否正确。这句话如果解释得不正确，很容易给读者一种错误的印象，以为把一斛粟变成一斛黄金了。原文是这样的：“莽篡位二年，兴神仙事，以方士苏乐言，起八风台于宫中，台成万金（师古曰费值万金也）。……又种五粱禾（师古曰五色禾也）于殿中，各顺色置其方面。先煮鹤髓、毒冒、犀玉二十余物渍种（师古曰谓取汁以渍谷子也），计粟斛成一金。”很显然，“计粟斛成一金”的意思就是说，用鹤髓等贵重物品所煮得的浆汁来浸泡种子，泡一斛种子需耗一金之费。在文法结构上，就跟建八风之台需耗万金之费一样。这里并没有丝毫制作黄金的痕迹。所以这一方面的证据也是值得重新考虑的。

倒是《汉书·食货志》所说新莽“金银与他物杂、色不纯

---

① 彭信威：《中国货币史》，上海人民出版社1958年版，第85—86页。

好”的话，看来还似符合实际，但这只是就一般成色而言，不等于说那些黄金便是类似黄金的合金或是点化出来的伪金。王莽时的金块现在还没有找到可靠的实物足供验证，但是传世的真品莽钱中的错刀上所错的金是非常精美的。新中国成立以来，出土了汉前和汉后的金块，其成色不一，可以帮助我们说明问题。汉前的则有江苏省各地历年出土的战国时郢爰金饼，大小共有十块，经过鉴定，含金量最高者是98%，最低者是82%，其余在91%—97%之间。[①]汉后的则有从明代定陵发掘出的金元宝103锭，其中出于考端后尸下的21锭，一概只有九成金[②]。按含量80%—90%的金块都可称为“色不纯好”，然究不失为真金，而与点化所得的类似黄金的合金有别，不应混为一谈。黄金的纯度决定于矿砂成分的纯杂和冶炼技术的高低，而前者为主要因素，因为不纯的黄金的提纯，在当时的技术条件下，是一件比较困难的事情。所以古代流传下来的黄金，一般地说，成色总是有高有低。何况王莽所藏的黄金是从广大人民中间搜刮来的，人民为了保护自己本身的利益，而掺杂一点较贱的金属，使其数量加大而其成色较一般为低，那是可以理解的。恐怕很难说这类黄金就是点化的伪金吧！关于上面所提出的问题本质就是这样。

现在可以考察一下当时民间制造伪金的情形究竟怎

---

① 《文物》，1959年第4期，第11—12页。

② 《考古》，1959年第7期，第362页。

样。《汉书·景帝纪》："中元……六年（前144）……定铸钱、伪黄金弃市律"，应劭曰："文帝五年（前175）听民放（仿）铸律尚未除，先时多作伪金，伪金终不可成，而徒损费，转相诳耀，穷则起为盗贼，故定其律也"，孟康曰："民先时多作伪金，故其语曰，'金可作，世可度。'费损甚多，而终不成，民众稍知其意，犯者希，因此定律也。"应、孟二氏都在说明定伪黄金弃市律的背景，异口同声地说先时老百姓多作伪金而终不能成，看来这是实情。不过二氏在说法上也有点区别，就是孟康的话里牵涉到方士，他把"金可作，世可度"这句话当作老百姓的口语。这句话实际是方士栾大对汉武帝所说"黄金可成而河决可塞，不死之药可得，仙人可致也"的概括。也许孟康意中所指即是刘向炼金的故事，因为刘向恰说过"黄金可成"这样的话，而他的被罪当死又恰是按"铸伪黄金"律办的。这件案子对刘向说，实在是冤哉枉也，因为刘向作金曾得到宣帝的许可，他的过失只在"方不验"，而不在"铸伪黄金"，他也不曾铸造出一点伪金。如果这样解释是对的，那么，所谓"民先时多作伪金"的事情，是和方士炼金没有什么直接联系的，不好混为一谈。颜师古注《汉书》，在征引了应、孟二家之说的后面，下了一个"应说是"的断语，也许他也以为丹家炼金与民间制作伪金须分别对待的缘故。

究竟当时民间所作的伪金是一种什么样子的东西？1954年在广州河南南石头西汉末年墓葬中发现过"内铜质外包金的

马蹄金一件”[①]，这种表里不一的黄金能不能算伪金呢？《汉书·武帝纪》：“元鼎五年九月，列侯坐献黄金酎祭宗庙不如法，夺爵者百六人，丞相赵周下狱死。”如淳曰：“金少不如斤两，色恶。”这种成色不佳的黄金算不算伪金呢？这些都可能有问题。唯一一种公认没有问题的伪金就是锌铜合金的黄铜，古称鍮石，色黄如金而又不含金质。关于鍮石的记载，最早的是四世纪的王嘉《拾遗记》，其次是六世纪的宗懔《荆楚岁时记》。王说：“石虎为四时浴室，用鍮石珷玞为堤岸，或以琥珀为瓶杓。”宗说：“七月七日，是夕人家妇女结彩缕穿七孔针，或以金、银、鍮石为针，陈瓜果于庭中以乞巧。”尤其是后一记载，确切地表明了鍮石是一种金属，它可以磨制成针，它与金银媲美。它是劳动人民的，特别是冶炼工人的创造发明，很难看出它与丹家的关系。在本书“青铜器的演变”一节中曾经指出西汉初期的四铢半两钱和其末期的新莽泉布里面都有不可忽视的锌成分出现，那更是直接出于劳动人民之手，而与丹家无关的事情。当然，劳动人民对于金属锌或含锌矿石的认识，以至适当比例的锌或含锌矿石与铜在一起冶炼而得出色美如金的鍮石，须有一个长期积累经验的过程。上面所说，只是汉、魏迄南北朝这一时期中关于民间制作伪金的一个粗糙轮廓而已。

---

① 《文物参考资料》，1954年第11期，第150页。

至于丹家炼金，意在以异物制作真金，而且比真金还精。葛洪说："化作之金，乃诸药之精，胜于自然者也。仙经云，丹精生金，此是以丹作金之说也。故山中有丹沙，其下多有金。（按《管子》"地数篇"有'上有丹砂，下有黄金'之语）且夫作金成则为真物，中表如一，百炼不减。故其方曰，可以为钉（疑针字之讹，世有金针之语，不闻有金钉也），明其坚劲也。此则得夫自然之道也，故其能之，何谓诈乎？诈者，谓以曾青涂铁，铁赤色如铜，以鸡子白化银，银黄如金，此皆外变而内不化也。"丹家要想用丹砂和诸药剂化作出表里如一、百炼不减的真金，在这里说得非常清楚。但我们还考虑到，丹家的企图是炼出真金而炼得的却是伪金，这一可能性。问题的回答是：在这一时期（封建社会前期）中，丹家既未炼出真金，也未炼出伪金。所有一切成功的传说，例如称甘始和他的师父韩雅"于南海作金，前后数四，投数万斤于海"（《后汉书·方术列传·甘始传》注引曹植"辩道论"），都是一种荒谬之谈。总的看来，劳动人民本着金属冶炼和合金配合的丰富经验而制成了锌铜合金的伪金；丹家从脱离实际的"上有丹砂，下有黄金"的理论出发，企图炼出真金，而终未得到结果；他们的区别就在于此。等到封建社会后期，有的道士也掌握了制作伪金的技术，那恐怕还是吸取了劳动人民的创造经验的缘故。

（3）丹家是怎样服食黄金的？金块、金箔，不好吞到肚子里去，这是一种常识。金屑可以冲服，但这期丹家著述中不见有此。李时珍称“晋贾后饮金屑酒而死，则生金有毒可知”（《本草纲目》卷八），贾后是否用丹家之言而为此，时珍亦未能详。葛洪明白地指出，要把金子先消化成液体，即所谓“金液”，然后才好服食。他说：“金液，太乙所服而仙者也。……合之，用古秤黄金一斤，并用玄明、龙膏、太乙旬首中石、冰石、紫游女、玄水液、金化石、丹砂，封之成水。《真经》云：‘金液入口则身皆金色’”，又说：“其次有饵黄金法，虽不及金液，亦远不比他药也。或以豕负革肪及酒炼之，或以樗皮治之，或以荆酒磁石消之……立令成水，服之。……银及蚌中大珠皆可化为水服之。”（“金丹篇”）“服五云之法，或以桂葱水玉化之以为水，或以露于铁器中，以玄水熬之为水，或以硝石合于筒中埋之为水。”（“仙药篇”）所以跟金液一样，又有云液之名。现在看来，这些化金为水或化五云为水的方法是不能达到目的的。宋代的苏颂谓此“假其气耳”，便意味着并不曾溶化为水也。制作金液、云液之事，在丹家思想上是一种不可调和的矛盾。他们说，“服金者寿如金，服玉者寿如玉”（“仙药篇”），正以黄金、云母“入火百炼不错，埋之毕天不朽”为其服食成仙的根据；但是在服食时又需要把金、玉变为液体，那岂不是已经被消化了吗？丹家在此很难自圆其说。这是问题的一方面，在另一方面，熔化黄金、云母的需要既然提到丹家炼药的日程上来，后来阿拉伯炼金家在追求所谓万能溶剂（Alkehest）的目标中，也许是受了我国炼丹术影响的结果之一。

## 五、炼丹术与医药学的关系

丹家有内丹、外丹之分：外丹以服食丹药为主，即本章所叙述者；内丹以运气为主，或称导引，或称吐纳，现时称为气功治疗。然而两者之间并非各不相关，尤其在魏伯阳、葛洪、陶弘景的著作中，都谈到内丹的问题。《参同契》里有这样一段话："二气（阴阳二气）元且远，感化当相通；何况近存身，切在于心胸。……耳、目、口三宝，固塞勿发通。……三者既关键，缓体处空房，委志归虚无，无念以为常。证验以推移，心专不纵横，寝寐神相抱，觉寤候存亡。颜容浸以润，骨节益坚强。排却众阴邪，然后立正阳，修之不辍休，庶（庶几乎之意）气云雨行。淫淫若春泽，液液象解冰，从头流到足，究竟复上升，往来洞无极，沸沸彼谷中。"这段话对于收视、返听、凝神、息虑，以至运气达于全身，都说得颇为清楚。《抱朴子》则常常以内丹与外丹并提，例如"服丹守一，与天地毕；还精胎息，延寿无极"（"对俗篇"），上半句所指是外丹，下半句所指便是内丹。又如"吐故纳新者，因气以长气……服食药物者，因血以益血"（"极言篇"），上句所言是内丹，而下句所言则是外丹。他还作了一个总括的说明："欲求神仙，唯当得其至要。至要者在于宝精、行气，服一大药便足，亦不用多也"（"释滞篇"）。至于行气本身具体的动作，他也提出了一个入手的办法，他说："初学行气，鼻中引气而闭之，阴（暗地的意思）以心数至一百二十，乃以口吐之。吐之及引之，皆不欲令自耳闻其气出入之声，常令入多出少，以鸿毛着鼻口之上。吐气而鸿毛不动为候也。"（"释滞篇"）陶弘景隐居茅山，一方面进修"吐纳"，一方面"游意方技"，更是内外兼修的实例。由此看来，这些丹家初无内、外丹之分，分家乃系后来的事情。从化学史角度来看，当然我们应该侧重在外丹方面；但是同时也应该了解到外丹原来与内丹有不可分割的联系，要不然的话，像有的人把魏伯阳也摒诸外丹之外，那就不免脱离时代背景了。

丹家之兼修医药，也跟他之兼修内丹一样，有其现实之需要。《汉书·艺文志》把房中八家、神仙十家与医经七家、经方十一家综合起来，总名之曰方技三十六家，并为之说曰："方技者，皆生生之具。"《后汉书·方术列传》则以方士左慈、甘始等人与医家华佗同列，其用意亦本"艺文志"之说。盖丹家与医家，既有区别，亦有联系故也。魏伯阳在《参同契》里也曾偶尔透露出他的药物学的知识。他说："若以野葛一寸，巴豆一两，入喉辄僵，不得俯仰。当此之时，虽……扁鹊操针，巫咸叩鼓，安能令苏（醒）复起？"野葛和巴豆大概是当时医家认为含有剧毒的药物[1]，所以魏伯阳才说这番话。葛洪在“杂应篇”里详细地说道：“古之初为道者，莫不兼修医术以救近祸焉。凡庸道士不识此理，恃其闻者大，至不关［心］治病之方；又不能绝俗幽居，专行内事（即内丹之事）以却病痛。病痛及己，无以攻（治）疗，乃更不如凡人之专汤药者。……余见戴霸、华佗所集《金匮绿囊》，崔中书‘黄素方’及‘百家杂方’五百许卷，甘胡、吕傅……各撰集‘暴卒（猝）备急方’，……世人皆［以］为精悉，不可加也。究而观之，殊多不备，诸急病甚尚未尽。又浑漫杂错，无其条贯，有所寻按，不即可得。而治卒暴之候（症），皆用贵药，动数十种，自非富室而居京都者，不能素储，不能卒办也。……余所撰百卷，名曰《玉函方》，皆分别病名，以类相续，不相杂错……篱陌之间，顾盼皆药；众急之病，无不毕备。家有此方，可不用医。”足见丹家之兼修医药，既可自疗疾病，又可救急济贫。《晋书·葛洪本传》说他还著有《肘后要急方》四卷，其性质与前书相同。《玉函方》早已失传，《肘后方》则以八卷本的《肘后备急方》的书名收录于《正统道藏》《四库全书》《道藏辑要》等丛书中。陶弘景

① 沈括《梦溪补笔谈（卷三）·钩吻条》：“予尝到闽中，土人以野葛毒人或自杀；或误食者，但半叶许，入口即死。……此草人间至毒之物。”李时珍《本草纲目·（卷三十五下）巴豆条》气味项下引《别录》曰：“生温、熟寒，有大毒。”

对于医药学的贡献尤大，前面已经谈到；他还著过一部《药总诀》，见称于宋掌禹锡等编的《嘉祐补注本草》（李时珍《本草纲目（卷一）·序例》上引），又《肘后百一方》，见称于宋贾嵩著的《华阳陶隐居内传》。炼丹家与医药家的关系就是这样。丹家劝人服食长生不老之药，非有明效大验，总难取信于人；通过医药的疗效，便可获得起信之资。葛洪说得对，“校其小验，则知其大效；睹其已然，则明其未试耳”（“塞难篇”）。自疗疗人，还是丹家兼修医药的外表结果；自信而又欲取信于人，看来才是他们内心的最后目的。

但是外丹最后总归要失败，而作为内丹组成部分之一的吐纳术，以及与服食相关的医药学中之本草学，却都要继续发展下去（后者将于下章中叙述），那正是不随人们意志为转移的自然规律，也是唯物与唯心斗争的必然结果。

## 第六节　由陶器到瓷器的过渡

### 一、两汉制陶的发展和成就

封建社会前期的制陶技术，是继承两周的釉陶和白陶发展起来的。汉代，由于国内商业和对外贸易逐渐发达，大量的铜用来铸造钱币，生产工具已为铁所代替，而生活用品就用陶器制作了。陶器的需要越来越多，制造技术就得到了较高的发展，最重要的成就是在制作釉陶技术方面的广泛提高，根据考

古发掘资料，可以把汉代的釉陶分为四种类型。[1]（参见图版十八、十九上）

（1）翠绿釉陶器

“当时用做墓中殉葬器，风气较先，或以洛阳长安创始，主要器物多是酒器中的壶、尊和羽觞；近于死人玩具的杂器，有楼房、猪羊圈、仓库、井灶种种不同陶俑。此外，还有烧香用的博山炉，是依照当时神话里传说中的海上蓬莱三山风景作成的。主要纹样是浮雕狩猎纹。这种翠绿色亮釉的配合技术……在先或只是帝王宫廷中使用，到东汉才普遍使用。”

（2）栗黄色加彩亮釉陶器

“在陕西宝鸡县斗鸡台地方得到，生产时代约在西汉末王莽称帝前后。（公元前后一世纪）器物有各式各样，特征是釉泽深黄而光亮，还着上粉条釉彩带子式装饰，色调比例配合得非常新颖，在造型风格上也大有进步。一切从实用出发，可是十分美观。两种釉色的原理，恰指示了后来唐代三彩陶器和明清琉璃陶器一个极正确的发展方向。”

（3）茶黄色釉陶器

“起始发现于淮河流域，形式多和战国时代青铜器中的罍、罍差不多。釉色胎质，上可以承商代釉陶，好像是它极近的亲属，下可以启长江南北三国以来青釉陶器，作成青瓷的先

① 见《景德镇陶瓷史稿》，三联书店1959年版，第15—16页。

驱。这种釉色陶器，近年在广东和长沙均有大量发现，敷釉多较薄，有近于洒上的，胎质较细，火度较高。在器形内容上也有了新的创造。”

（4）浅绿釉色陶器

“这是一份极重要的发现，也可以说是早期青瓷，1935年，在杭州宝叔塔后山，工人取土填路时，发现有‘永康二年曹氏造作’的墓砖，同时出土了一件有飞鸟的楼阁的器物，通体有釉，作浅浅的淡绿，还微微带一点黄，釉薄而透明，粘着甚固而不剥落，胎坚致，叩之作声甚清越。后于永康时期不久，又有‘中平六年五月十二日尚方作陶容一斤八两’的一件釉陶匜，也是全面有釉药的。”

“关于汉代已有接近瓷器的生产，最先发现于1921年历史博物馆在河南信阳擂鼓台的发掘，得到一批青釉硬质陶，有代表性的是一个盘口壶和一洗、一罍。因附有永元十年砖，得知是东汉晚期制作。其次是1935年绍兴古墓发现的大量青釉瓷，有三国时孙吴黄龙赤乌墓砖而知。”

“在这里，我们只认为釉陶的发展已达到最高阶段，是由陶向瓷过渡的桥梁。可以肯定釉陶已在两汉末年成了一种正常的生产。先是釉料中的赭黄和翠绿在技术上能正确控制；随后才是仿铜绿釉得到成功，但其中还含有多量的铅，所谓绿陶，所谓色淡黄、灰青等，都是铅釉中含有铜盐或铁盐。铅釉的熔解火度本低，烧成很容易，而制成的器物，却质地脆弱，很难适日常之用，因为它不能耐久。而在土中，就多为土化而至于现银光，所以有人称它为银釉，那还不能算是真瓷器。”

从这些对两汉时代遗物的发现，可以看出当时陶器的瑰丽多彩。陶釉的配制使用是一项重要的化学成就，而釉色的变化是化学变化。最可惊奇的是，我国劳动人民在敷色方面的贡献，不仅取用了不同的原料，而且，尤其重要的是，采用同样的原料而得出不同的彩色。上述四种类型的釉色，据化学分析的论断，都是同样从含有铁质的釉料得来的。铁的主要化学价有两种：二价和三价，二价铁是绿色，三价铁是黄色。依据这项事实来推测，翠绿色的所含二价铁最多，淡绿色的次之；栗黄色的含三价铁最多，茶黄色的次之。这只是初步的推测，进一步的总结还须对具体的陶釉进行化学分析后才能作出。

## 二、魏晋的青瓷，由陶向瓷的过渡

“1935年以后，在浙江绍兴发现了不少墓葬，墓砖上有黄龙、赤乌等三国孙吴时代的年号，同时出土的青釉器物也很多，其中最主要的一件，是通体青釉的魂瓶（墓葬物之一种）。高达47厘米，器身贴着许多人物、飞鸟、楼阁等雕刻品，每间仓屋的门口及瓶口都有犬守卫，还有刻画的鱼龙，至于器肩部的人像，各执不同的乐器。仓的一侧竖立了一块碑，碑款上有‘永安三年时’款。永安三年是公元260年，永安为吴王孙休年号。从这一块小小碑纪上的记载，可以肯定这件器物的确实年代。这件器物全身青釉的釉色已显现较深的绿色，施釉也厚，离开了早期釉薄而作淡绿带黄色的阶段，证明在烧制技巧上铁的还原已向前迈进了一大步。在中国陶瓷发展史上已走到一个极重要的历史时期。”①

新中国成立以后，又有了许多重要发现，1954年又于南京光华门外赵土冈墓葬内发现三国时代孙吴越窑的“虎子”。通体淡青色釉，器物椭圆形，两端略平，腰部微敛，提梁是立体虎形，腹部有四足。器腹的一侧，在釉下刻画纪年铭文，赤乌十四年会稽上虞国袁宜作（赤乌是孙权年号，赤乌十四年即公元251年），另一侧刻画有“制宜”二字。这是一件比永安三年青釉谷仓还要早九年的越器。

“自从司马氏统一了南北以后，由于三国孙吴时代的青釉器物已经有了重要的成就，所以在两晋及南朝的时期里（280—589），青釉器物有大量的生产。这从有确实年代可证的墓葬所发现的大批明器，可以得到证实，并可以充分明了这一期青釉器物向前发展的迹象。”②（参见图版十九下）

1953年以来，发掘了江苏宜兴晋墓两座：“出土青瓷器除少数不能修补的碎片，约有42件，其中完整的27件，略残缺而经过修补的15件，它们算是历年来出土青瓷器中数量比较多的一批，它们一部分是日常生活用具，一部分是专为随葬的明

---

① 《景德镇陶瓷史稿》，三联书店1959年版，第17页。

② 见陈万里：《中国青瓷史略》，上海人民出版社1956年版，第4—5页。

器。在制作技巧上是相当进步的，在造型艺术上也是比较多样的。”①

关于这批青瓷的化学成分，曾由科学院冶金陶瓷研究所进行分析，结果如下②：

| | 圆形罐上部 | | 圆形罐底部 | |
|---|---|---|---|---|
| | 胎 | 釉 | 胎 | 釉 |
| $SiO_2$ | 79.02 | 62.24 | 77.84 | 60.79 |
| $Al_2O_3$ | 12.74 | 16.17 | 14.16 | 11.03 |
| $Fe_2O_3$ | 1.96 | 1.99 | 1.68 | 2.60 |
| FeO | 1.29 | — | 1.08 | — |
| MgO | 0.64 | 2.79 | 0.50 | 2.25 |
| CaO | 0.54 | 13.25 | 0.40 | 17.95 |
| $K_2O$ | 1.70 | 1.48 | 1.84 | 1.42 |
| $Na_2O$ | 0.97 | 1.16 | 1.01 | 0.74 |
| $TiO_2$ | 0.92 | 0.77 | 1.41 | 1.14 |
| MnO | — | 0.25 | — | 1.16 |
| CnO③ | — | 0.07 | — | 0.14 |
| 总计 | 99.78 | 100.10 | 99.92 | 99.08 |

若把宜兴晋墓青瓷的化学成分与被认为相当成熟的南宋

① “江苏宜兴晋墓发掘报告——兼论出土的青瓷器”，《考古学报》，1957年第4期。

② 表中数值为各成分含量的百分数。——编者注

③ CnO疑为CuO之误。——编者注

官窑青瓷器作一比较，可以看出，它们的成分是相当接近的。可见宜兴“晋瓷的选土提炼技术已相当进步了”。“宜兴晋瓷的胎骨未经上釉之处，经烧后呈淡瓦红色，这是瓷土含铁质较多，经过氧化变色所致，同时在胎骨内有些未经氧化的，略带灰色，这又是提炼尚不够精密的缘故”。这正是制陶技术逐步发展而达到瓷器边沿的表征。

## 第七节　造纸术的发明与革新

### 一、西汉用纸的情况及造纸方法

造纸是一项重要的化学工艺，纸的发明，是我国在人类文化的传播和发展上，所做出的一项十分宝贵的贡献，是中国化学史上一项重大的成就。

在纸没有发明以前，甲骨、竹简和绢帛是古代用来供书写、记载的材料。用甲骨刻字盛行于殷代，周代用铜器铸字或刻字记事，春秋、战国时期用竹简和绢帛写字。所有这些，都对人类书写、记事带来极大的不便，在一定程度上影响着文化的传播和发展。

西汉初年，经济、文化迅速在发展着，竹简、丝帛远远不能适应文化发展的要求，从而促使这些书写工具的改进。当时的人们开始应用了小块的丝绵制成的纸，最初，这种纸并不一定是供书写用的。据文献记载，汉武帝（前140—前87）生病，卫太子入宫去看他，江充教太子“当持纸蔽其鼻以入”。成帝（前32—前7）的宠妃赵飞燕箧中“有裹药二枚赫蹄书”。应劭（东汉人）说：“赫蹄”是薄小纸，孟康（三国魏人）说是染赤色的纸。应劭《风俗通》又说：汉光武帝（25—57）迁都洛阳，载素（帛）简（竹）纸书共二千车，建初元年（76）章帝赐给贾逵用竹简写的和用纸写的《春秋左氏传》各一套。这是文献上所载最早用纸的情况，值得注意的是，这些纸都是为皇家使用的，而且没有说明它们的原料是什么。

考古工作的成就，提供了古代用纸的重要资料。1957年5月在陕西省灞桥发现了据说“不会晚于西汉武帝”的墓葬。墓里遗物有铜镜三面，镜下垫有细麻布，布下又垫有“类似丝质纤维做成的纸”，“虽然是长宽不足十厘米的残片，但仍然能看出它的颜色泛黄、质地细薄匀称，并含有丝质的纤维，其制作技术相当成熟”。这是我们所知道最早的古纸①，现在陈列在中国历史博物馆里，它是用丝质纤维做成的，从时代对比，卫太子所用来掩鼻的纸大概就是这类东西。

黄文弼先生曾于1933年在新疆罗布淖尔发现了一张古纸，它是“麻物、白色，作方块薄片，四周不完整，长约40厘米，宽约100厘米，质甚粗糙，不匀净，纸面尚存麻筋，盖为初造纸时所做，故不精细也……同时出土者有黄龙元年（前49）之

① 二十世纪八十年代以来有研究对此结论存疑。——编者注

木简，黄龙为汉宣帝年号，则此纸亦当为西汉故物也”。从这两件实物看出，西汉时不但有丝质纤维的纸，而且有麻质纤维的纸。

这类纸当时是怎样制作的呢？关于丝质纸的做法，大家公认《说文》所说“纸，絮一箈也”和段玉裁的注解“按照纸昉于漂絮，其初丝絮为之，以箈荐而成之”是正确的。《说文》又说：“箈，潎絮箦也”，潎就是漂的意思，箦就是篾席。在水里漂丝，把篾席放在下面，细碎的丝落在水中，再把篾席举起来时，丝絮就在席上形成一片薄膜，等到干后就成为纸。这是丝质纸的做法。麻质纸可以类推了。《孟子》里有“布帛长短同”和“麻缕丝絮轻重同”，这样两句话。布是麻织品，帛是丝织品，两者并提，意义显然，麻缕与丝絮并提，在意义上也是相对应的。丝须漂，麻须沤，都是在水中进行操作。《诗经·陈风》：“东门之池，可以沤麻”“东门之池，可以沤纻”（一作苎，即是苎麻）可证。漂丝时总有丝絮落下，同样，沤麻时总有麻缕（细碎的麻筋）落下。在以箈荐絮而造纸的经验积累之后，劳动人民就利用同样方法来试制麻质纤维的纸，这是很合情理的。不过麻质纤维比丝质纤维要粗一些，质地要硬一些，所以做出来的纸“甚为粗糙，不匀净”，不像丝质纸那样“细薄匀称”。虽说这种差别与造纸经验有关，而两种纤维的性质不同也是重要因素之一。总的看来，麻质纸与丝质纸当初是用同样方法制得，这一推断是符合事物发展过程的。

以上说明的是西汉使用纸的情况和造纸的方法。但是，这种纸的原料，丝絮或麻缕，都有它们本身的用途。《汉书·南粤王传》载文帝以“上褚五十衣、中褚三十衣、下褚二十衣遗王”。颜师古注：“以绵装衣曰褚，上中下者，绵之多少薄厚之差也。”绵就是丝绵，也就是上面所说的丝絮。做丝绵袄不过是蚕丝的许多用途之一，值得指出的是，麻缕也跟丝絮一样，用来装衣为冬季御寒之用。《东观汉记·茨充传》说：“充为桂阳太守。俗不种桑，无蚕、织、丝、麻（？）之利，类皆以麻枲头缊着衣。”按，《说文》，“枲，麻也”，麻枲头就是麻缕。缊着衣亦即装衣之意。以麻头装衣，所得是麻头袄。丝绵袄是上层阶级所用，麻头袄是广大的中下层阶级所用。因此，要把丝絮和麻头作为造纸原料，就必然会遭到很大的限制，而难于得到迅速顺利的发展，来满足文化生活上对纸张的要求。

## 二、蔡伦在造纸术上的伟大贡献

在新的客观形势要求下，出现了一位科学技术史上的伟人、造纸术的革新家——蔡伦。关于蔡伦的生平，《东观汉记》卷二十上记载：“蔡伦……有才学，尽忠重慎，每至休沐，辄闭门绝宾客，曝体田野。原伦典作上方，造意用树皮及敝布、鱼网作纸。元兴元年（105）奏上之，帝善其能，自

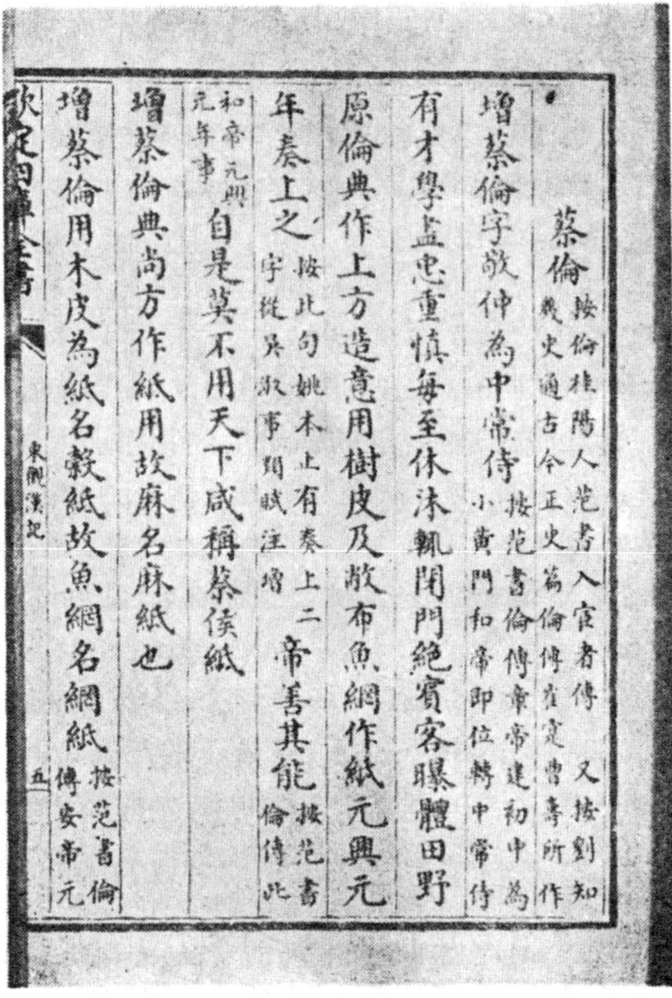

欽定四庫全書
東觀漢記
五
蔡倫 按倫桂陽人范書入宦者傳又按劉知幾史通古今正史篇倫傳崔寔曹壽所作
增蔡倫字敬仲為中常侍 按范書倫傳章帝建初中為小黃門和帝即位轉中常侍
有才學盡忠重慎每至休沐輒閉門絕賓客曝體田野
原倫典作上方造意用樹皮及敝布魚網作紙元興元
年奏上之 按此句姚本止有奏上二字從吳淑事類賦注增 帝善其能 按范書倫傳此
和帝元興元年事 自是莫不用天下咸稱蔡侯紙
增蔡倫典尚方作紙用故麻名麻紙也
增蔡倫用木皮為紙名穀紙故魚網名網紙 按范書倫傳安帝元

《东观汉记》书影

是莫不用，天下咸称蔡侯纸。”（参见下图）《后汉书（卷七十八）·宦者列传》记载：“蔡伦字敬仲，桂阳人也，以永平末（75）始给事宫掖。建初（76—86）中，为小黄门，及和帝及位（89）转中常侍。伦有才学、尽心敦慎……每至休沐，辄闭门绝宾，曝体田野。后加尚方令，永元九年（97）监作秘剑及诸器械，莫不精工坚密，为后世法。自古书籍多编以竹简，其用缣帛者谓之纸。缣贵而简重，并不便于人，伦乃造意用树肤、麻头、敝布、鱼网以为纸。元兴元年奏上之，帝善其能，自是莫不从用焉。故天下咸称蔡侯纸。”根据上述两种记载，可以十分肯定地说：用树皮、破布、鱼网造纸（《后汉书》还列有麻头一项，看来是范晔凭己意而加入的，殊不可信，因为它与《东观汉记》所载和近年考古发掘所得都不相符），是蔡伦创造性的巨大贡献。意义是非常重大的。

（1）新原料的开辟：蔡伦以前虽然有纸，但所用的原料本身就有很大局限性：丝絮可以从漂丝得来，麻缕可以从沤麻得来，但漂丝和沤麻都有它们自己的目的，是为了纺织的目的而漂丝沤麻，不是为了造纸。所能利用造纸的原料只是在漂沤过程中残留下来的极小部分，而且还有生活上御寒的需要。这样，势必阻碍着造纸事业的发展。蔡伦对新原料的发现，解决了这个问题。破布、破鱼网早已结束了它们本身的任务，成为废物而又用作原料，对造纸工业起了极大的推进作用。后来阿拉伯人造纸，开始也是以破布做原料，就是从我国学去的。至于用树皮做原料，尤其是崭新的发现，它开辟了无限广阔的途径，实为近代木浆纸的先河。我国后来的桑皮纸、构皮纸以及藤纸等都发源于此。

（2）技术的革新：新原料的使用必然提出对新技术的要求。蔡伦以前的造纸技术，如上所说是相当简单的。改用破布、破鱼网做原料，就不够了。可以想象，先须将布或网撕破或剪断，然后放在水里浸渍相当的时间，并且需要加以舂捣，才能做成纸浆。用树皮做纸浆，困难更大一些，除初步切短和后步舂捣外，中间还需要烹煮和加入石灰浆之类的促烂剂。虽说实际操作如何，因缺乏记载，无从考知，然而蔡伦既然做出来了皮纸，当时必然掌握了一定新技术，是可断言的。《后汉书》注引“相（湘）州记”：“耒阳县北有汉黄门蔡伦宅，宅西有一石臼，云是伦舂纸臼也。”这类传说，其地其物虽不可信以为真，而其事则属应有。郦道元《水经注》也有“捣故鱼网为纸”的说法，舂捣这一环节幸有此等记载，其他环节当可类推。

（3）最重要的，造纸事业，经过蔡伦的发明创造，才由自发的阶段转入独立自主的阶段。蔡伦以前，造纸只是纺织业中附带的一小部分，并未形成一种独立行业。它的发展是比较缓慢的，尽管丝质纸与麻质纸在西汉时都已出现，但直到东汉中叶，约计两个世纪，看不到什么突飞猛进。到了蔡伦时期，形势起了巨大的变化，新原料的开辟、新技术的使用，使造纸业从纺织业中独立出来。它有自己的目的和需要，于是就有了迅速的发展。

应当说明，蔡伦所以能成为一位伟大的发明家并不是偶然的。西汉初期劳动人民的造纸经验的积累和启发，文化事业发展的要求和本人的辛勤劳动都是重要的因素。他从永平末入宫到元兴上奏，足足三十年，然“每至休沐，辄闭门绝宾客，曝体田野”。曝体田野就是参加农业劳动，可见他一直保持着劳动的习惯。他“监作……器械，莫不精工坚密”，可见他富有手工业器械操作的知识。劳动习惯和器械操作本领为他的发明创造提供了优越的条件。我们反对贬低蔡伦在科学文化史上的伟大贡献，但是也反对唯心主义的夸大个人作用的资产阶级观点。

## 三、两晋南北朝造纸技术的发展

自从蔡伦造纸新术发明以来，小小一卷纸可以代替一大堆的竹木简，而其所费之价又远远低于同样一束的缣帛，由此就大大地推进了书籍抄写与文化传播的事业。“晋初（约289）官书二万九千九百四十五卷，宋元嘉八年（431）六万四千五百八十二卷，梁元帝（552—555）在江陵有书七万余卷。……至于私人藏书也慢慢多起来，晋郭泰有书五千卷，张华徙居有书三十乘，宋齐以来贵族藏书已有‘名簿’（目录）。梁武帝时（502—549），‘四境之内，家有文史’”。[1]文化的推广，引起著述的增长，转而又促进了对纸张的需要。

同时，促进对纸张需要的另一方面，是书法、绘画上的需要，尤其书法上的需要（因为早期的著名绘画多系绢本）。王羲之、王献之父子是东晋时我国划时代的书家，羲之有“书圣”之号，献之有“小圣”之称，合称“二王”。相传羲之守永嘉，常临池学书，池水尽黑，后来宋代的米芾为书“墨池”二大字于池侧。同样还流传着唐代书家僧怀素笔冢的故事：怀素善草书，弃笔堆积如丘，号曰“笔冢”。纸、笔、墨三者是学书时经常消耗品（砚虽然也是文房四宝之一，但非经常消耗品），笔墨的用量既如上述，纸亦不言而喻。书画用纸，在数量上虽然只占全部用纸的一小部分，然而在质量上却是要求较高的一部分；因此，这项需要便起了推动造纸技术前进的作用。曹魏时制墨名家韦诞（179—253）就曾说过：“工欲善其事，必先利其器。用张芝笔、左伯纸及臣墨，兼此三具，又得巨手，然后可逞径丈之势，方寸千言。”[2]于此可知佳纸对于书法的重要性。

究竟在两晋南北朝这一时期，造纸技术有哪些发展呢？根据少数的文献资料，可说有两方面，一是原料的利用，一是

① 张秀民：《中国印刷术的发明及其影响》，人民出版社1958年版，第19—20页。

② 《北堂书钞》卷一百四引《三辅决录》。

加工技术的加强，两者都是从原有的基础上发展起来的。在汉代的穀树皮的穀纸基础上，晋代出现了以藤皮为原料的藤纸。张华（232—300）《博物志》说：“剡溪古藤甚多，可造纸，故即名纸为剡藤。”范宁（339—401）教（按应是教令之意）云：“土纸不可作文书，皆令用藤角纸。”（《北堂书钞》卷一百四引）张华是西晋时人，与葛洪同；范宁是东晋时人，与“二王”同。从他们所生的时代和所记载的事迹看来，藤纸的制造在三世纪已开始，藤纸作为官家文书之用在四世纪便已成为教令。由于官场的采用，可知藤纸是一种质量优良的纸张。它的产地是剡溪，即今浙江嵊县地带，所以就把剡藤或溪藤作为这种纸的代名。它的制法来历是这样的：“剡溪上多古藤株枿（同蘖，树木被斩伐后所生枝条也），溪中多纸工，擘剥皮肌以给其业。”（唐舒元舆《悲剡溪古藤文》语）很显然，它是当时劳动人民根据蔡伦利用树皮造纸的经验，因而在就地取材的精神启发下所做出的一种新贡献。藤纸的发展，适应了东晋偏安的地方形势，又符合当时所谓“江左风流”的士族的需要。

至于北国风光，似有所不同。其造纸原料则以楮皮为主。贾思勰著《齐民要术》，特为立“种穀楮第四十八”一篇。思勰是北魏末期人，做过高阳郡（今山东境内）太守，书成于六世纪中叶（据吴承仕考订约在543—559年间）。他在自序中说：“今采捃经传，爰及歌谣，询之老成，验之行事，起自耕农，终于醯醢，资生之业，靡不毕书。”所以《齐民要术》一书，是对当时北朝所管辖区域内（即黄河流域）的农业生产和农产品加工，具有非常实际意义的一部著作。关于种刈榖楮，它是这样说的：“楮宜涧谷间种之，地欲极良，秋上楮子熟时多收，净淘曝令燥。耕地令熟，二月耧耩之（下种），和麻子漫散之。……秋冬仍留麻，勿刈，为楮取暖。明年正月初，附地芟杀，放火烧之。一岁即没人（高可过人的意思），三年便中斫。斫法，十二月为上，四月次之。每岁正月，常放火烧。二月中间，斸去恶根。移栽者二月莳之（分栽的意思），亦三年一斫。指地卖者省功而利少；煮剥卖皮者虽劳而利大；自能造纸，其利又多。种三十亩者岁斫十亩，三年一遍，岁收绢百匹（谓岁收可敌绢百匹之价）。”在这段话里，贾思勰不但把种蓺楮树各个环节都说得一清二楚，更重要的还在于说明了三件事：一、楮树的种植是专以造纸为目的而进行的；二、煮剥取皮是造纸的第一道手续，也为造纸业提供了真正的原料；三、农副业的种树与手工业的造纸相结合，收利很大。三件事合起来，便反映着当时北朝楮皮纸流行的背景。贾思勰“种榖楮”这篇文章，是我们目前所知道关于楮皮纸的最早而又最详细的记录；但似乎为言我国造纸史者所忽略，故特表而出之。

应该顺带指出的，但也可认为相当重要的，是那篇文章开头的这样几句话：“《说文》曰：‘榖，楮也。’按今世人有名之曰角楮，非也。盖角榖声相近，因讹耳。其皮可以为纸者也。”我们想在这里作两层补充解释。穀和楮同为桑科植物，其形态虽略异，然不易为古人所识别，所以蔡伦同时的《说文》著者许慎就把它们等同起来。贾思勰虽曾以“种穀楮”名篇，然篇中所说都只提到楮，可见他也持有同样的见解。蔡伦发明了树皮造纸法，但用的是哪种树的皮呢？《太平御览》引“董巴记”云：“东京有蔡侯纸，即伦［纸］也。用故麻名麻纸，用木皮名穀纸，用故鱼网名网纸。”顾名思义，可知他所用木皮即为穀树之皮。楮皮纸既然从穀皮纸发展而来，更可见蔡伦树皮造纸法生命力之强。贾思勰又曾指出当世人有角楮之称，而认为角楮即穀楮，因角穀音近而致误耳[①]。是角亦即穀。根据这一说法，我们可以认为前面范宁所说的“藤角纸”，其实际意义盖包括藤皮纸与角（穀、楮）皮纸而言。要不然的话，若谓其单指藤纸而言，则角字在此将毫无意义；紫藤虽结有荚果，但不能供造纸之用。由此看来，贾思勰在“种穀楮”这篇精要文章里，不但对北朝造纸业的基本情况作了如实的叙述，而且无意之间为偏安江左的东晋所流传来的佳纸名称作了一个确切的注解。藤纸的兴盛，并未排斥穀纸，只是在穀纸的原有基础上增加了一项优质纸的品种，这是符合事物发展的客观规律的。穀（角、楮）树本来是野生植物，作为造纸原料之后，供给与需要发生矛盾，从而促进了农民的种蓺栽培

① 按，角也有时读穀，汉晋间的《盘中诗》末句“当从中央周四角”，其中角字与蜀、数、斛、粟、足、读等字为韵，可认为铁证。

工作，如《齐民要术》所载，这也是符合事物发展的客观规律的。南北气候土地条件不同，发展方向随之而异，但是在原料利用上向前发展，那又是南北所共同的。

纸张兴，写书之风盛行，于是出现了保护书卷纸张的所谓“潢治”之法。潢治只是对纸张加工的一个方面。西晋时陆云（262—303）写给他的哥哥陆机（261—303）的信里说：“前集兄文二十卷，适讫一十，当潢之。”（见《四部丛刊》本《陆士龙集》）怎样叫着潢？《齐民要术·杂说第三十》有“染潢及治书法”一条，它说：“凡打纸，欲生则坚厚，特宜入潢。……入浸檗（芸香科落叶乔木，高三四丈，茎之内皮色黄，可作染料，又供药用）熟……漉（滤）滓（渣滓）捣而煮之，布囊压讫，复捣煮之。三捣二煮，添和纯汁（第一次滤液）。……写书经夏然后入潢，缝（古书为卷纸式，一卷书就是一卷纸，它是粘连好些张纸合成的，所以中间有缝）不绽解（裂开）。其新写者须以熨斗缝缝，熨而潢之；不尔，入则零落。”这样一整套入潢法，其目的不仅在于染色，更重要的在于借黄檗药力以防虫蠹。为了同样的目的，还随列有“雌黄治书法”一条，条文是这样的：“先于青硬石上水磨雌黄，令熟，曝干。更于瓷碗中研令极熟，曝干。又于瓷碗中研令极熟，乃融胶清和于铁杵臼中，熟捣丸，如墨丸，阴干。以水研而治书，永不剥落。……凡雌黄治书，待潢讫治者佳，先治入潢则动。”雌黄（$As_2S_2$）跟雄黄（$As_2S_3$）一样，都是砷的硫化物，具有毒性，可以用作杀虫药。它们都不溶于水，所以先得磨成极细的粉末，和了胶做成墨样的锭子，然后跟磨墨一样磨成汁，将汁涂抹在纸上，才不会剥落。这样加过工的纸不会遭到虫蛀。

上述纸张加工的两种方法，流传久远。黄蘗治书法盛行于唐代。宋赵希鹄说："硬黄纸，唐人用以书经，染以黄蘗，取其辟蠹。"（《洞天清禄集·古翰墨真伪辨》）从传世的敦煌石室唐人写经还可看到这种入潢纸，但不硬耳。后代所制，名叫藏经纸的，也是这类纸。雌黄治书法，论其防蠹性能，要比黄蘗治书法为强，然论其遭遇，则似不如。道理说来也颇简单。一则因为雄黄、雌黄是较为贵重的药物，不能广泛地使用。再则因为用以治书之前，还需要进行一系列的细致磨研和和胶成丸工作，这是相当费事的。所以在后代文献中我们还不曾找着这种对纸加工方法的记载。但是，清代广东刊印的线装书，多有以一种毛面橘色纸作为扉页（封面的后一页和封底的前一页）的，藏书家常据此以为粤刊本或粤装本的标志。

# 第四章　封建社会后期（隋唐—鸦片战争）

隋统一全国以后一直到鸦片战争时止，一千四百年间，是我国封建社会的后期。在这一段时期内，封建社会制度进一步完备和发展，社会生产力继续在提高。当然不是一帆风顺的。统治阶级的残酷压榨和军事上的消耗，曾经使生产力遭到严重的破坏。但是总的来看，农业和手工业经济还是不断有所发展。因此，化学工艺、炼丹术和药物知识等方面，都继续不断在发展和丰富。另一方面，自然科学的发展本身有着继承性，劳动人民的生产实践，在前人的基础上使我国的化学又前进了一大步。

钢铁冶炼技术、铜合金的配制以及新的冶铜技术，都直接关系到兵器、生产工具和生活用具的制作，是国家和人民生活中的头等重要大事。因此各种冶炼技术不断有所创造和改进，使我国的冶金化学史增添了光彩。“灌钢”技术的发展、胆铜法的发明以及黄铜和纯锌的冶炼都是其中突出的实例。炼丹术和冶金技术有着密切的关系，另一方面它又结合了医药工艺，开辟了新的发展道路，使得我国的药物知识——本草学，由唐至明清，一步步地丰富，成为世界医药史中极为重要的一部分内容。炼丹术发展过程中的一项重要产物，便是火药的发明。火药是我国古代伟大发明之一，对以后的工艺、军事等方面有重要的作用。造纸技术、制瓷技术、制盐工艺都是继续封建社会前期的重大成就，不断在发展着，充分表明了我国劳动人民，在辛勤的劳动过程中，一代一代地把我国祖先的伟大发明加以继承和发扬光大，把各种化学工艺技术提高到更加成熟和更加出色的地步。在明代末年，宋应星编写了那部著名的工艺技术百科全书——《天工开物》，它是我国劳动人民长期实践经验的系统总结。它与李时珍的《本草纲目》互相辉映，异曲同工。

总起来看，在封建社会后期中，我国的化学知识和工艺技术在前期的成就基础上获得了巨大的发展，使其在世界范围内，在同样社会条件下处于最先进的行列。在某些具体方面，如瓷器的烧制、造纸的技术、火药的发明、炼丹术的理论等，在其直接传播或间接影响下，对于推动人类文化事业前进做出了辉煌的贡献。

## 第一节　钢铁冶炼技术的进一步发展

隋唐以来，由于全国出现了统一的局面，社会经济得到恢复，炼铁工业有了进一步的发展，产量也大增。据《新唐书》记载，宪宗元和时期，政府炼铁的年产量是二百零七万斤，而民间实际产量恐不止此数。在全国也出现了一些产量较高的冶铁地区。如徐州的利国监，共有三十六个冶铁工场，每场各有一百多工人，规模可见。随着产量的增加和技术的提高，铁制的生产工具、生活用具以及兵器而外，又出现了大型铸件的宗教艺术品。如现存在西安雁塔里的大铁钟，是唐代的作品。世界上著名的沧州大铁狮子，是五代时的作品。太原晋祠铁人是宋代作品。（参见图版二十、二十一）

宋代铁的产量较唐代更高。宋英宗治平年间（1064—1067）每年政府铁的产量为八百二十四万一千斤，比唐代最高年产量差不多增长了四倍。宋代冶铁已普遍用煤作燃料，苏轼曾作“石炭行”描述了当时徐州开采煤矿用来冶铁的情形。

到了明代冶铁事业和冶铁技术有了更大的发展，河北遵化是明代的大炼铁场，规模已相当大。《明会要·遵化铁冶事例》记载：“正德四年开大鉴（一作竖）炉十座，共炼生铁四十八万六千斤，六年开大鉴炉五座，炼生铁如前。嘉靖八年以后，每年开大鉴炉三座，炼生板铁十八万零八百斤，生碎铁六万四千斤。”明代的封建经济出现了资本主义萌芽，炼铁业的发展是可以想见的。清代由于全国统一，封建社会经济出现过比明代更繁荣的时期，例如广东佛山镇的冶铁工业已完全发展到手工业工场生产的阶段，生产的铁锅大量出口到海外如南洋一带，负有盛名。

由隋唐至清，冶铁事业这样迅速发展，冶铁技术也必然有着不断的改进和提高，铁器的质量逐渐接近近代手工业生产水平，这自然是勤劳的古代劳动人民世世代代在生产实践中不断创造出来的。

## 一、炼铁遗址和炼铁技术

隋唐以来的冶铁遗址陆续被发现，这为研究封建社会后期的冶铁历史，提供了重要的参考资料。宋代的冶铁遗址，近年来被发现的有三处：一是河北武安，现还存有宋代冶铁炉的残迹，虽已破坏，但还能看出炉身相当高大，上下略有斜度，在这样高大的炉身内，如果填满燃料，大力鼓风，温度能提得相当高①。二是河北沙河，沙河遗址在邢台市附近綦阳村，冶铁遗址的面积很大，发现不少残余的炼渣和铁块。在綦阳村南观音寺的后面土中埋着半截石碑，碑上刻着“顺德等处铁冶提举司，大德二年九月日立石”等字，大德是元成宗的年号。在村北玄帝庙东有大宋重修冶神庙记石碑，石碑建于宣和四年八月，上有刻铭说：“其地多隆岗秃坑，冶之利自昔有之，綦村者即其所也。皇祐五年始置官吏……”皇祐（宋仁宗年号）五年是1053年。从上述两块石碑可知这是宋元时代的冶铁遗址；

① 孟浩、陈慧：“河北武安午汲古城发掘记”，《考古通讯》，1957年第4期。

在綦阳村以及附近的綦村、后坡、赵岗等村，到处都有残破的矿石、铁渣和冶铁炉的遗迹。在綦阳村口西边一条沟叫铁沟，是冶铁炉遗迹集中之处，从地面上看得出的冶铁炉遗迹有十七八个，其中四个还剩有五分之一部分，残存的铁块有两大堆，计十七八块，每块约有几吨重①。三是福建同安的宋代冶铁遗址，发现有铁渣堆积，铁渣堆中也有大量铁砂，还有炼铁炉残片、耐火砖残块。（从残断处可见到当时的耐火材料系用高岭土、黄泥及谷料等掺和制成。）据调查，同安城内类似的铁渣堆积尚有数处，考古工作者从铁渣堆积物中杂有宋、明两代的瓷片来判断，初步认为这是宋、明两代炼铁场的堆积物。②

当然，从这些遗址中，还看不到宋元以来炼铁炉的全貌。我们可以再从古籍上的记载来说明一下：铁炉可分作两大类，一类是炼铁用的，即炼铁炉，还有一类是熔铁用的即化铁炉，这里我们在一起讨论，从记载中可以看出它们的用处。宋代有一种可以移动的炼炉叫作行炉，北宋《武经总要》（前集）（编于1044年）说："行炉熔铁汁舁行于城上，以泼敌人。"

元至顺元年陈椿绘成的"熬波图"中第三十七图（铸造铁拌图）就有宋元以来土高炉的图形，后有说明："镕铸拌（即盘），各随所铸大小，用工铸造，以旧破锅镬铁为上。先筑炉，用瓶砂、白墡、炭屑、小麦穗和泥，实筑为炉。""熬波

① 任志远："沙河县的古代冶铁遗址"，《文物参考资料》，1957年6月。

② 陈仲光："福建同安发现古代炼铁遗址"，《文物》，1959年2月。

图”上所绘高炉形状与王祯的《农书》上“卧轮式水排图”上的土高炉比较一下，则见形制大体相同。（参见图版二十九）

明清以后，高炉形制又有不同，明遵化铁厂的大鉴炉是当时一种较大的土高炉，《涌幢小品》卷四上有记载：

“京东北遵化境有铁炉，深一丈二尺，广前二尺五寸，后二尺七寸，左右各一尺六寸，前辟数丈为出土之所。俱石砌，以筒千石为门，牛头石为心。黑沙为本，石子为佐，时时旋下。用炭火，置二辅扇之，得铁日可四次”。

《天工开物》“五金”说：“凡铁炉用盐做造，和泥砌成，其炉多傍山穴为之，或用巨木匡围。塑造盐泥，穷月之力，不容造次，盐泥有罅，尽弃全功”。

《天工开物》上还记载有另一种形式的炼炉，是专门用来铸千斤以下的钟的，并绘有图形：“炉形如箕，铁条作骨，附泥作就。其下先以铁片圈筒，直透做两孔以受杠”。这种炉形和北宋的行炉相似。

清代的冶铁炉，大体上和明代相仿。《广东新语》上记述广东冶铁炉的情况说：“炉之状如瓶，其口上出，口广丈许，底厚（？）三丈五尺，崇半之，身厚二尺有奇。以灰、沙、盐、醋筑之，巨藤束之，铁力紫荆木支之，又凭出崖以为固。炉后有口，口外为一土墙，墙有门二扇，高五六尺，广四尺，以四人持门，一阖一开，以作风势。其二口皆镶水石，水石产东安大绛山，其质不坚，不坚故不受火，不受火则能久而不化，故名水石”。从所记的形状与尺寸，不难看出，这是一个直桶形的高炉，上口的直径为一丈左右，下底的直径一丈多一些（因为底三丈五尺，指的是圆周，按“径一周三”的粗略推算，为一丈一尺多一些）。高一丈七尺左右，内径六尺多，这样一个尺寸比例和现行的土高炉比较接近。

道光初年，严如煜《三省边防备览》记述陕西汉中一带的冶铁炉说：“铁炉高一丈七八尺，四面椽木作栅。方形，坚筑土泥，中空，上有洞放烟，下层放炭，中安矿石。矿石几百斤用炭若干斤，皆有分两，不可增减。旁用风箱，十余人轮流曳之，日夜不断，火炉底有炉渣分出，矿之化为铁者，流出成铁板。每炉匠人一名辨火候，别铁色成分，通计匠佣工每十数人可给一炉。”比较一下，可见清代陕西的炼铁炉和广东的大致相同，只是鼓风设备不一样。

清代这种炼铁炉经过改进，现在在有些铸冶作坊中还在使用。历史悠久的无锡王源吉冶铸厂从清道光十七年起，一百多年来一直使用的苏炉，出炉铁水温度可达1500℃，能浇成薄壁铁锅、铁炉等。凌业勤先生认为中国式的熔炉无论是炼铁用的、化铁用的，或者炼铁、化铁两用的，都有以下的特点：

（1）炉型概括起来大致可分两类，一是直筒的高炉形，如广东所用，一种是曲线形炉膛。炉子耐用性好，可以连续用133小时，熔化效果好，同今天国内外提倡者一致。

（2）炉子各部分配备，使操作为半连续性，出铁后用泥堵塞出铁口，鼓风再炼。这就比欧洲早期的炉子（十七世纪前），要等炉冷后才把铁取出来的操作方法更为合理。

（3）炉衬材料多半都用耐火黏土、炭屑、盐、稻芒（或麦秸），属于中性炉衬。这可能同我国用泥制陶、制范（型）对黏土性能非常熟悉有关。

（4）中国古代熔炉的最大缺点是容量一般较小，熔炼效率不高（中型炉每班产2吨左右），燃料耗用量大（炭比1：1—1：3）。

（5）炉膛直径与高度的关系，风口斜度与风压，风量的大小，也有它的独特之点[①]。

在燃料的使用方面，比起封建社会前期，有突出的进步，这便是至迟在明代我国人民已经懂得炼焦了，《物理小识》（卷七）关于煤炭石墨的记载说："……煤则各处产之，臭者烧熔而闭之成石，再凿而入炉曰礁，可五日不灭火，煎矿煮石，殊为省力。……"从这里可见，当时不但懂得炼焦，而且用焦炭进行冶炼了。

在鼓风器方面，值得注意的是，王祯《农书》中的"水排图"上已经绘有简单的木风箱，是利用箱盖板的开闭来鼓风的；在"熬波图"上也绘有简单的长方木风箱，同样是利用箱盖板的开闭来鼓风，但是后者的木扇要长得多。在这两种木风

① 凌业勤："我国古代铸造技术"，《机械工业》，1962年第1期。

箱以前，北宋的《武经总要》“行炉图”上也有侧面做梯形的木风箱。所以至迟在北宋就已经发明这种用盖板开闭来鼓风的简单木风箱了。

比这种盖板开闭式的风箱更进一步的是后来手工业者所用的活塞式木风箱。在《天工开物》上已经绘有这样的风箱，称作手风箱。这种风箱结构巧妙，它是利用活塞和活门的装置来推动和压缩空气以鼓风的。

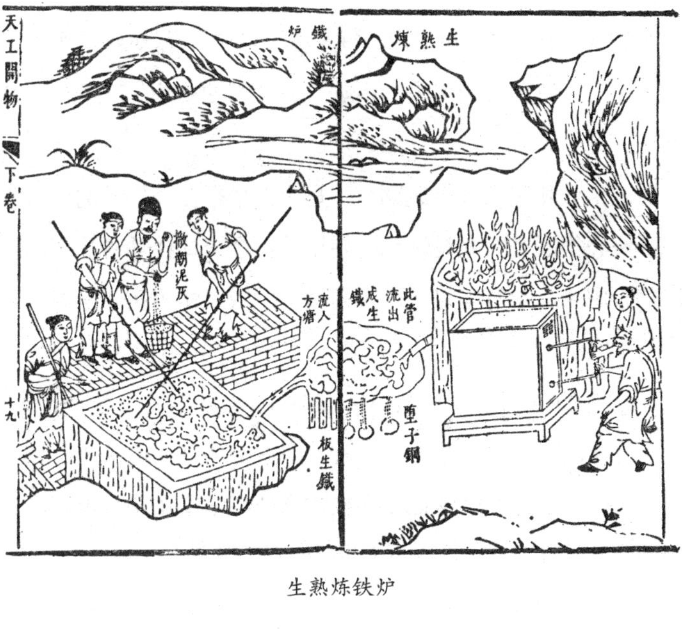


生熟炼铁炉

在炼铁技术方面记载得最清楚的是《天工开物》：“若造熟铁，则生铁流出时，相连数尺内低下数寸，筑一方塘，短墙抵之，其铁流入塘内，数人执柳木棍排立墙上，先以污潮泥晒干，舂筛细罗如面，一人疾手撒滟，众人柳棍疾搅，即时炒成熟铁。其柳棍每炒一次，烧折二三寸，再用则又更之。炒过稍冷之时，或有就塘内斩划成方块者，或有提出挥椎打圆后货者。若浏阳诸冶，不知出此也。”参见上图。

关于这一技术记载，李恒德先生曾做了说明，“宋应星所述的炼铁方法，有几个特色是不容忽视的：第一，是炼铁炉和炒铁炉的串联使用，从炼铁炉流出的铁水，直接流进炒铁炉里炒成熟铁，减少了一步再熔化的过程。第二，是炼铁的半连续性。第三个特色是历史上为中国人所独创独有的一套钢铁生产系统。这个系统从铁矿开始，炼成生铁，再由生铁炼成熟铁，然后由生铁和熟铁合炼成钢，正是今日推行在全世界的钢铁生产系统。第四个特色是熔剂的使用，一个人站在炒铁炉旁向生铁上撒泥灰，另有些人在用木棍搅，泥灰的作用在此是熔剂，木棍的作用除搅以外还可帮助氧化”①。其中提到的一些特色，有的在中国冶铁历史上早就出现了。

黄展岳、王代之二同志曾对云南的土法炼铁技术作了详细的调查，认为当地炼铁设备和技术过程与早期川陕一带有部分相同之处，但是有自己的特点。关于冶炼技术过程有：①矿砂炒生铁，②由生铁炒毛铁，③由毛铁打成熟铁三个阶段，

---

① 李恒德：“中国历史上的钢铁冶金技术”，《自然科学》第1卷第7期，1951年12月。

与《天工开物》上载的串联操作过程有所不同[①]。

## 二、炼钢技术的发展

炼钢技术的不断发展，在封建社会后期中也是非常突出的。如上章所述，早期使用的钢，是劳动人民在千百次锤打熟铁块的繁重劳动过程中制成的。将熟铁块放在炉中，加热到1000℃左右，使碳分渗进表面，经过多次锤炼后，大部分杂质去掉，一部分碳均匀地渗到铁质中去，才成为钢。这种炼钢方法是很原始的，然直到宋元还在部分地沿袭着。沈括在《梦溪笔谈》里说：“予出使至磁州，锻坊观炼铁，方识真钢。凡铁之有钢者，如面中有筋，濯尽柔面，则面筋乃见。炼钢亦然，但取精铁锻之百余火，每锻称之，一锻一轻，至累锻而斤两不减，则纯钢也。虽百炼不耗矣，此乃铁之精纯者，其色清明，磨莹之，则黯黯然青且黑，与常铁迥异。”

南北朝时发明的灌钢技术，宋、元以来不断发展，成为主要的炼钢法。《梦溪笔谈》云：“世间锻铁所谓钢铁者，用柔铁屈盘之，乃以生铁陷其间，封泥炼之，锻令相入，谓之团钢，亦谓之灌钢。”在炼钢炉中把熟铁条屈曲地盘绕着把生铁块嵌在盘绕着的熟铁条之间，用泥把炉密封起来烧炼，待炼成后再加锻打，这样“灌钢”就炼成了。利用生铁的含碳量高和

---

① 黄展岳、王代之：“云南土法炼铁的调查”，《考古》，1962年第7期。

熔点低可以在温度较低的时候先熔化，让生铁的铁液灌入四周盘绕的熟铁中，和留存在熟铁内的氧化渣紧密地发生氧化还原作用，使熟铁中的渣滓除去所含的碳达到适当的分量，转变成为品质较纯的钢铁。

明代，这种灌钢的冶炼方法基本上一样，但操作略有不同。《天工开物》云："凡钢铁炼法，用熟铁打成薄片如指头阔，长寸半许，以铁片束包尖（夹）紧，生铁安置其上（原注：广南生铁名堕子钢者，妙甚），又用破草履盖其上（原注：粘带泥土者故不速化），泥涂其底下。烘炉鼓鞴，火力到时，生钢（铁）先化，渗淋熟铁之中，两情投合，取出加锤。再炼再锤，不一而足。俗名团钢，亦曰灌钢者是也"。这一过程是先把熟铁打成薄片像指头阔，长一寸多，把若干熟铁薄片夹紧捆住，放在炼炉中，用一块生铁放在上面，再把破草鞋鞋底涂了泥盖在上面，随后就鼓风，等到温度高达一定程度，生铁便熔化成铁液渗淋到下面的熟铁中。等到渗淋完毕，就取出锻打，反复锻炼几次。这样的操作过程是和宋代又略有不同的。

明代锻制工具和兵器的锋刃时，采用了"生铁淋口"的方法：使锋刃成为钢铁，这种技术方法的原理是和灌钢相同的。《天工开物》上载："凡治地生物，用锄镈之属，熟铁炼成，熔化生铁淋口，入水淬健，即成钢筋。每锹锄重一斤者，淋生铁三钱为率，少者不坚，多则过刚而折。"很明显，这就是利用熔化的生铁，作为熟铁的渗碳剂，使这种熟铁的刀口炼成钢铁。这一创造性的技术成就，现在还应用在一些小农具的生产上面。

生铁淋口的方法再进一步，就产生了苏钢的冶炼方法。这种方法相传是苏州炼钢工人首先发明的，至今还在有些地方沿袭采用。化学史的研究方法之一是实地进行调查研究，根据现代的生产状况考察它们的源流。周志宏先生于1938年在重庆附近的一个炼钢厂内，对这种“苏钢”冶炼法，做了一次深入的调查研究①。这里的炼钢炉称为抹钢炉，高约0.7米；炉前部炼钢部分用沙石砌成，并衬以砂泥；炼钢炉的结构形似陶瓿，上部有沙泥捏成的盖板；炉底作狭长方形，由四根熟铁条平列构成，中间露出三孔，使空气和渣滓上下可以畅通。鼓风设备是平列的两个风箱，系用沙石砌成，截面呈三角形。炼钢时，先把未经锻打的熟铁两条放入炉内红炽的木炭中，加盖鼓风。二分钟后，即去炉盖，用火钳钳住一块长方形的生铁板斜搁于炉口内，继续用力鼓风，这时温度升高，达1000℃左右。三分钟后，斜搁在炉口内的那块生铁板的一端开始熔化，从炉口喷出的火焰中夹有生铁板的火花，温度约为1300℃。这时炼钢工人便用左手握大钳夹住生铁板左右移动，使熔化下滴的铁液均匀地滴在熟铁上，发生强烈的氧化作用，同时用右手执钢钩，不

① 周志宏：“中国早期钢铁冶炼技术上创造性的成就”，《科学通报》，1955年2月。

断翻动熟铁，使熟铁各部分能均匀地尽量吸收铁液。六分钟后，一块生铁板熔化淋完，接着就用第二块生铁板斜搁在炉口内。四分钟后就进行第二次淋铁，到生铁板淋完为止。到这时淋铁工作完毕，把淋过生铁的熟铁夹到凳上锻打，除去熔渣，使成为钢坯，俗称钢团。接着便把钢团放到炼铁炉内加热，锻打成钢条，在钢条尚呈红色时投入冷水中淬冷。这样炼成的钢，内外部成分相差很微，含渣很少，磷、硫也有显著降低，除了锰、矽成分低外，其他成分完全合乎碳素工具钢的成分。在半流体状态冶炼过程中，能得到这样的钢，是很杰出的。

周志宏先生对苏钢冶炼方法做了分析说："据作者的实地考察和取样检验的结果，可以肯定地说，这种炼钢方法是和世界工业先进国家早期的炼钢方法不同。它们过去所有熟铁渗碳钢的方法，我们都有；可是上面所说的炼钢方法，在国外还没有类似的发现，显然是一种创造性的发明。必须指出，这种方法设备很简陋，材料单纯，原料消耗很大，但整个的操作过程却能适合现代的冶金原理。不用坩埚而创造出一种淋铁氧化的方法使渣铁分开，成为比较纯的工具钢，这是中国古代先进炼钢工作者的智慧结晶。他们利用生铁的高碳和低熔点，可以在低温时熔化，成滴地滴入料铁，同时也由于料铁疏松，易于吸收铁液，并使其分散成为无数小珠流入料铁内各个蜂窝中，与存留在其中的氧化渣紧密地发生作用，并迅速地除去杂质，减低碳分，这时渣、铁分开，渣浮于表面，逐渐流出体外，而铁液中碳分降低到相当程度，即不再流动，而留于海绵体内，直至全部空隙填满，渣子流去，一个不含渣的钢团就被冶炼成功了。这种利用料铁的结构来分散渣和铁液至极细小的个体，以达到增加接触面和氧化速度的方法，与近代白林快速炼钢法在原则上是没有什么区别的。依据对成品的检查，缺点是有的，如硬度上有点参差，钢团的表面还有空隙，个别部分尚有炉渣存在。但在半液体状态下，很难得到严格的控制，所以还是含渣少、成分均匀的产物。这里值得我们注意的是在成分方面，除锰、硅均低外，其他都与碳素工具钢的成分完全相似。至于磷、硫特低的原因，系由于原料的磷、硫已在炒料时去其一部分，在抹钢时又去其一部分，故含量特低。在低温时，在含多量氧化铁渣的作用下，这是可以做到的，但渣滓的去除，碳分的适合与均匀，完全依赖于液体铁珠的大小和降落的频数的控制以及温度的调节。在这方面熟练工人的操作也是值得称道的。他们凭自己丰富的经验来看炉内火色，利用鼓风急缓来调节温度和作用的快慢，在当时没有新式科学的测温设备，单凭经验来控制，不能不说是一种杰作。从产品所显示的细小颗粒及均匀的淬硬断面，与近代工具钢几乎完全相似，所以中国早期钢铁冶炼的技术是符合科学原理的。”[①]从周先生的分析可以看出，这种苏钢方法是在灌钢基础上发展起来的卓越成就。

---

① 周志宏：“中国早期钢铁冶炼技术上创造性的成就”，《科学通报》，1955年2月。

## 三、金属加工工艺

金属加工工艺和钢铁冶炼技术有着密切的关系，唐、宋以来对钢铁的加工工艺（包括一些有色金属合金的加工），有着重大的创造和改进。

首先是在铸造工艺方面，在奴隶社会时期早已达到的冶铸青铜的技术基础上，又有了重大的改进和发展。在封建社会的后期出现了许许多多的精美大型铸件，一直保留到今天。这些是古代冶铸家杰出的代表作。如前面已提到的沧州大铁狮子、太原晋祠的大铁人等。明、清以后保留下来的大铁铸件就更多了。

概括起来说，中国传统的铸造技术可以分为泥型铸造（陶范）、失蜡铸造和金属型铸造三大方面。这些工艺方法在前面两章已讨论到，而在封建社会后期以来，又有了很大发展，而且出现了详细的文字记载。

关于泥型铸造，《天工开物》的记载可称为总结大成，如卷八“铸釜法”说：“其模内外分为两层，先塑其内，俟久日干燥，合釜形分寸于上，然后塑外层盖模。此塑匠最精，差之毫厘则无用。模既成就干燥……然后……［以］约一釜之料（即铁水）倾注模底孔内。不俟冷定，即揭开盖模，视罅绽未周之处。此时釜身尚通红未黑，有不到之处，即浇少许于上补完，打湿草片按平，若无痕迹。”当时用此法铸成的铁锅，最大的可煮米二石，可见所用的泥型是很大的。明代的这种铸锅法至今仍延续使用并有所改进。而且发展到用来铸造重达几十吨的钢件和铁件，应用十分广泛。

关于失蜡铸造，在奴隶社会冶铸青铜一节中我们已经讨论到，认为这种技术在当时便已使用，而在封建社会后期又有了具体的技术操作的文献记载。宋赵希鹄的《洞天清禄集》和明宋应星的《天工开物》都有说明，道家的书籍《道藏》中，在记载做丹鼎的方法上面，也有用黄蜡做模的资料。如洞神部中《修炼大丹要旨》卷下谈铸丹鼎时便说："先做黄蜡鼎模，完备候干，取出在内黄蜡，空其模子，等候。临期铸，要烧热模子，汁下则匀。"由于在古代，这种失蜡铸法是用来熔铸青铜器的，我们在这里就不仔细讨论了。

关于金属型铸造方面，在前一章我们也专门讨论了兴隆出土的战国铁工具范的有关问题。在清道光二十年（1840）龚振麟的《铁模铸炮图说》里，关于金属型铸造的工艺过程出现了非常详细的记载和论述，说明这一技术又有了新的显著发展。可以认为是长时期来金属型铸造的工艺总结，对铁模的优点详细地加以阐述，并巧妙地采用了分层涂料的方法，即第一层用草灰和细泥涂刷，第二层用上等窑烟。这种办法现在用于大型铸件的金属型铸造，仍然是很好的。

在钢铁加工方面，我们还有一些独到的成就。《天工开物》有锤锻一篇，专讲钢铁热处理及斤斧、锄镈、锉、锥、锯、刨、凿、锚、针等锤锻加工的方法，锚和针的锤锻还专门附有图。举锚和针二条为例：“锚，凡舟行遇风难泊，则全身系命于锚，战舡海舡有重千钧者。锤法，先成四爪，以次逐节接身。其三百斤以内者，用径尺阔砧安顿炉旁，当其两端皆红，掀去炉炭，铁包木棍夹持上砧。若千斤内外者，则架木为棚，多人立其上，共持铁练，两接锚身，其末皆带巨铁圈，练套提起、捩转，咸力锤合。……盖炉锤之中此物其最巨者。”我们从《天工开物》卷中“锤锚图”上看到的正是锤锻千斤锚的情形。文中说明也很明晰，这可以作为巨大器物的锤锻及锻接工艺的例子。我国航海交通，早已相当发达，如明初三保太监下西洋所乘之大船长有三十几丈，其铁锚之巨，可想而知。清人阮葵生的笔记《茶余客话》卷二十二有“三保太监铁锚”一则：“《七修类稿》载：‘淮安清江浦厂中草园地上，有铁锚数个，高八九尺，小亦三四尺，不知何年物，相传永乐间，三保太监下海所造。雨淋日炙，无点发之锈，望之如银铸光泽。’予壬申（1752）在张湾城角，也见数具，长皆丈余。”《七修类稿》为明代郎瑛所作，所见铁锚相传为三保太监时故物，于事实不会相去太远，阮葵生尚见有数具，可知自明至清一直流传下来。从这里我们可以看到两点：（1）我国人民在钢铁加工技术方面，大至千钧铁锚也能锻接得很好。（2）制锚所用的钢铁，质量是优良的，所以能历二三百年的时间而没有腐蚀。

《天工开物》关于造针法的记载：“凡针先锤铁为细条，用铁尺一根，锥成线眼，抽过铁条成线，逐寸剪断成针。先锉其末成颖，用小锤敲扁其本，钢锥穿鼻，复锉其外。然后入釜，慢火炒熬，炒后，以土末入松木、火矢、豆豉三物掩盖。下用火蒸，留针二三口插于其外，以试火候，其外针入手捻成粉碎，则其下针火候皆足。然后开封，入水健之。凡引线成衣与刺绣者，其质皆刚；惟马尾刺工为冠者则用柳条软针。分别之妙，在于水火健法云。”由此可见，当时造针过程，冷拉之外，还包括两种热处理步骤：一是用松木、火矢、豆豉作渗碳剂的表面增碳热处理，一是淬火。反映了明代末年在金属热处理方面的独到成就。

## 第二节　胆铜法、金属锌及有色合金的冶炼

封建社会后期，我国人民对于铜合金的冶炼和使用，有着新的成就。在早期，铜广泛用来制作生产工具和生活用具；铁器大量使用以后，用作生产工具的铜就几乎全为铁所代替，但是铜合金仍是制作各种生活用具的最主要原料之一。封建社会经济的不断发展和人民生活的需要，必然促进铜及其合金冶炼技术的进步。隋、唐以来，有三项最突出的成就，即胆水浸铜法，黄铜的使用和金属锌的冶炼，以及含镍白铜的冶炼。

现对以上三项成就分别进行讨论。

## 一、胆水浸铜法

所谓胆水浸铜法，就是把铁放在胆矾的溶液中，使胆矾中的铜离子被金属铁取代而成为单质铜沉淀下来的一种产铜方法。这种浸铜法以我国为最早，是水法冶金技术的起源，在世界化学史上是一项重大的发明。

胆水浸铜法应用于生产上，起于宋初；但是对这一化学现象的认识和记载，则远在西汉的《淮南万毕术》中即已出现；之后，《神农本草经》《抱朴子》《本草经集注》等书中也都有一系列的记述（见本书第三章第五节第二小节中）。此外，五代轩辕述《宝藏论》称胆铜为铁铜，列为十种铜之一（据《本草纲目》引），元代人托名苏轼的《格物粗谈》也有记载。可见我国人民对此现象认识极为深刻。

这一化学过程，作为一种提取铜的方法，自宋初以来，即开始应用于生产上。这是因为它具备了很多的特点：第一是可以就地取材，普遍推广。在胆水多的地方就可以设置铜场，设备比较简单，操作技术容易，成本低，只要把生铁薄片或碎块放置胆水槽中，浸渍数日，就可以得到金属铜的粉末。第二是胆水浸铜法可以在常温下提取铜，不必像火法炼铜那样要掌握1000℃以上的高温，因此节省了大量燃料和鼓风、熔炼设备。第三是胆水浸铜法可以施用于含铜较少的贫矿，而这种贫矿如用火法冶炼，会遇到很大困难。除此以外，还可以得到许多副产品，像硫酸亚铁以及其他的重金属等。这些优点，古代人民虽未必已经有意识地认识到而加以利用，但至少由于长时期的实践经验积累，对于胆水浸铜法在生产上的重要性已经重视到了，因而逐渐进一步把这项科学知识应用到生产中来。

宋代，用这种胆水浸铜法来生产铜的地方很多，据《宋会要·食货篇》上记载，北宋徽宗时候，负责江南炼铜事情的官员游经曾统计当时胆水浸铜的地区共有十一处，即韶州岑水、潭州浏阳、信州铅山、饶州德兴、建州蔡池、婺州铜山、汀州赤水、邵武军黄齐、潭州矾山、温州南溪、池州铜山。《文献通考·征榷考》谈到宁宗嘉定十四年（1221）“产铜之地，莫盛于东南，计有五十余处”，这当然是指全国说的，而且没有明确指出这些产铜之地是否都是胆水浸铜法。胆铜产地，据其他文献所载，也还有不在游经所举十一处之内的。所以总的看来，宋代胆水浸铜的地区确是不少，不过规模最大的是信州铅山、饶州德兴和韶州岑水三处。根据文献所载，将这三处的生产胆铜情况，列举如下：信州铅山铜场在江西境内，开设于哲宗绍圣三年（1096），岁额为三十八万斤（据王象之《舆地纪胜》引《建炎以来系年要录》）。《文献通考》载：“信之铅山与处之铜廊，皆是胆水，春夏如汤，以铁投之，铜色立变。”沈括《梦溪笔谈》：“信州铅山县有苦泉，流以为涧，挹其水熬之，则成胆矾，烹胆矾则成铜，熬胆矾铁釜久之也化为铜，水能为铜，物之变化固不可测。”信州胆铜场生产铜又有两种方式，《宋史·食货志》说："信州古坑二，一为胆水浸铜，工少利多，其水有限。一为胆土煎铜，土无穷而为利寡，计置之初，宜增本损息。浸铜斤以铁五十为本，煎铜以八十。"这两种方式的优缺点，有了很清楚的比较。

饶州兴利铜场也在江西境内，开设于哲宗元祐年间，比信州场早些，岁额五万余斤，铜场有胆泉三十二处。

韶州岑水铜场在广东境内，建场早，产额最大，据《读史方舆纪要》载政和六年产量约百万斤，徽宗时一度有亏损，但十年后大有好转。

这种浸铜法，在技术操作及浸铜时间上各有不同，危素在《浸铜要略序》中对饶州兴利场的浸铜时间作了说明："……其泉三十有二，五日一举洗者一，七日一举洗者十有四，十日一举洗者十有七。"（见《危太仆文集》）浸铜一次所需时间不同也是合乎实际情况的，因为欲浸得一定数量的铜，则胆水愈浓时，铜离子愈多，所需时间就愈短。反之胆水稀时，需时间就长。

当浸铜以后，沉积出来的铜如何收取起来，在具体的技术操作上面又有两种方式。一种如《读史方舆纪要》上记的铅山场的方法："有沟槽七十七处各积水为池，随地形高下深浅，用木板闸之，以茅席铺底，取生铁击碎，入沟排砌，引水通流浸染，候其色变，锻之则为铜，余水不可再用。"这是一个很方便的方法，胆水浸出的铜沉积在茅席上，将茅席举出，就可将铜粉收集起来了。另一种如《宋史·食货志》所说："浸铜之法，以生铁锻成薄铁片，排置胆水槽中，浸渍数日，铁片为胆水所薄，上生赤煤，取括铁煤，入炉三炼成铜。大率用铁二斤四两得铜一斤。"比较起来，这种刮取铁片的方法要费事得多。至于浸铜一斤，要用铁二斤四两，按照一克原子铁可置换出一克原子铜的反应方程式计算一下，可知所记用铁之量一定没有完全起作用。

关于浸铜法的专门著作，宋哲宗时张潜曾有《浸铜要略》一书，可惜这部书已经不传了。危素的《浸铜要略序》中还有一些迹象可寻，它是研究宋代浸铜法的重要材料。

宋初的社会经济有很大发展，产铜量较唐代为高，加以铸造钱币的需要，大大促进炼铜工业的发展。胆水浸铜法就是在这种情况下发展起来的。这是生产推动科学发展的又一例证。据李心传《建炎以来朝野杂记·东南诸路铸钱增损兴废本末》载："……及蔡京为政，大观中，岁收铜止六百六十余万斤，比祖额高四十余万斤，内旧场四百六十余万斤，胆铜一百余万斤……"从这里可以看出北宋末胆铜产量占铜产量总额的15%—25%。南宋时期由于偏安江南，产铜量大减，根据李心传统计，胆铜产量年仅二十一万二千六百斤，但是由于黄铜产量也减至年产二万九千八百六十斤，胆铜量约是黄铜量的七倍，即胆铜占全部铜产量85%以上，所以胆铜在南宋的铜生产中占着更大的比重。

宋仁宗景祐初年（1034），许申实验以铁化铜，很可能他是以药化铁，使铁掺在铜内成合金用来铸钱币。铁掺在铜内，可以大大节省铜，因此许申的实验曾经为统治者所重视。

南宋以后，由于宋王朝统治阶级的腐朽政治、军事失败和对胆铜工人的残酷剥削，随着全国社会经济的崩溃，一度盛兴的胆水浸铜的生产也衰落了。元以后虽然张潜的后代曾建议提取胆铜，但不再设场浸铜。《读史方舆纪要》中说："……试之其言不验，于是复废。"

明代也没有设置胆铜场的记载，但是在民间还一直保留着这种技术。宋应星《天工开物·燔石篇》上载："石胆，一名胆矾者，亦出晋隰等州，乃山石穴中自结成者，故绿色带宝光，烧铁器淬于胆矾水中，即成铜色也。"

## 二、黄铜及金属锌

我国使用黄铜合金有很长的历史。黄铜亦称鍮石，但鍮石不专指黄铜。在自然界就有带黄色兼具金属光泽的矿石，即黄铁矿（$FeS_2$）或黄铜矿（$CuFeS_2$），我国尝称为自然铜，西方尝称为呆子金。因此，以人造黄铜为鍮石，则黄铁矿或黄铜矿可称为"自然鍮"（按照宋程大昌《演繁露》的说法）；以天然产物为鍮石，则人造黄铜可称为"假鍮"（按照明曹昭《格古要论》的说法）。盖一名而兼二义，孰去孰从，当以所言之事物定之。在我国早期文献中，如晋王嘉《拾遗记》所说："石虎为四时浴台，以鍮石、珷玞为堤岸。"似以天然品解释为较胜，而梁宗懔《荆楚岁时记》所说："七月七日，是夕人家妇女或以金、银鍮石为针"，则又非人造品莫属。值得特别注意的是，《拾遗记》是四世纪时一部名著，鍮石一词见于文献者以此为较早。章鸿钊先生曾据以驳斥洛弗尔鍮石出于波斯文对音[①]之说，那是很有道理的，因为波斯通中国始于后魏太安元年（455），在它以前怎么会无缘无故地在我国出现一个波斯的译名呢？尤有进者，《太平御览》卷八十三引钟会《刍荛论》曰："夫莠生似禾，鍮石像金。"钟会（225—264）是三国时魏人，他和邓艾带兵与蜀交战是人们所熟悉的一个故事。由此看来，鍮石之名出现于我国文献，还当推前到三世纪。那就更难说与波斯文有什么关系了。总之，我国在黄铜冶炼上自有其本身传统的历史，这就是我们在本小节中所要阐述的。

到了唐代，在两晋、南北朝基础之上、鍮石发展成为冠服等级的标志。《唐书·舆服志》："上元元年（674）制定：六七品用银带，八九品用鍮石带，庶人用铜铁带"，可见它的价值次于银而贵于铜。《唐书·食货志》还载："玄宗时（712—755）天下炉九十九，每炉岁铸三千三百缗，黄铜二万一千二百斤。"在这里不但出现了黄铜之名，而且表达了

① 对音，通称"音译"。——编者注

产量之巨，尤其重要的是，它是从冶炼炉中生产出来的。

至于冶炼之法，在宋、元、明、清四代著作中有不断的记载。宋崔昉在他的《外丹本草》里就说："用铜一斤、炉甘石一斤，炼之即成鍮石一斤半。"元代人而托名苏轼所著的《格致粗谈》也说："赤铜入炉甘石炼为黄铜，其色如金。"明李时珍在《本草纲目》里说："炉甘石大小不一，状如羊脑，松如石脂，赤铜得之，即化为黄。今之黄铜皆此物点化也。"清初顾祖禹的《读史方舆纪要》又说："云南宁州产炉甘石，嘉靖中开局铸钱，取以入铜。"黄铜的冶炼可以肯定是以炉甘石和红铜为原料的。炉甘石即今之菱锌矿（$ZnCO_3$），王琎先生多年前从旧药店里购得炉甘石，用化学分析方法证明其主要成分正是这样[①]。这些记载共同说明我国冶炼黄铜的技术有其悠久的历史。

最为重要的是明末宋应星《天工开物》（1637）上的记载。他说："凡红铜升黄色为锤锻用者，用自风煤炭百斤灼于炉内，以泥瓦罐载铜十斤，继入炉甘石六斤，坐于炉内，自然熔化。后人因炉甘石烟洪飞损，改用倭铅。每红铜六斤，入倭铅四斤，先后入罐熔化，冷定取出，即成黄铜……凡铸器低（级）者，红铜倭铅均平分两，甚至铅六铜四。高（级）者名三火黄铜、四火熟铜，则铜七而铅三、［铜六而铅四］（此

① 《科学》第八卷第八期，1923年。

五字以意补）也”。在这里应该着重指明两点：（1）他首次提出了以金属的倭铅代替化合物的炉甘石，从而表示了这种金属事先早已炼成。（2）它总结了黄铜锻锤性能的高低和它的成分是有直接关系的。按照金相学的原理，作为机器零件用的黄铜，其成分范围为铜60%—90%，锌10%—40%。含锌量超过40%则性脆而不便加工，不宜使用。宋应星把回火熟铜划作黄铜高低的分界线，是科学的，是总结了劳动人民无数经验而记录下来的。

宋应星不但首先提出了黄铜的冶炼是可以用铜和倭铅两种金属直接熔融而取得的；他还首先把倭铅怎样从炉甘石炼得的技术也为我们留下一段出色的叙述。他在《天工开物·五金篇》里说：“凡倭铅古书本无之，乃近世所立名色，其质用炉甘石熬炼而成。繁产山西太行山一带，而荆、衡为次之。每炉甘石十斤，装载入一泥罐内，封果泥固，以渐砑干，勿使见火折裂。然后逐层用煤炭饼垫盛其底，铺薪发火，煅红；罐中炉甘石熔化成团。冷定，毁罐取出。每十耗去其二，即倭铅也。此物无铜收伏，入火即成烟飞去，以其似铅而性猛，故名曰倭铅云。”（参见下页图）方以智《物理小识（卷七）·铅》下肯定了这一叙述：“其曰倭铅非矿铅也，乃炉甘石泥罐火炼成者。”这只是金属锌冶炼技术的最早记录，至于实际上的应用成功当然还要比《天工开物》编写的年代早些。

升炼倭铅

我国生产金属锌究竟可以追溯到宋应星以前哪一时代，是国内外科学技术史工作者所关心的一个重要问题。要解答这个问题，首先应该从文献足征而实物有据的资料着手。明宣宗朱瞻基宣德三年（1426）铸造黄铜鼎彝以供郊坛、宗庙、内廷之用一事，提供了极为有利的条件。当时的当事人工部尚书吕震等著有《宣德鼎彝谱》一书[①]，其中有“工部物料清册内载：赤金六百四十两，作商（镶）嵌、泥金、流（鎏）金、渗金用；白银二千八百八十两，作商嵌、泥银、流银、渗银用；用暹罗国风磨铜三万一千六百八十斤，作铸鼎彝杂物用；用倭源白水铅一万三千六百斤，入洋铜用；用倭源黑水铅六千四百斤，造铅砖铺铸局地；并杂用日本红铜八百斤入洋铜，用贺兰花洋锡六百四十斤入洋铜用”[②]。从这段记载看来，制造宣炉的成分主要是铜、锌（倭源白水铅）、锡三者，而铅（倭源黑水铅）不与焉。这样大量（13600斤）锌的使用，可以想见当时民间生产的水平。王琎先生于1925年分析过家藏的两个宣炉，所得结果如下：

| 色别 | Cu/% | Zn/% | Sn/% | Pb/% | Fe/% |
|---|---|---|---|---|---|
| 深色的 | 52.7 | 20.4 | 4.4 | 2.3 | 12.1 |
| 浅色的 | 48.0 | 36.4 | 2.7 | 3.7 | 2.3 |

① 《丛书集成》本第1544册。

② 参看邵锐：《宣炉汇释》1928年自印本。

由于宣炉历来仿制品极多，王先生在选样上不能不受到当时社会条件的限制，这是一方面。在另一方面，宣炉是以光彩色泽著名，即使是一般所认为金黄色的样品，在组成上仍不失其一定的代表性，而作为宣炉本身成分的一种佐证。由此可以得出这样一个结论：宣炉的五光十色，跟宣德青花瓷一样，在化学美术工艺上具有重要的意义；而促进这项成就的条件之一则是大量金属锌的供应。对我们说来，我国在十五世纪二十年代，已经能生产金属锌，遂由宣炉的制造而成为无可否认的事实。

锌有两个别名，一个是“倭铅”，一个是“白铅”。“倭铅”之名大概是来自冶炼工人中间，以其金属性似铅而其来踪去迹又不易捉摸而得名，宋应星在《天工开物》中已作解释。“白铅”之名是为了区别“黑铅”（即金属铅）而定的，《宣德鼎彝谱》的著者是上层官僚阶级，由于他们实际知识的贫乏，竟把倭铅、白铅两个等同的名词拼合在一起而成为“倭源白水铅”这个奇怪名称，又把铅本身也加上倭源二字，意义含混，有点令人莫名其妙，读者不以辞害意可也。

欧洲是在十八世纪才开始提炼锌的，所以西方也不得不承认，“中国生产金属锌，早于欧洲近四百年。”[1]

我国金属锌之传入欧洲，是与西方殖民主义者侵略东方分不开的，尤其是东印度公司。金属锌作为一种货物是以“偷

---

① L. Aitchison，*A History of Metals*，1960，Vol. Ⅱ，p.326.

他乃古”（Tutenague）名义进行的，而这一名词的本义原来是含混不清的。直到二十世纪初年人们才获得较为明确的了解。1917年由别发洋行出版的一本《中国百科全书》（*Samual Couling*：*The Encyclopaedia Sinica*，p.374）说过：“近来在广东省发现一些锌块，上有对应1585年的中国岁历（按即明万历十三年乙酉），分析结果含有98％的锌。这可能就是十六和十七世纪时从东方输入欧洲所称为‘偷他乃古’的原物。”这一发现充分地证明了这些锌块的来源、年代和纯度。同时它又局部地澄清了金属锌的生产，在中国与印度之间，究应谁属的问题。

对此问题，洛弗尔在他的《中国伊兰卷》里（第514页）有这样一段话[①]：

> 东方用锌历史至今未详。殷喀尔斯氏尝言，世不知何人始识锌为金属一种，惟最初得之者当在东方。十六世纪锌从中国及东印度输入欧洲，名曰偷他乃古。……十八世纪欧洲之锌大部来自印度，培克孟氏当时（1792）曾言，不知印度于何处何时、用何方法得此金属，又于何年始输入欧洲，殊以为恨。彼又谓当发源于中国，于孟加拉，于麻六甲及玛拉把，由于此等地区亦曾出产铜与黄铜。……儒莲氏则称锌之为物，不见于古籍，殆于十七世纪之始仅

① 章鸿钊：“再述中国用锌之起源”，载《科学》第九卷第九期，1925.2。又见于《中国古代金属化学及金丹术》，中国科学图书仪器公司1955年版，第36页。

于中国知之者。反之，霍梅尔氏则云：炼锌术发源于印度，而中国人乃自此得之者。左袒印度起源论者当复大有其人。（此据章鸿钊先生译文而略易数字）

可见欧洲人一般只知道锌是从东方运去的，多是东印度公司经手的。至于详情则颇模糊，所以培克孟氏虽倾向于印度发源论，然早在十八世纪就已有底蕴莫知之感。倒是二十世纪的儒莲（一位法国汉学家）还清楚一些，他的话是以《天工开物》为依据的。主张来源于印度的依据不外乎它能生产很好的黄铜，但是能生产黄铜不等于就能生产金属锌。即使就黄铜的生产来谈，印度的化学史家雷依氏在他的《印度化学史》里也说过："黄铜引入印度北部看来是十分早的事情，大概是通过中国的商人介入的。……早期的成分不规则的样品大概是从存在于中国和锡金的铜矿和锌矿混合冶炼成的。"[①]在同书的题为"金属的冶炼及加工"一章里，只有铜、青铜和黄铜，并未提及锌的冶炼。在生产金属锌这个问题上，人们还没有找着印度方面的文献上和文物上的真凭实据。关于中、印之间，谁是炼锌的创始人，就谈到这里。

在1738年英国于布里士托（Bristol）开始锌的生产以后，我国的锌块仍然流行于欧洲。"1745年一批金属块从广州交付给瑞典，而货船竟沉没于哥德堡海港（在瑞典的西南岸）。约

---

① P.Ray，*History of Chemistry in Ancient and Medieval India*，1956，p.97.

在1872年这批金属块的一部分被捞回起来，并证实为98.99%纯度的锌”[①]。这一事件与上面所举的广东发现彼此可相互证明：来源地区相同，一也；年代各自十分肯定，二也；纯度相同而后期的略有提高，三也。有此三者，我们可以说，中国所生产的相当高纯度的锌块，流行于欧洲，从十六世纪中叶到十八世纪中叶二百年左右，是有凭有据的。

殷喀尔斯在他的《锌之生产及性质》[②]一书里，还曾说过："锌的工业生产开始于英伦（按指在欧洲说）；相传其法来自中国，有劳逊博士（Dr Issac Lawson）者特为前往中国考求后才带回的。"[③]虽云传说，若结合前面所举那些史迹来考虑，恐怕还是有一定来历的。

以上所说，是我们对冶炼黄铜和金属锌在我国的历史及其与外国的关系所作的一个简括性的阐述。关于我国用锌起源的问题，学术界早在三四十年前就曾展开过一次热烈的争论。先是章鸿钊先生征引好些古代文献，写成《中国用锌之起源》一文，用以证明我国用锌之起始年代，可推溯至汉，并说它是"独立发明的而不是从他国传来的"。随后，王琎先生就分析历代货币的结果写成《五铢钱之化学成分与古代应用铅锌锡镴考》一文，提出了我国用锌的历史分为四个阶段的看法。这

---

① L.Aitchison，*A History of Metals*，Vol.Ⅱ，p.468.

② W.R.Ingalls，*Production and Properties of Zinc*，1902.

③ 此据洛弗尔的引文翻译。

四个阶段是："第一期，锌夹于铅中，用而不知其为锌。此时期起于汉末，终于隋唐。第二期，以炉甘石制鍮石，以为装饰品。锌之分量增加，然仍不知其为锌，此为唐时期。第三期，将炉甘石或鍮石加入钱内，钱内锌量骤增，然仍不能制锌，自宋至明初皆为此时期。第四期，用炉甘石制成纯锌或黄铜，再用纯锌制钱，此时期起自明中叶以至于清末焉。"

章先生后来也托王琴希先生分析了莽钱，并据以写成《再论中国用锌之起源》一文。在争论过程中，曾远荣先生别立新说，他根据宋晁公武《郡斋读书志》有五代轩辕述《宝藏畅微论》三卷，而《宝藏论》中又有"倭铅可勾金"一语，遂认为我国至迟在五代时已开始用锌。[①]

这些讨论，无疑的在发扬我国固有文化方面起了一定的积极作用。结论虽未取得一致，但是值得提出的是，王、章二先生不仅在征文考献方面下了相当大的功夫，而且他们应用了研究古代化学史的正确方法，即重视对实物进行化学分析的工作。这种工作在旧中国当然会遇到许多困难和限制。而在今天，十多年的考古发掘收获，为我们提供了大量确凿可据的实物资料。这些实物中不但有属于宋、元时代的，还有属于汉、唐时代的；不但有大量的钱币，而且有各种类型的器具。这就为我们今天的分析工作开辟了更为广阔的领域。如果我们继续

---

① 以上文章散见《科学》第五、八、九诸卷，1955年由中国科学图书仪器公司汇集在《中国古代金属化学及金丹术》一书中。

对这些年代可靠的文物进行分析工作，同时更全面地、更严密地对古代文献进行考证，那么，搞清楚我国用锌的全部历史是必然能够做到的。

## 三、镍铜合金的白铜

含镍白铜的出现和使用，是我国劳动人民在金属冶炼技术上又一出色的贡献。它开始于哪一朝代，现在还没有得到一致的结论，但是，它具有一段比我们所知道的还要更远久的历史，那大概是没有错的。

据目前所知，有关这种白铜的确切记载，历宋、元、明三朝未尝绝书过。南、北宋之间何莲所著的《春渚纪闻》说："薛驼，兰陵人，尝受异人煅砒粉法，是名丹阳（此下疑脱一法字）者。余尝从惟湛师访之，因请其药。取药帖抄二钱匕相语曰：'此我一月养道食料也，此可化铜二两为烂（作灿烂之烂解，不作腐烂之烂解）银。若就市货之，煅工皆知我银，可再入铜二钱，比常值每两必加二百付我也。'其药正白而加光璨，取枣肉为圆，俟熔铜汁成，即投药甘锅中，须臾，铜汁恶类如铁屎者胶着锅面，以消搅之，倾槽中，真是烂银，虽经百火柔软不变也。此余所躬试而不诬者。"元朝人所辑而托名苏轼所著的《格物粗谈》说："赤铜入炉甘石炼为黄铜，其色如金；砒石炼为白铜，杂锡炼为响铜。"到了明代，李时珍在《本草纲目》里说："白铜出云南，赤铜以砒石炼为白铜”，宋应星在《天工开物》里先说“铜以砒霜等药制炼为白铜”，后又说：“凡红铜升黄而后镕化造器，用砒升者为白铜器，工费倍难，侈者事之。”

总起来说，这些从十二世纪至十七世纪历时五百多年的几种名著，却具有一个共同的内容，那就是这种白铜是铜与砒石在一起冶炼出来的。另一方面，它们之间又不是仅仅抄袭陈言，而是各有所补充的。可以指明的有以下四点：（1）这种所称为砒、砒石或砒霜的药色正白而有光亮；（2）用这种药化红铜为白铜，好像用炉甘石化红铜为黄铜一样；（3）点化白铜比点化黄铜要困难些，因此成本要高些；（4）白铜产地在云南。对于这四点的认识有助于对整个问题的了解。还应当回顾一下“煅工皆知我银”那句话的意义，它意味着当时宋代的金属工匠对这种“烂银”已相当熟习，所感觉困难的不过是白色点药难得而已。

究竟这种白色点药是一种什么物质？按照上述文献记载。它必然与白砒有一定的关系。这只是一方面，另一方面，人们根据近代化学知识，采取分析实物的办法，证明了我国传世的白铜含有相当成分的金属镍。王琎先生于1929年分析了家藏甚旧白铜文具一件，测出含镍成分达6.14%，锌22.1%，铜62.5%，便是一个实例。[①]结合两方面的情况来考虑，原用的点

① 《科学》第十三卷第十期。

药应该是一种含有镍和砷的白色化合物。求之自然界中，最大的可能是白镍矿之$NiAs_2$，而红镍矿之NiAs以及含砒之黄镍矿NiS则与当时所说情况不符。[①]对白色点药的这样解释，看来是合理的。

清代继明代之后，对于白铜的生产有相当的发展，因此对云南生产白铜一事也有更具体的反映。此时已有专门生产白铜的厂，如定远（今牟定）县有大茂岭白铜厂、妈泰白铜厂，大姚县有茂密白铜子厂（子厂即支厂、分厂、附属厂之意）。[②]这些记载和我们的检查恐怕都是很不够全面的。尽管如此，生产白铜的方式和数量在一定程度上还反映出来。《续云南通志》卷四十三引“旧志”云：“茂密白铜子厂，大姚县属。发红铜到厂，卖给硐民（矿工），点出白铜。每一百一十斤抽收十斤，照定价每斤三钱（银）变价以充正课（税）。……炉多寡不一，每炉每日抽白铜二两六钱五分。”这段记载最重要的反映是，白铜的生产仍用点化的方法，而点化技术则掌握于劳动人民的矿工之手。统治铜厂的官僚机构只知道如何进行剥削压榨而已。该书在大茂岭白铜厂项下作了一个按语说：“此厂商民以其铜运省。省城白铜店按一百一十斤抽课十斤，年解变价银自四五百两至一千一二百两不等。”根据这项数字和当时税率，可以推算出白铜年产量，最高额为四万四千斤，最低额

---

① Remy, *Treatise on Inorganic Chemistry*, Vol. Ⅱ, p.307.

② 见《滇系》和《续云南通志》。

为其三分之一。当然，实际的产量恐绝不止此数。

总之，白铜产于云南，由来已久，而在清代康、雍、乾三朝为尤盛。前面曾经提到明李时珍的话，与之同时而略早于《本草纲目》成书的《事物绀珠》（1585）也说："白铜出滇南，如银。"清嘉庆甲子（1804）成书的《滇海虞衡志（卷五）·志器》里有这样一段话："白铜面盆，惟滇制最天下，皆江宁（南京）匠造之，自四牌坊（按指昆明的金马碧鸡坊）以上皆其店肆。夫铜出于滇，滇匠不能为大锣小锣，必买自江苏，江宁匠自滇带白铜下，又不能为面盆如滇之佳，水土之故也。白铜制器皿甚多，虽佳亦不为独绝，而独绝者唯面盆，所以为海内贵。"除去其中不科学的解释不计外，当时白铜器制造手工业的盛况得到一定程度的如实反映，例如店肆之众，器别之多，工匠之自远而至，原料之随缘而出，比比皆是。广大人民中间一直流行着云白铜之称，就跟一般人士所赞赏的端砚、徽墨一样，用以表达其出产之地。

在肯定白铜出云南的明、清历史之后，我们可以追溯一种年代更远的记载。东晋的常璩在《华阳国志》里说："螳螂县因山而得名，出银、铅、白铜、杂药。"按《中国地名大辞典》，"堂琅县，汉置，后汉省，晋复置，改曰堂狼，南齐后荒废。在今云南会泽县境"，"堂琅山，在云南会泽县北一百五十里，与巧家县接界"。似乎在四世纪时云南已有白铜出现，但是否就是这种含镍的白铜，还要作进一步的研究。

我国含镍白铜的创造发明，在十八、十九世纪间对于西方的近代化学工艺起过启发和推动作用。现在将就西方文献中有关的资料加以简明扼要的叙述。

法国耶稣会士杜赫尔德（J.B.DuHalde）于1735年（清雍正十三年）出版了一部四大本的名著，书名是《中华帝国全志》（*Description...de l' Empire de la Chine...*）。其中谈道："最特出的铜是白铜……它的色泽和银色没有差别。……只有中国产有，亦只见于云南一省。"

1775年英国刊行的《年纪》（*Annual Register*）中有一篇"英国东印度公司驻广州货客勃烈所作奇特的研究及有价值的发现的经过实录"的文章，文里谈及："在去年夏季有船从中国驶抵英伦，他（勃烈）又附寄了他自云南得来的白铜……目的是要在英国手工艺制造和商务促进会的秘书摩尔指导下，从事实验和仿造这种中国白铜"，又说："从勃烈所描述的中国铜矿样子看来，要在英国国内找出相同的矿石，也许不至有什么困难。"

接着，在瑞典政府采矿部任监督的化学家恩吉司特朗（G. V.Engestrom）于1776年发表了一篇对中国白铜研究的论文。他所用的样品也得自东印度公司的勃烈氏。样品分析的结果，含镍量与含铜量之比为5或6与13或14之比，至含锌量则多少不一。他声称从东印度公司购买此项合金，代价甚高；但认为瑞典国内某些矿区也有相同的矿物，因此相信仿造起来应该不很困难。

四十六年之后，即1822年，英国爱丁堡大学化学讲师菲孚（Andrew Fyfe）在《爱丁堡哲学会报》上发表了他分析中国白铜的结果，计铜40.4%，锌25.4%，镍31.6%，铁2.6%。并且说在英国还没有人知道应该如何去制备这种白铜。

其后一年，即1823年，英国的汤麦逊（E.Thomason）制出了质地和中国白铜相似的合金。而德国的罕宁格（Henninger）兄弟二人也于1823年仿制成功。当各式各样的仿制品进入市场时，就出现了各式各样的新名称，而十之八九却离不开银的意思，或用本国现行文字，或用拉丁古文，流行广泛的是德国银。而名实相符的白铜之称，反湮没而无闻。[①]

从上面这段历史看来，人们不难得出几点结论：（1）镍铜合金的白铜的发明，跟金属锌的冶炼一样，我国比西方资本主义国家是远为先进的。（2）我国白铜的西传是西方殖民主义者以劫夺东方的形式开始的。（3）另一方面，在资本主义上升的阶段，西方科学技术工作者对于白铜的仿制是满怀信心的。（4）但是，在仿制成功之后，巧立名目，进行宣传，却又反映了资产阶级抑人扬己、损人利己的阶级本质。

① 以上所引的外国文献及其来源，可参看张资珙《略论中国的镍质白铜和它在历史上与欧亚各国的关系》一文，载《科学》1957年复刊号第1期。

## 第三节　炼丹术进一步的发展

唐代承隋代之后，在我国封建社会制度下，又出现了一个大统一的局面。伴随着社会经济的发展，物质生活与文化生活各方面也获得蓬勃的发展。炼丹术进一步的兴盛就是在这样的社会条件下产生的。前面曾经提到，炼丹术是道教的一个组成部分。唐代由于皇室姓李，附托老子李聃为始祖，尊之为玄元皇帝。而老子是道教所崇奉的教主，于是又奉道教为国教。炼丹术就在帝王和宗教双重势力结合下而得到进一步的发展。具体的事件有：高宗李治召方士百余人“化黄金，治丹法”（见《新唐书》卷204薛颐传）；玄宗李隆基召张果，天宝间召道士孙甑生、罗思远、姜抚等进行炼丹（并见《新唐书·方术列传》）。风尚所致，不少的著名炼丹家便出现于唐代，他们在炼丹术上做出好多贡献。下面将分别加以叙述。

孙思邈（约581—682），京兆华原（今陕西省耀县孙家塬）人。据《新唐书·隐逸列传》说，“少时有圣童之号，通百家说，善言老子、庄周”，“于阴阳、推步、医药无不善。孟诜（金丹家）、卢照邻（诗人）师事之。”孙思邈是医药家而兼炼丹家，他的著述以医药为主，今存之《备急千金要方》《千金翼方》各三十卷，是中国医药书中瑰宝。他的炼丹术著作今已失传，但还可以从他的医药书中知道一些。

《千金要方》中所记药物，基本上与《本草经》相同。在用药第六的上部（即上品药）有丹砂、曾青、石胆、云母、硝石等近二十种，中部有水银、石膏、磁石等十种，下部有礜石、代赭石、方解石等七种。这也和《抱朴子》相仿。又如制太乙神精丹，也用汞升法。用的药物是丹砂、曾青、雌雄黄、硝石与金牙，金牙应是硫黄。制六一泥，用的是赤石脂、牡蛎、滑石、礜石、黄矾、卤土与蚯蚓屎，与《抱朴子》略有不同。

孙思邈的弟子孟诜（约621—713），《新唐书》卷196有传，据云："汝南梁人……至刘祎之家，见赐金，曰，'此药金也。烧之，火有五色气'，试之验。武后闻不悦。……神龙初（705）致仕，居伊阳山，治方药。"孟诜是炼丹家而兼医药家，著述以医药为主，有《食疗本草》《补养方》《必效方》等书。

陈少微是一位对炼丹很有贡献的人，他的两部炼丹术著作《大洞炼真宝经修伏灵砂妙诀》和《大洞炼真宝经九还金丹妙诀》，都收在涵芬楼《道藏》里。《新唐书·艺文志》载有陈少微的《大洞炼真宝经修伏灵砂妙诀》一卷，可见少微是唐时人。《道藏》本该书序云："余自天元之初，从衡岳游于黄龙。"而有唐一代又无天元年号，说者遂疑北周宣帝宇文赟曾于579年传位太子阐而自称天元皇帝，欲以此天元寔之，然似嫌过早。另有一说则谓唐玄宗李隆基即位之初，建号先天，仅及一年，改号开元，又历二十九年，改号天宝；序文所称之天元，盖合先天开元而言，跟合开元天宝而称开天一样；由于先天只有一岁，故天元之初，实际就是天元之际的意思。此说似较更合理，今从之。而暂定陈少微游黄龙事在公元712—713年间。

《九还金丹妙诀》一书，内容虽少而叙述则极详细。例如，说到丹砂，于产地、名目等等，又说到第一乃至第七返各种砂的制法，都非常详尽，真正难得。说到石胆，“若能认真，涂入铜铁，火烧色似红金；又以铜器盛水，投少许入其中，水色青碧，数日不异，是真也”。这话是正确的。盛水用铜器（当然，瓷器也好用），绝不可用铁器，也是正确的。为了表示他记述得详细，且举他的“销汞”（即用汞与硫制丹砂）于次：“汞一斤，硫黄三两，先捣研为粉，致于瓷瓶中，下著微火，续续下汞，急手研之，令为青砂（灰色的硫化汞），后将入瓷瓶中。其瓶子可受一升，以黄土泥紧泥其瓶中外，可厚三分，以盖合之紧密，固济，致之炉中。用炭一斤于外而养之三日，瓶四面长（即常）须有一斤炭。三日后便以武火烧之，可用炭十斤，分为两分，每一上炭五斤，烧其瓶子。忽有青焰透出，即以稀泥急涂之，莫令焰出。炭尽为候，候寒开之，其汞则化为紫砂，分毫无欠。”叙述如此详细。得未曾有，的确是珍贵记录。

《九还金丹妙诀》所记之“抽砂出汞”（即从丹砂制水

银），其方法则很别致。“先取筋竹为筒，节密处全留三节。先节开孔，可弹丸许粗，中节开小孔子，如筋头许大，容汞流下处；先铺厚蜡纸两重，致中节之上。次取丹砂研细，入于筒中，以麻紧缚其筒，蒸之一日；然后以黄泥裹之，可厚三分；埋入土中，令筒与地平，筒四面紧筑，莫令泄漏其气。便积薪烧其上，一复（亦弗？）令火透其筒，上节汞即流出于下节之中。”

“火候”即炼丹时火力的调节，少微记得极详。古时无适当衡量温度的方法，故只好调节炭量与烧火时间来控制。本来炼丹家多重视火候，但如陈少微那样详细的叙述，还未见过。原文过长，不必抄引，可从“销汞”叙述中窥见一斑。

与陈少微同时或者稍后一些时的著名炼丹家则有张果，即元剧本八仙庆寿中之一，世俗称他为张果老。他的生平年岁难考，大约是七世纪后期至八世纪中期人，因为他在玄宗时（712—755）曾经被召过。他著有《神仙得道灵药经》和《丹砂诀》两书，俱见《新唐书·艺文志》。今《道藏》中有《玉洞大神丹砂真要诀》，题张果撰（李时珍引之亦题张果撰）。又有《张真人金石灵砂论》，题张隐居撰，恐怕也是张果。因为书中有“余自开元间二十余年专心金鼎”之句，其年代与张果生存时代相符。

《玉洞大神丹砂真要诀》叙述丹砂的产地、形状、性质都非常详细，它也说“汞一斤，硫黄三两……成紫砂”，这些都跟陈少微的《九还金丹妙诀》所记相类似。在这里应该着重指出，他们在制造丹砂中所用汞硫两物重量的比例是很有道理的。按照丹砂的组成（HgS）和汞硫两元素的原子计算，汞硫重量之比是200：32，即100：16。陈、张两人所用的比例是16：3，即100：19，硫黄所占的分量比组成所要求的约多19%。在一般的化学制备中，常常需要把反应物中的某一种物质分量加大一些以便于反应进行到底；至于哪一种物质应该多些，要看具体情况而定。这里把硫黄加多，是因为硫黄容易燃烧而遭到损失的缘故。他们所以能选择这样合理的比例，应该是从经验积累得来的。

《张真人金石灵砂论》叙事也颇详细，一事值得特别提出的是他说到密陀僧。他说："铅……可作黄丹、胡粉、密陀僧。"密陀僧是氧化铅（PbO），本为波斯语，最初当是输入品。由此可见，八世纪初期以前，中国就已知道用铅制造了。

《太清石壁记》是唐乾元间（758—759）的著作。题楚泽先生撰，收入今《道藏》第582—583册。楚泽先生真实姓名不详。书中有几点值得一提。（1）锡汞齐制法，记称"艮雪丹"；"水银一斤，锡十二两；右取水银置铛中，着火暖之。别铛镕锡成水（即熔化成液体），投水银中，写（即泻）于净池中，自成银饼。取'银'捣碎，研粗罗（即筛）之。"这里所谓银，实为锡汞齐。（2）造水银霜法（即造升汞法）："水银一斤，盐二斤，朴硝四两，太阴玄精六两，燉煌矾石二斤，绛矾亦得；右先以锡置铛中，猛火销成水，别温水银，即令入锡中搅之，写于地上，少时即凝白如银。即以盐二斤和锡搅之令碎，以马尾罗重罗令尽，即以玄精末及矾石末和之，布置一依‘四神’，惟以朴硝末复上，用文多武少火。七日夜，其霜如芙蓉生其上，甚可爱，取得霜更研。”这里所谓水银霜就是升汞（$HgCl_2$），但方法过于复杂。玄宗时的王焘著《外台秘要》（据自序是752年成书），引了两种制水银霜法，一种是《千金翼方》的方法，也比较复杂；另一种是崔氏法，不但简单合理，而且叙述也非常详细，是中国文献中最好的方法了。（李时珍引入《本草纲目》，但有所约删）主要步骤是用汞和硫制成硫化汞，再与食盐混合，进行升华，升汞于是飞升而凝于上，硫化钠则遗留于下。原文过长，不再抄引。

《黄帝九鼎神丹经诀》是七世纪初期的著作，惜撰人不详。它是一部好丹书，许多内容值得一提。（1）叙述药物为丹砂、雄黄、空青、矾石、朴硝等的产地及辨别质量好坏的方法，非常详细。（2）知道用溶解度的差别来制造药物，例如，“取朴硝、硝石，无用捣筛，粗研，以暖汤淋朴硝取汁，澄清者取煮之，多少恒令减半，出置净小盆中，以冷水渍（即用冷水自外冷却）盆中经宿即成。状如白英，大小皆有楞角起。”朴硝是$Na_2SO_4$，硝石是$KNO_3$，故所得结晶应是硫酸钾$K_2SO_4$。这种类型的方法，前人所未曾谈到过。惜对朴硝与硝石的重量大致比例和母液中是否还有不同结晶物质出现，未曾加以记录。（3）对黄铁矿的认识。它说："其金矿……大小皆有棱角，青黄色者尽是铁性之矿，其似金，不堪鼓用（即不能冶炼黄金之意）。"这是黄铁矿无疑。黄铁矿组成是$FeS_2$，正方形结晶，色黄发亮，是极容易误认为黄金或黄铜的。欧洲人后来才称它为"呆子金"。中国旧时也有误称为"自然铜"的。真正的自然铜，中国已早知道，但能正确鉴别的，要数五代时轩辕述的《宝藏论》。

独孤滔，生卒年岁待考，大约是十至十一世纪间人。他所著的《丹房镜（一作鉴）源》是一本药物书，收入《道藏》第596册。其中谈到草节铅一物。"草节铅即嘉州生铅。未镕为熟者，打破，脆。烧之气如硫黄。"这分明是指方铅矿，它的组成是PbS，所以说它烧如硫黄。这是方铅矿的最早记录，而且是极关重要的正确记录。命名为生铅，表达了熟铅（金属铅）可以从它冶炼而得，一也；由打破而知其性脆，表达了它的性质又与熟铅迥然不同，二也；烧如硫黄，表达了它在与空气接触灼烧时会发出二氧化硫的气味，三也。这三项都是对方铅矿性质的极为正确的描述，如果不经亲身实践或实际观察是难以得到的。它和仅凭颜色光润而认黄铁矿为黄金或黄铜者大有区别。后者仅及表面，而前者则接触到本质也。其去近代化学的元素和化合物的概念，殆仅隔一间耳。十八世纪后期，近代化学已出现，在命名上还称氢为水素，称氧为酸素，以视生铅之名，其用意岂不正相类似吗？

从另一方面说，草节铅之名，在我国炼丹术历史上似与他种名称不无一定联系。《参同契》里有黄芽铅之句，彭晓注曰："黄芽生于铅。"《参同契》又说："阴阳之始，玄含黄芽。"无名氏注曰："铅属水，故称玄；铅矿内有黄牙如金状，故称黄芽。"一般认黄芽即指硫黄，也有持黄芽铅即是草节铅之说者，两说虽然着重点有所不同，而其谓方铅矿中有硫，仍然可以相通。

上段所说，是就炼丹术对化学领域所做的贡献和所得的成就加了一番叙述和分析。这只是一方面，但对于我国化学史说，却是主要的方面。另一方面是，以求长生不老之药为目的的炼丹术，其本身却必然要遭到失败的。早在西汉，诗人就有"服食求神仙，多为药所误"之叹。（见《文选》卷二十九）三国时，曹丕作《典论》，曹植作《辩道论》，都提出对方术不可尽信的警告。自后，因服食丹药以致丧命者则史不绝书。晋贾后饮金屑酒而死（见李时珍《本草纲目》卷八）。北魏道武帝以服五石散，精神失常而终于死去（见《魏书·道武帝本纪》）。有唐一代，太宗、宪宗、穆宗、敬宗、武宗、宣宗皆服丹药中毒致死，臣下如杜伏威、李道古、李抱真也是这样（见清赵翼《廿二史札记》卷十九）。太学博士李千受方士柳贲药，服之下血死。又归登、李虚中、孟简等七人俱以服食而毙（见宋李季可《松窗百说》）。五代时，梁太祖服方山道人庞九经所进金丹，"眉发立堕，头背生痈，及至弥留，为颍王所弑”（见蜀何光远《鉴诫录》卷一）。南唐烈祖服金石药，患疽致死（见南唐史虚白《钓矶立谈》，又宋释文莹《玉壶清话》）。所举的这些还不是完全的记录，其他个别的人物以服食丹药而丧失生命者，亦屡见于诗文集中。用化学眼光看来，丹家所称道的金石之药，主要的是汞、铅、砷（雄雌黄是砷的硫化物）的化合物，它们中间可溶解的都是具有强烈毒性的物质。因此不可避免地要产生中毒的结果。不断中毒事件的发生，既教训了服食者，也教训了炼制者。炼丹家的前途就在炼丹术的发展过程中而到达了终点。大致从南宋起就逐渐为世所弃了，而作为备制药物的炼丹术事业则仍在民间流传着。

## 第四节　本草学的发展——从《唐本草》到《本草纲目》

在上一章里曾经指出，炼丹术自初即掌握于方士之手。方士与医士有一定的联系，所以炼丹术与药物学也是分不开的。然而炼丹术与一般药物学又有区别，它的特点侧重于金石之药。魏伯阳说：“巨胜（即胡麻）尚延年，还丹可入口，金性不败朽，故为万物宝，术士服食之，寿命得长久。”葛洪说：“小丹之下者，犹胜草木之上者也。”从两位丹家的话可以得到确切的证明。一般的药物学，不仅仅限于金石之药，而且还包括来自草木禽兽的药品；换句话说，即包括一切有机物和无机物的药品。由于其中草木之药占绝大部分，故称之为本草。《汉书·平帝纪》：“元始五年（5），征天下通知方术本草者，遣诣京师。”《汉书·楼护传》：“护少诵医经本草方术数十万言。”可见西汉末已有本草之名，而与方术是联系在一起的。以长生不老为目标的炼丹术，在其企图永远不会实现的情况下，而逐渐让位于本草学，是历史发展的自然结果。

应该顺带提出，丹家还有所谓内丹之术者，又叫吐纳之术，现在叫气功治疗。服食丹药者谓之外丹。大致初期丹家实主内外兼修，在前章中已经谈到。外丹虽败，内丹仍流传下来，并且有它自已的发展。以其不在本书范围之内，不再多谈。

本草学的经典著作应以《神农本草经》为最早，这倒不是因为它有神农二字的缘故。它的著述时代大概在东汉，陶弘景为它作集注，就这样推测过。他说：“书中所出郡县，乃后汉时制。”至于究竟在后汉何时的问题，关系不大，不拟在此讨论。这部书本已失传，今传本乃清代学者从他书搜辑而成。黄爽辑本见于《汉学堂丛书》，孙星衍、冯翼辑本见于《问经堂丛书》、顾观光辑本见于《武陵山人遗书》。彼此出入有限，尚可窥见本来面目。内容把所包括的药物分为上中下三品：上品一百二十种，久服可以轻身益气，不老延年；中品一百二十种，可以抗疾病，补虚弱；下品一百二十五种，可以除寒热邪气，破积聚；合共三百六十五种。首先值得注意的是，不老延年之药列为上品。其次，丹家所用的药物，如丹砂、云母、矾石、滑石、硝石、曾青（以上属上品）；雄黄、雌黄、石硫黄、水银、石膏、石胆（以上属中品）；铁粉、铅丹、粉锡、矾石（以上属下品）等都在其内。这些事实就充分地说明了，本草学与炼丹术在发展的初期便是有密切联系的。南北朝时，陶弘景著《名医别录》，与《本草经》相合而成为《神农本草经集注》一书，也还反映了这种关系。

唐代是炼丹术发达时期，同样也是本草学发达时期。只要参考一下《旧唐书·经籍志》或《新唐书·艺文志》，就可知道标明专门本草的著作有二十余种，可惜几乎全部散失了。其中最为著名而又有残迹可求的是《新修本草》和《本草拾遗》两部著作。《新修本草》是一部官书，于显庆四年（659）著成，修订工作以苏恭为首，参与其事者有长孙无忌等二十二人。本书二十卷，目录一卷，别有药图二十五卷，图经七卷，共五十三卷，世谓之《唐新修本草》。记载药物八百四十四种。这是我国历史上第一部完善的药典。到了开元年间（713—741）三原县尉陈藏器欲补陶（弘景）苏（恭）之阙遗，故别为《序例》一卷、“拾遗”六卷、“解纷”三卷，总曰《本草拾遗》。李时珍称：“其所著述，博极群书，精核物理，订绳谬误，搜罗幽隐，自本草以来一人而已。”但是由于它是一种补遗性质的书，“诮其僻怪，宋人亦多删削”；既遭散失，现在只能从其他本草书中找到一鳞半爪，很难作为化学史的参考资料。《唐本草》的情形比较好些，这里可以提供几点：（1）银膏“其法用白锡和银箔及水银合成之，凝硬如银”。这是银锡的汞齐。（2）银粉“取见（现）成银薄（箔），以水银消之为泥；合硝石及盐研为粉；烧出水银，駣（淘）去盐石，为粉极细”。这个方法很有意思，值得检验一下。（3）硇砂“硇砂……柔（疑应作糅杂之糅解）金银，可为汗（焊）药”。硇砂是氯化铵，现在焊接金属有时还用得着。（4）铜绿“以光明盐、硇砂、赤铜屑酿（酝酿之酿，有夹杂、和调与积渐而成等意）之成块，绿色”。这是一种制铜绿的方法。

五代时蜀主孟昶（935—965）命翰林学士韩保升等与诸医士取《唐本草》参校、增补、注释，别为图经，凡二十卷，世谓之《蜀本草》。其书早经散佚，现在几乎仅仅成为历史陈迹而已。

本草学在宋代却有一段继续不断发展的光荣历史。它起始于开宝六年（973），宋太祖赵匡胤命尚药奉御（官名，即御用药师之意）刘翰和道士马志（道士参加，很值得注意）等九人取唐、蜀《本草》详校，仍取陈藏器《拾遗》诸书相参，增药一百三十三种，马志为之注解。七年又命马志等重定，新旧药合九百八十三种，并目录为书二十一卷。世称开宝本草。到了嘉祐二年（1057），宋仁宗赵祯又命掌禹锡、林亿等，同诸医官重修本草，新补八十二种，新定十七种，通计一千零八十二条，谓之《嘉祐补注本草》。随后仁宗又诏天下郡县图上所产药物，命苏颂（1020—1101）撰述成书二十一卷，称《图经本草》。元祐间（1086—1093）蜀医唐慎微取《嘉祐补注本草》及《图经本草》合为一书，复拾《唐本草》、陈藏器《本草》、孟诜《食疗本草》所遗者五百余种附入各部，并增五种，又采古今单方并经、史、百家之书有关药物者亦附之，共三十一卷，名《证类本草》。大观二年（1108），上之朝廷，改名《大观本草》。政和间（1111—1117）由医官曹孝忠作了些校正，改名为《政和新修经史证类备用本草》，故又称《政和本草》。李时珍说："慎微貌寝陋而学该博，使诸家本草及各药单方垂之千古、不致沦没者，皆其功也。"总而言之，在北宋这一段时期，大约一百四十年之间自开宝历嘉祐迄于政和（973—1117），本草之学不断发展，历然可寻。药物品种，几乎加倍，盖前此所未有。此种成绩绝非一人之功，而《证类本草》能集其大成，则又属不容否认之事实。证类以前的本草，或全部或部分散佚，而《证类》却被完整地保存下来（《四部丛刊》中有影印的金泰和年间刊本），成为我国最早的一部完整药典，这是何等具有历史意义的事情！

尤其值得注意的是，通过《证类本草》，还可以了解其他已佚本草所载有关化学史的重要记录。《图经本草》是一部重要著作，它是根据当时郡县生产药物的实际经验编写出来的，它不同于仅凭征文考献或仅凭口头传语的著作。它的编者苏颂，字子容，是一位具有科学头脑的知名之士，还著有《历象法要》一书。《图经本草》虽已失传，而《证类本草》中却保留着一部分。让我们举几个例子。（1）关于铁。它说："今江南、西蜀有炉冶处皆有之。铁落者，锻家烧铁赤沸（？），砧上打落细皮屑，俗称为铁花是也。初炼去矿，用以铸镇器物者为生铁。再三销拍，可以作鍱（金属薄片）者为鑐铁，亦谓之熟铁。以生柔相杂和，用以刀剑锋刃者为钢铁。锻灶中飞出如尘，紫色而轻虚，可以磨莹铜器者为铁精。作针家磨炉细末，谓之针砂。"这段话文字明显，无须多作解释，只需指明这里所举的钢铁是灌钢法所制出的钢。前于苏颂的陶弘景曾说过："钢炼是杂炼生鍒作刀镰者"（《证类本草（卷四）·玉石部》引）；后于苏颂的宋应星也说："生熟相和，炼成则钢"（《天工开物（卷十四、十五）·金部》），方以智又说："生熟相炼则钢"（《物理小识（卷七）·金石类》）；前后一脉相承，于此可见。再则所称紫色轻细的铁精，用以磨莹铜铁，其为三氧化二铁无疑，现代也还把它作为金属、宝石、玻璃等器的抛光之用。（2）关于绿矾。它说："取此一物，置于铁板上，取炭封之。囊袋吹令火炽，其矾即沸流出，色赤如融金汁者，是真也。看沸走汁尽，去水待冷，取出按为末，色似黄丹。"这是制备绛矾（$Fe_2O_3$以其来自绿矾，故称矾；以其色带红，故称绛）的一种方法。李时珍说："绿矾状如焰硝，煅过变赤，则为绛矾。入圬墁（加入石灰以涂墙）及漆匠家多用之。""俗名矾红，以别朱红（HgS）。"

有时又叫红土。（3）关于密陀僧。它说："今岭南、闽中银铅冶处亦有之，是银铅脚。其初采矿时，银铜相杂，先以铅同煎炼，银随铅出。又采山木叶烧灰，开地作炉，填灰其中，谓之灰池。置银铅于灰上，更加火大煅，铅渗灰下，银住灰上。罢火，候冷，出银；其灰池感铅银气，置之积久，成此物。"前面曾经谈到八世纪时我国炼丹家已知道用铅来制造密陀僧（PbO）了。至于它的制法，则在十一世纪的宋仁宗时代（1023—1063）就又详细地记载下来了。这段记录，不但说明密陀僧的工业制法，而且还说明从铅银合金中提银的方法。这一方法叫灰吹法，现时炼银还通用着。

《政和本草》既集前人之大成，出世以后，风行了四百多年。虽说同时寇宗奭还著有《本草衍义》，元代朱震亨又有《本草衍义补遗》之作，然都不曾做出出色的贡献。直到十六世纪的明代有世界科学巨著《本草纲目》的出现。

在《本草纲目》出现之前，有一部未曾刊行、少有人知的本草著作的存在，应该在此一提。它是一部官书，名叫《本草品汇精要》，由刘元泰、施钦等四十一人编纂，成书于明弘治十八年（1505），只有抄本。清代康熙三十九年（1700）虽由太医院编了一部续集，还是以抄本形式存放着。直到1936年，本书并续集始得以排印本出而问世。由此可见它与《本草纲目》之成并无直接关系。

但书中有几处与化学史有关，今举例如下。（1）黄铜"炉甘石……今以点炼蟹壳铜而成黄铜者，即此也”。（2）水银粉“凡作粉，先要作面。其作面之法，以皂矾一斤，盐减半，二味入铁锅内，以慢火炒之，仍以铁方铲搅不住手，炒干成面，如柳青色。其升粉法：先置一平台，高三尺余，径二尺，不拘砖垍，以荆柴炭一斤，碎之如核桃大，炽于台上，扇炽。每升粉一次，用水银一两二钱，面二两二钱，内（纳）石臼内，石杵研不见水银星为度。却入白矾粗末二钱，三味搅匀，平摊铁鏊中心，厚约三分许，鹅翎遍插小孔。将澄浆瓦盆复之，缝以盐泥固济，勿令太实，实则难起。置鏊于炽火上，候微热，以手蘸水轻抹其缝及盆。复用砖疏立鏊下，周护火气，待火尽盆湿，揭之，勿令手重，重则振落。其粉凝于盆底，状若雪花而莹洁。以翎扫之，瓷器收贮。”水银粉即是轻粉（$Hg_2Cl_2$）。《政和本草》载有此物，但未言其制法。本书对其制法谈得如此详细，包括药剂的用量，温度的控制，以及操作手续的细节，实属前所未有。且以鏊字为例，鏊不是一般煮饭炒菜的圆底锅，而是贴饼用的平底锅。清王筠所著的《说文句读》说：“鏊，面圆而平，三足，高二寸许，饼鏊也。”只有这种锅才适合于升粉之用，置于火上才有着落，可见其仔细。（3）灵砂“水银四两入铁锅内，以硫黄末二两，徐徐投下，慢火炒作青砂头。候冷细研，纳阳城罐中，上坐铁盏。将铁丝缠束数匝，钉钮之，弹丝声清亮为紧。以赤石脂入盐，密封其缝。仍用盐泥和豚毛通令固济，厚一大指许，日（晒）

于之。借（垫）以铁架，为砖作炉；外以文火自下煅，至罐底约红寸余，以香烬一炷，复用武火渐加至罐口，候香烬二炷，为度。铁盖贮水，浅则益之，乃既济之义也。候冷取出，其砂升凝盏底，如束针纹者，则成就矣。”此段文字同上段一样详细，较前引陈少微《九还金丹妙诀》所述更为清楚。惜阳城罐是一种什么样子的罐子，未详。又“钉钮之”，三字费解，疑与下文弹字倒置，似应作“钉钮弹之，丝声清亮为紧”才顺。

本草之学，发展到十六世纪中叶，已达极其成熟的阶段，而集中表现于李时珍（1518—1593）之《本草纲目》一书。李时珍费了二十六年的工夫（1552—1578）才把这部科学巨著写成，为书五十二卷，载药物一千八百九十二种，每种药物列有释名、集解、气味、发明、附方等目。他不但参考了近千种医书和经史百家之作，而且加以采访和亲身经历所得，对旧说有批判、有接受，对新说有介绍、有发挥，非同一般汇辑陈篇的著述，乃是经过咀嚼消化而后始笔之于书也。其所以成为世界科学巨著，不在博而在精，不在量而在质。

他首先批判了炼丹家服食成神的谬解。他说：“葛洪《抱朴子》言饵黄金……能地仙，又言丹砂化为圣金，服之升仙，《别录》、陈藏器亦言久服神仙，其说盖自秦皇汉武时方士流传而来。岂知血肉之躯，水谷为赖，可能堪此金石重坠之物久在肠胃乎？求生而丧生，可谓愚也矣！”“《抱朴子》云银化水服，可成地仙者，亦方士谬说也，不足信。”“服雄黄长生之说，方士言尔，不可信。”“丹书亦云，礜石化为水，能伏水银，炼入长生药；此皆方士谬说也，与服砒石、汞长生之义同，其死而无悔乎！”这些话都表达了李时珍是如何严肃地在多方面和唯心的服食丹药长生不老之说作斗争。

但是李时珍并未把丹家在炼丹术中所获得的化学知识一切否定下去，而是实事求是地把那些实际的、有用的知识继承下来，加以整理和扩充。下面将举一些有关无机化学的事例。（1）金的成色：“金有山金、沙金二种，其色七青、八黄、九紫、十赤，以赤为足色。和银者性柔，试石则色青。和铜者性硬，试石则有声”。把要试的金子在试金石上刮一条线，凭这条线的颜色来和标准样品的颜色相比较而估量金子的成分，这是我国劳动人民所创造的一种比色法。李时珍在此首次登入记录。此法可用于金银合金，而不能用于金铜合金。李时珍在此加入“和铜者性硬，试石则有声”这样两句话，便作了补充的正确说明。这种金铜合金在当时是不多见的。（2）各种含铜合金：“铜有赤铜、白铜、青铜……人以炉甘石炼为黄铜，其色如金。砒石炼为白铜，杂锡炼为响铜”。这里所说的砒石是指砷镍矿，镍铜合金的白铜是我国首先发明的。（3）铜绿：“近时人以醋制铜生绿，取收，晒干货之”。铜与醋酸在空气中被氧化而生碱式醋酸铜，其组成不一，随其成分不同而有绿有蓝，是一种人造颜料。伪造古青铜器往往用此法。（4）水银粉：“用水银一两，白矾二两，食盐一两，同研不见星，铺于铁器内，以小乌盆复之。筛灶灰，盐水和，封固盆口，以炭打二炷香，取开则粉升于盆上矣。其白如雪，轻盈可爱”。这一制轻粉方法，较之《本草品汇精要》所讲的，更为简明可行。（5）灵砂：“按胡演《丹药秘诀》云，升灵砂法：用新锅安逍遥炉上，蜜揩锅底，文火下烧，入硫黄二两镕化，投水银半斤，以铁匙急搅，作青砂头。如有焰起，喷醋解之。待汞不见星，取出细研，盛入水火鼎内，盐泥固济，下以自然火升之，干水二十盏为度。取出如束针纹者成矣”。这种制灵砂法，先作青砂头，再升为灵砂，基本上也与《本草品汇精要》一致，尤其在最后以结晶的束针纹为检验的标志，则文字亦相同。但是李时珍在此却引用了丹家的古法，如逍遥炉和水火鼎，便是丹家对鼎炉的名称，也正说明他之对待丹家在化学上的具体成就是实事求是的。（6）铅粉：“今金陵、杭州、韶州、辰州皆造之，而辰粉尤真，其色带青。彼人言造法：每铅百斤，镕化，削成薄片，卷作筒，安木甑内。甑下甑中各安醋一瓶，外以盐泥固济，纸封甑缝，风炉安火四两，养一七，便扫入水缸内。依旧封养，次次如此，铅尽为度。不尽者留炒作黄丹。每粉一斤，入豆粉二两，蛤粉四两，水内搅匀，澄去清水。用细灰按成沟，纸隔数层，置粉于上。将干，截成瓦定（锭）形，待干收起”。铅粉的组成是碱式碳酸铅$Pb(OH)_2 \cdot 2PbCO_3$。这一制法是利用空气中的氧和醋酸蒸气与铅作用而生成碱式醋酸铅，后者又与来自炭火的二氧化碳气作用而生成白色的铅粉。欧洲所谓荷兰法的制法，其原理和步骤几乎与此完全相同。但它的最早记录是在公元1662年（见Mellor：*Modern Inorganic Chemistry*，1925，p.815）。迟于《本草纲目》百年左右。还应该指出，此条李时珍得自访问，而在旧社会里这类制造过程是不会轻易告诉外人的；但李时珍记得如此详明，包括副产品黄丹、掺和品豆粉和蛤粉，以及特殊的滤干方法等；一方面反映了李时珍勤于采访和诚恳感人所得来的成果，另一方面又反映了李时珍在编书中着重实际生产知识的精神。

## 第五节　火药的发明和应用

火药是我国化学史上伟大发明之一。它的发明和炼丹术、本草学有不可分割的联系。大家知道，黑火药是硝石、硫黄、木炭三者粉状均匀的混合物。把这样的混合物叫作药，从名义上说，就暗示着它与医药具有某种渊源。在明天启元年（1621）茅元仪所著的《武备志·火药赋》里，三者被认为起着不同作用，硝是君，硫是臣，炭是佐使。按，君、臣、佐使本是我国医药家用以区别药物功能的理论体系；这种看法，就把火药所起的化学反应纳入医药的范畴里去了。

历史事实告诉我们，在火药未出现以前，丹家就时常采用一种所谓“伏火法”的程序。其真正目的是什么，现在还不够十分清楚。大致是这样：有的药物性能过分猛烈，需要经过某种处理手续，使其变得较为驯良。伏者，驯伏之意，如降龙伏虎是也。《真元妙道要略》（中唐以后的一种炼丹书）里有这样一段话：

> 凡消石伏火，赤炭火上试，成油（熔化成液体）入火不动者，即伏火矣。若瓶内烧成汁者，即未知生熟何如耳。盖缘消石恋柜（二字意义未详，恐系恋栈之意，即消石熔化之后不易挥发，也不像明矾一样能放出结晶水而成枯矾也），火炭上试之，不伏者才入炭上，即便成焰。

这一段氧化还原作用，对化学工作者说，无须再作不必要的解释。只需指明，使消石伏火，木炭之外还有加入硫黄和木炭代用品的。如隋末唐初的孙思邈，在他的伏火法中，采用了硝石、硫黄各二两，再加上炭化的皂角三个。又如宪宗时（806—820）的清虚子，同样地采用了硝石、硫黄各二两，只把三个皂角换成三钱五分的马兜铃。马兜铃是一种药用植物，在这里只是利用它能够燃烧而已。上述的这两种伏火方剂，实际上已具备了火药的硝、磺、炭三种成分。在伏火的过程中，一不小心，从而引起剧烈的燃烧，那恐怕是必然的。在《真元妙道要略》里就记载着这类严重的失火事故。“有以硫黄、雄黄合消石并蜜烧之，焰起，烧手面及烬屋舍者。”

火药，这种具有剧烈燃烧性的药剂，看来就是炼丹家在其试验实践中所发现的。

火药的应用首先在于军事。那是有它的历史背景的。火攻之法，我国很早就把它用于军事上，以为克敌制胜之道。不过所用以发火的物质，不是火药，而是如油脂、松香等一些容易燃烧的东西。《魏略》：“诸葛亮进兵攻郝昭，起云梯冲车以临城。昭以火箭逆射其云梯，梯然，梯上人皆烧死。”《北史》卷六十二王思政传：“东魏太尉高岳等率步骑十万众攻颍川，杀伤甚众，岳又筑土以临城……思政射以火箭，烧其攻具”。《宋书（卷九十二）·杜慧度传》：“……其年春，卢循袭破合浦，径向交州。慧度乃率文武六千人拒循于石碕。……慧度自登高舰合战，放火箭雉尾炬，步军夹两岸射之。循众舰俱然，一时散溃。”这样看来，自三国以至南北朝，早已采用火攻方法了。在这样较稳定的基础上，一旦火药发明之后，其火力猛烈又为前所未有，采用以为武器，那就成为自然而然的趋势。《新唐书·李希烈传》载德宗（780—804）时，李希烈据汴（今河南开封）称帝，刘洽率兵往攻，入宋州（今河南商丘）死守，希烈部下用“方士策”，烧毁了刘洽的帐篷和城上的防御物。究竟用什么样的东西来做发火物，可惜史无明文；但是“方士策”三字似乎带有一点暗示的色彩，因为，如果所用的是传统的发火物，方士的作用就没有多大的意义。

火药用作武器，最早的确实记载，见于宋初曾公亮（998—1078）等所编的《武经总要》一书。如说“放火药箭，则加桦皮羽，以火药五两贯镞后，燔而发之”。书里还载有三种火药的配方：

| 火药成分／火器种类 | 焰硝 | 硫黄 | 炭末（松脂） | 其他 |
| --- | --- | --- | --- | --- |
| 毒药烟球 | 30 | 15 | 5 | 竹茹、麻茹、小油、桐油、沥青、黄蜡、巴豆、砒霜、狼毒、草乌头 |
| 蒺藜火球 | 40 | 20 | 5 | 竹茹、麻茹、小油、桐油、沥青、黄蜡、干漆 |
| 大炮 | 40 | 14 | （14） | 竹茹、麻茹、清油、桐油、黄蜡、干漆、砒黄、黄丹、定粉、浓油 |

表里的数字原来以两为单位，但同时也可认为是重量的比数。主要成分当然是硝、磺、炭三项，其他成分则是次要的，项目虽多，而每项的重量最大的还不过前三项中最小的之半。就竹茹、麻茹、小油、桐油、黄蜡、沥青等项看来，它们本身都是可燃物质，也许原来就是火药发明以前用于火攻的发火物，从而保留在这里。

既然《武经总要》所记的火箭、火炮、蒺藜火球都确实是用火药来发火的，那么，“咸平三年（1000）八月，神卫兵器军队长唐福献所制火箭、火球、火蒺藜”（见《宋史》和《宋会要稿》），“咸平五年（1002），石普制火球、火箭，真宗召至便殿，与宰辅同观试验”（见《续资治通鉴长编》），这两件事里的火器也必然是以火药来装配的。由此可以确定，在十、十一世纪之交，装有火药的新式武器，业已出现。

而且，北宋的兵工厂里还把制造火药放在一个重要地位。宋敏求（1019—1079）在他的《东京记》里，叙述“广备攻城作”（即武器作坊）具有十一项目，火药第一，沥青第二，猛火油第三。这三项都是火攻器材，火药是新东西，故列在第一位；沥青、猛火油大概是传统上使用的东西，所以列在第二、三位。因为事关军事秘密，防止泄露，宋敏求还特别提出来：“俾各诵其文，而禁其传。”

火药应用于武器，其发展是相当迅速的；但是，同时其发展过程还是有迹可寻的。火药发明之前即有火攻，所以火药在其初期应用阶段，即以燃烧的方式来摧毁敌人阵地上的军事力量为其唯一目的。制法：先将火药包装成便于发射的形状，并安有引线以便点火。小式的用箭射出去，就是火箭；大式的用抛射机抛出去，就叫火炮，又叫飞火。因为在发射的同时应该把引线先行点着，前面所说的“燔而发之”，就是这样的意思。石砲是火炮的前身，所以石砲也叫飞石。苏轼《雪浪石》诗，所谓“朅来城下作飞石，一礮（炮）惊落天骄魂”是也。在宋、金、元三方面的错综复杂的斗争中，不少的攻守战役都对火箭、火炮的燃烧性能作了重要的考虑。宋钦宗靖康元年（1126），金人攻宋都开封，石茂良在他的《避戎夜话》里说：“初缚虚栅时，仲友使多备湿麻刀、旧毡、衲袄，盖防贼人有火箭、火炮也。幸而金人不善制此二物。”但是，金人很快也就掌握了这种武器。而宋军在防御上自然也不会让步。后来，在南宋宁宗嘉定十四年（1221）金兵攻蕲州（今湖北蕲春县）时，宋军“同日出弩火药箭七千支，弓火药箭一万支，蒺藜火炮三千支，皮火炮二万支，分五十三座战楼，准备不测”（见赵与衮《辛巳泣蕲录》）。由此可见，无论在攻守任何一方，其主要问题在于引起或防止燃烧。

大家知道，火药的燃烧过程，不仅放出巨大热量，同时还产生大量气体。因此，在一种包装体系中，点火发射，或早或迟不可避免地会出现爆炸现象。在爆炸的同时，又伴随出现巨大的声响和震动。所以人们把这种火炮又叫作霹雳炮（《武经备要》里叫霹雳火球），以其发声如霹雳也。靖康元年，金兵攻汴，李纲登城，下令发霹雳炮，击退了敌人。值得注意的是，装置火药的武器，其超越它以前火器的特征之一，就在于它具有爆炸性。这一性能的利用表现在火器发展的各个阶段。南宋高宗绍兴三十一年（1161），金兵欲渡扬子江，宋军蹈车以行船（以轮代桨的兵船），从船上发出霹雳炮，其声如雷，石灰散为烟雾，把人、马的眼睛都迷住了，金兵由是大败。这种霹雳炮的结构究竟怎样，现在还不够清楚，但是，它利用着火炮的爆炸力量，把石灰粉末喷射成为烟雾，使敌人失去战斗力，则是很明显的。火药的爆炸力是同火药的数量和质量直接联系的，但又与用以装盛火药的弹壳有一定的关系。同样数量和质量的火药，装起来，用纸壳不如用皮壳，用皮壳不如用金属壳；因为金属材料的强度比前二者为大，从而蓄积在弹内的气体压力也比较高，在达到爆炸时刻，威力就特强。铁火炮的出现，便是从经验中认识这一原理的结果。1121年蕲州战役，金兵使用了铁火炮，而且使用得很准确有力。赵与衮《辛巳泣蕲录》说："初八日独西知府帐前与衮帐前左右铁火炮甚多，甚至打至卧床屋上，几乎殒命。"又说："匏状而口小，用生铁铸成，厚有二（？）寸。"据现有其他资料来看，形式不一定都呈匏状，厚度恐亦不能达到二寸，但是用生铁铸造，则毫无疑问。铁火炮威力特大，故《金史》里又称为震天雷。元世祖至元十一年（1274），以蒙古、高丽兵进攻日本，至博多。"忽敦等……发铁火炮歼敌兵无算，日本人败走"。（见《新元史》卷二五〇，其原始资料为无名氏《八幡愚童训》，见《群书类丛》卷十三）七年之后，元兵再次进攻日本，也曾发铁火炮，击败日军。当时日本有个画家竹崎季长，亲身参加过两次战役，后来曾把战场的情况画了出来；在1292年把这些画编成书，题名《蒙古袭来绘词》。其中一幅画着这样的情形：左边是元兵，右边是日兵，中间地面上有一支铁火炮，呈现炸裂状态；铁火炮的下半还完整，上半已经炸碎了，火焰正射向日方。这种炮壳，看来是两个半球状的部分合成的，正是何孟春《余冬序录外篇》所说"状如合碗"的式样。

以上所讲的火器，无论是以燃烧为主，还是以爆炸为主，都是把装载火药的炮，用抛射机抛射到敌人阵地上去。而火药在军事用途上另一方向的发展，则是把装盛火药的器具保留在自己的阵地，只用火药所发出的火焰，尤其是爆炸时所喷射出的子弹来打击敌人。完成这一发展，就基本上完成了从中古弓箭式武器到近代枪炮式武器的革命。在北京中国历史博物馆里，陈列着一尊刻有至顺三年（1332）铭文的铜大铳，它是已发现的世界上最古铜炮。以其为威力最高的武器，尊之为“铜将军”。（参见图版三十一上）至正二十七年（1367）张士诚被围于姑苏，其弟士信在城上正吃桃子，忽被飞炮击死。时人杨维桢（1296—1370）作了一首题为“铜将军”的诗咏其事云：“铜将军，无目视有准，无耳听有声。……铜将军，天假手，疾雷一击，粉碎千金身。”不过火铳也有大有小，铜铸之外，也有铁铸的。清咸丰（1851—1861）年间，在南京校场地下挖出大型铁铳多尊。其中有两尊：一尊刻有“周三年造重五百斤”的铭文，一尊刻有“周四年六月日造重三百五十斤”的铭文。大周是张士诚称吴王时的国号，两铳制造的年代分别为1356年和1357年，后于上述铜铳仅二十多年。流传下来的还有中型的洪武十年（1377）盏口炮，小型的洪武五年（1372）、六年（1373）竹节形铜质手铳。此外，还有一些虽无年款而从形式上可以认为是某一时期的作品。总之，就这些古物和有关文献看来，自十四世纪的二三十年代至六七十年代，大约有半世纪的光景，即元末明初这一时期，是我国枪炮式火器发展到相当成熟的时期。但是，达到这样的水平，曾经过一段较长的历史。从宋高宗绍兴二年（1132）陈规守德安（今湖北安陆县）时所发明的竹制火枪（见汤琦的《德安守御录》）算起，足足地过了两个世纪。理宗开庆元年（1259）寿春地方（今安徽寿县）所创制的“以巨竹为筒、内安子窠”的“突火枪”，到此也将近百年了。中间还出现有“火筒”“飞火枪”等火器。可见金属枪炮的取得，有其本身发展的过程，而不是突如其来的。

火药在军事上的应用，在明代得到进一步的发展。那就是把火药燃烧所产生的巨量气体，使其沿某一直线方向喷射出去，利用其反作用力来推动武器向敌方射出。从基本原理说，它跟现代火箭的发射技术一致，只是所用的燃料和装备有所不同，因而所产生的功能有小有大耳。明天启元年（1621）茅元仪在他著的《武备志》里说过这样一段话：“做火箭的关键在于线眼，眼正则出之直，不正则出必斜；眼太深则后门泄火，眼太浅则出而无力，定要落地：每个以五寸长言之，眼须四寸深。”在该书里还附有一个单支火箭图，它的结构具体地表达了以火力发箭的实况。它和以前所用的火箭虽说同名，而实质则异。以前的火箭是把燃着的火球附在箭上射到敌方，其发射动力在弓弩；茅元仪的火箭是把具有镞翎的箭射到敌方，其发射动力即在附于箭杆上的火药筒。

最近刘仙洲同志在他著的《中国机械工程发明史》（科学出版社1962年第一版，第72—81页）里，总结了茅元仪《武备志》中的新成就，例如具有三十二支火箭同时齐发的“一窝蜂”，具有雏形飞弹的“神火飞鸦”和“飞空击贼震天雷炮”，具有雏形两级火箭的“火龙出水”等，学者可参览焉。

火药另一方面的应用是烟火和鞭爆，总称之曰爆仗。旧时尝有人引隋炀帝（569—618）的“灯树千光照，花焰七枝开”诗句，或唐苏味道（648—705）的“火树银花合、星桥铁锁开”诗句，认为火药用作烟火，不始于隋，就始于唐。实际上这两首诗都是正月十五晚间（上元节又称元宵节）看灯火时作的，句中所形容的灯树、花焰、火树、银花，都是指各式各样的彩灯而言，并不能构成烟火出现的证据。还有人认为烟火出现于北宋末期，因为孟元老的《东京梦华录》里有追忆汴梁（今开封）烟火故事的记载。但是，稍微认真地考虑一下其中所称“烟火大起，有假面披发”“假面长髯”“烟火中有七人皆披发文身……余皆头巾、执真刀”等情节，就不难看出，这里所提到的烟火实际是旧戏中演火烧场面或鬼神出场时放烟火的情况。那时帮场的人一手握着一束正在燃着的扇形火纸，一手抓着一把松香粉末，在扬起火纸的同时，把松香末向火头上播散出去，便有一团火焰和黑烟一齐出现，所以也叫作烟火，但并不意味着用火药装制的成品。真正的烟火出现于南宋孝宗年代（1163—1189）。当时有爆仗，像后来的“匣子火”，点着后，先放出爆炸声，然后一层一层地呈现各种花卉、鬼怪。有“屏风”，外画钟馗捉鬼之类，内装药线，点着后，一连不断地现出各种玩意。有“地老鼠”，点着后，在地上喷火乱窜。到了理宗初年（1225—1264），一次上元节日，理宗和恭圣太后在庭中看烟火，“地老鼠”闯到太后座下，太后惊惶而走。理宗心里不安，打算处罚承办烟火的人员，后来因为太后觉得事出无意，才没有处罚。

总之，火药应用于军事性的武器在前，而其应用于娱乐性的爆仗在后，历史事实正是这样。

注：这一节的内容和论点，除三数处略有补充外，概行取自冯家升的论文《火药的由来及其传入欧洲的经过》（见《中国科学技术发明和科学技术人物论集》，三联书店1955年版）和《火药的发明和西传》那本小册子（上海人民出版社1954年版）。

## 第六节　瓷器的发展及其高度成就

我国的真瓷器出现于隋唐，它是在两晋、南北朝青瓷的基础上进一步发展起来的。其主要理由是：隋唐的瓷器才用更高的火候烧成，因此质地坚固，成为细致的半透明状态，达到了近代关于瓷器的定义所要求的条件，这是劳动人民广泛、不断地吸取了先进经验总结出来的。近年来西安、洛阳出土的隋代瓷器，色白质坚，可以为证。

唐代，是我国在汉以后极为强盛的统一时期，由于封建社会经济的高度发展，手工业生产有了精细的分工，多种生产技术都出现了新的成就，烧瓷的技术也达到一个新的阶段。加以唐代社会经济繁荣，对外贸易发达，因此货币流通量增加而感到铜币不足。政府禁止用铜铸造生活用品，生铜也禁止出口。于是，人民生活所需的铜器，就逐渐为陶瓷器所代替。明代张谦德在《瓶花谱》里说："古无瓷瓶，皆以铜为之，至唐始尚瓷器。"此外社会安定，物质生活与文化生活相应地提高，从而养成了饮茶之风。饮茶之风既盛，对茶具的要求越来越高，也促进了烧瓷技术之进步。这虽不是一个最根本的原因，但也起了一定的推动作用。瓷窑的专名，也从唐时才开始出现。在唐以前陶瓷合烧窑，泛称陶窑。《陶录》："古陶惟自晋代起，东瓯、关、洛诸作，在当时原只泛称陶器，故仍以'陶'代之，盖陶至唐盛之，始有窑名。"

隋唐时代，我国开始了瓷器阶段，在以后的一千余年封建社会中，不断发展和提高，迄至明、清，我国瓷器达到了炉火纯青的极盛时代，以高度的技艺水平闻名于全世界。

## 一、隋唐真正瓷器的出现及青瓷

唐代的瓷窑以北方的邢州（今河北内邱）和南方的越州（今浙江绍兴）为最著名。邢州瓷器胎釉洁白，如银似雪，是当时著名的瓷器，李肇《国史补》卷下："内邱白瓷瓯，端溪紫石砚，天下无贵贱通用之。"以邢瓷和端砚并列，可见其地位很高，也可见其为广大群众所喜爱。越州瓷器，以青瓷称著，制作精美，尤其是青瓷碗更为有名，所谓“越瓯秋水澄”“越瓯荷叶空”“九秋雨露越窑开，夺得千峰翠色来”等名言佳句，更说明越窑的青瓷已经达到非常名贵的境界。（参见图版二十二）唐代的邢瓷和越瓷，一白一青、一北一南，交相辉映，代表我国唐代瓷器的两个主流。

唐代著名产瓷地除邢、越以外，景德镇也是其一（唐为昌南镇）。据《浮梁县志》载：唐武德年间（620左右）浮梁县所产瓷器运往京师，由于质地坚硬，透明度大，颜色[①]洁白，所以被称为假玉，“且贡于朝，于是昌南镇瓷名天下”。《旧唐书·韦坚传》：“长安城东九里……有望春楼，楼下穿广运潭，以通舟楫。……坚取小斛底船二三百只置于潭侧。其船皆署牌表之，若：……豫章郡船，即名瓷酒器、茶釜、茶铛、茶碗。……凡数十郡。”这里豫章郡船所载进贡的名瓷，大概就是昌南镇等地的产品。据近年调查，唐时景德镇不仅烧制白瓷而且也烧青瓷。陆羽《茶经》曾把当时各地的瓷器作了一个评价，他说“碗：越州（今浙江绍兴）上，鼎州（今陕西富平）上，婺州（今浙江金华）次，岳州（今湖南岳阳）次，洪州（今江西南昌）次，寿州（今安徽寿县）次。……”这当然是他个人的看法，专以茶色品评瓷质不一定确切，不过也反映出当时产瓷之地甚多。此外四川的蜀窑（大邑）也产瓷器，

① 本节参见陈万里：“中国历代烧制瓷器的成就与特点”，《文物》，1963年第6期及江西省轻工业厅陶瓷研究所：《景德镇陶瓷史稿》，三联书店1959年版。

大邑所产瓷碗，胎釉细白。杜工部《又于韦处乞大邑瓷碗》诗云："大邑烧瓷轻且坚，扣如哀玉锦城传。君家白碗胜霜雪，急送茅斋也可怜"，即指此（怜字为怜爱之意，非怜悯之怜）。

1958年，景德镇胜梅亭出土唐白碗碎片，据周仁先生等研究，白度已达70%以上，原料仅用瓷石一种，胎釉中氧化钙的含量特别高，烧成温度在1150—1200℃。从这个白碗的白度看来，已达到现代高级细瓷的标准，可见在唐代，我国瓷器确已达很高水平。[①]

在釉色方面应该首先指出是青色釉。青色釉是瓷釉中含有1%—3%的氧化亚铁出现的。像唐代越州的青瓷。这种美丽的青色釉烧制并不容易，必须掌握窑的温度和通风状况，使瓷器在还原焰中烧炼完成。如果有氧化焰出现，就有氧化亚铁进一步被氧化成为黄色的高铁离子，美丽的青色釉就不能出现了。一般越州窑的青瓷釉化学成分为：

$$\left.\begin{matrix} 0.2\text{—}0.4\ R_2O \\ 0.6\text{—}0.8\ RO \end{matrix}\right\} \cdot 0.2\text{—}0.3\ Al_2O_3 \cdot 2.0\text{—}3.0\ SiO_2$$

$R_2O$代表所有一价的金属氧化物的成分总和，如$Na_2O$、$K_2O$等，RO代表所有二价的金属氧化物的成分总和，如FeO、CaO等。

唐代越窑的青瓷，为我国古代瓷器的一大系统，它起了承

① 参见周仁等："景德镇历代瓷器胎、釉和烧制工艺的研究"，载于《硅酸盐》第四卷第二期，1960年。

先启后的作用。

到五代时期，由于战争的影响，社会经济呈现了停滞的状态，一切手工业和艺术，都没有太显著的发展，都不过承唐代余波。当时北方的柴窑（在今河南郑州）所造的瓷器盛称一时，称作雨过天青器，一般文献称赞它有四大特点："青如天，明如镜，薄如纸，声如磬。"据此，可见它们已经是非常完善的瓷器了。但其传留的物品却还未曾见过，而见近年考古调查也没发现五代窑址。所以有人怀疑"柴窑"是否存在。因此，这还是值得研究的问题。

## 二、宋元烧瓷技术的发展和成熟

宋代，在全国统一、经济发展的条件下，造瓷技术达到一个新的高峰。

因此，瓷器就与丝绸一同列入对外贸易的重要项目。造瓷业有了精细的分工，有专管火候的"火色匠"。有专配釉料的"合药匠"等。这种生产上的精细分工，是瓷器发展的结果，反过来又进一步促进技术的提高。宋瓷的胎质、釉料和烧制技术都达到了新的水平，可以说宋代是我国瓷器完全成熟的时代，是发展过程中的重要阶段。

概括宋代烧瓷技术最显著的成就有三个方面：第一，烧制青瓷经过唐及五代已有相当深厚的基础，宋代又进一步提高。第二，出现了以红蓝色釉著称的钧窑。第三，瓷器在装饰花纹上的突出发展。宋代著名的瓷窑有以下几处：

北方的定州窑（今河北曲阳县）产的白瓷，俗称为白定，色调有莹白、甜白、牙白等种，纹样有划花、绣花、印花三种做法；以刀雕刻者曰划花，以针剔刺者曰绣花，以陶范印成者曰印花。式样工巧，别开生面。

汝窑和耀窑也均在北方。汝窑在今河南汝州市，汝瓷传世较少，釉色青略淡，里外满釉。大都用细小的支钉支烧，所以底部有支烧痕。器物以盘洗较多，碗较少。耀州窑经近年考古调查，地址在陕西铜川市北。耀瓷胎质灰而带褐，釉色青如橄榄。器物上的纹饰，以内外布满模印或划刻花纹的居多，光素的较少。

官窑也为宋代著名瓷窑，北宋时在汴京烧制，南渡后，在临安置窑于修内司，烧制青瓷，也称修内司窑。其制品“澄泥为范，极其精致，釉色莹澈，为世所珍”（叶寘《坦斋笔衡》）。

著名的龙泉窑，也以烧制青瓷著称，龙泉窑在今浙江省龙泉市。据文献记载，宋代龙泉县有章氏兄弟二人，所烧瓷器称为哥窑及弟窑。哥窑的瓷器，以青釉为主，有深有浅，深者略带黄色，最浅者近于白色。它的特点是有碎纹，好像裂痕百条，号“百圾碎”。这是一种人为的装饰，是当代工匠的巧心创造。弟窑的瓷器，釉色青润，以粉青为最好，精巧细致，与哥窑齐名。

官窑和龙泉窑都以烧制青瓷著名，这是唐代越窑青瓷的进一步发展。

为了进一步研究宋代青瓷的技术水平，周仁先生在早年还曾分析了南宋官窑烧制的青瓷片的瓷胎和瓷釉的化学成分，结果如下表所列①。

由表中可见南宋官窑的胎骨中含铁质较高$Fe_2O_3$为2.81%—3.98%，如此高含量的$Fe_2O_3$在还原焰烧成时，部分被还原成氧化铁，而形成黑色的$Fe_3O_4$分布在胎中，因而还原较强的露骨部分如底足呈黑色即所谓“铁足”。宋代的青瓷另一特点是釉略带黄色，这是由于烧制时未能全部控制为还原焰，而出现了一些氧化高铁所致。

（一）万松岭瓷片胎骨的成分

| 成分 | 一号粉青色<br>碗口部 | 二号梅青色<br>碗片底部 | 三号<br>白釉底片 | 六号<br>白色釉碗 |
|---|---|---|---|---|
| $SiO_2$ | 65.02 | 70.75 | 66.21 | 60.74 |
| $Al_2O_3$ | 27.85 | 22.26 | 27.73 | 33.00 |
| $Fe_2O_3$ | 2.81 | 3.98 | 3.71 | 3.28 |
| $MnO_2$ | 0.00 | 0.51 | 0.32 | 0.00 |
| CaO | 2.79 | 0.47 | 0.38 | 2.86 |
| MgO | 0.71 | 0.09 | 0.12 | 0.81 |
| 总计 | 99.38 | 98.06 | 98.74 | 100.69 |

① 周仁：“发掘杭州南宋官窑报告书”，《前中央研究院二十年度总报告》，1931—1932年。

（二）青色釉的化学成分

| 成分 | 万松岭<br>粉青色釉 | 乌鳖山<br>青灰色釉 | 乌鳖山<br>青灰带黄色釉 |
|---|---|---|---|
| $SiO_2$ | 70.94 | 62.68 | 62.21 |
| $Al_2O_3$ | 16.94 | 18.41 | 18.06 |
| $Fe_2O_3$ | 3.12 | 2.87 | 2.65 |
| $MnO_2$ | 0.08 | 0.00 | 0.34 |
| $CaO$ | 7.66 | 13.26 | 13.19 |
| $MgO$ | 微量 | 0.25 | 0.32 |
| $K_2O+Na_2O$ | 2.58 | 2.32 | 3.09 |
| 总计 | 100.69 | 100.06 | 96.86 |

宋代另一著名瓷窑在今河南禹县附近，称作钧窑，以紫红色釉著称，五光十色，别开生面。在隋唐以来各地瓷窑主要以青瓷白瓷为产品的情况下，独树一帜，焕然一新。钧瓷窑址，经过调查，已证实其存在并发现有宋钧碎片。“钧瓷色釉，有绿中微显蓝色光彩的，也有呈紫红色彩的。蓝呈月白，或是蔚蓝一色，紫呈玫瑰般紫红，或像晚霞一片。”①（参见图版二十三）

钧釉的红色是由还原铜的呈色作用，红釉的成分中含氧化铜约0.33%，釉中所含少量的其他微量元素，也可能起一定的呈色作用。有红有蓝，紫色是由于红与蓝二色的混合作用而形成，更因这两种颜色的配合成分不同，而形成各种色调的紫。

宋代瓷器在装饰花纹上有了突出发展，早期的定瓷及耀瓷

① 陈万里：“中国历代烧制瓷器的成就与特点”，《文物》，1963年第6期。

仅能在一色釉的器物上施加划花、刻花及印花等传统手法。以后又于划刻之外，又创制了在胎上用毛笔作画等新方法。此种在白釉或绿釉下用黑色或赭色绘画的装饰，较之定窑等瓷器上所附加的花纹远为自由活泼，此种瓷器的烧成为以后的彩绘瓷器奠定了初步基础。[①]

元代烧瓷技术，继承了宋瓷的传统，又为明代永乐烧瓷技术打下基础，其最主要的为两个方面：一是当时景德镇工人开始烧制了釉下彩青花瓷器，在釉料中加入了氧化钴；二是铜红的烧制成功，美丽的红釉称作釉里红，色泽鲜艳，也是景德镇窑的成品。这两方面的技术都是明代烧瓷技术向更高水平发展的先导，因此元瓷的烧制在我国陶瓷史上起了承先启后的作用。

## 三、明代烧瓷技术的进一步提高

明代的烧瓷技术继宋、元之后，达到了新的高峰，由于封建经济出现了资本主义萌芽，手工业有了迅速的发展，加以大量供应国外市场，都促成了烧瓷工艺的高度成就。明瓷的主要成就可以概括为四个方面：

（1）白釉烧制的成功。白釉细腻莹净，有甜白和纯白之分，甜白后作填白，是纯白器可以填画彩者，始于明永乐，所谓永乐甜白脱胎撇碗，能映见手指螺纹，对着日光可见花纹

① 陈万里：“中国历代烧制瓷器的成就与特点”，《文物》，1963年第6期。

款识。较之宋定窑白瓷厚釉之作，又已改变了。宣德白瓷所谓“汁水莹厚如堆脂，光莹如美玉”，这种纯净莹润的白瓷又为釉下彩及釉上彩提供了更优越的条件。

（2）青花器的技术成熟。青花器于元代已初步烧制，自永乐至万历始终不断，而且精益求精，成为外销瓷器的主要产品。（参见图版二十四）外来的苏麻离青青料，使得青花瓷烧制不断进步，宣德、嘉靖两朝的青花几乎达到登峰造极的地位。近年定陵地下宫殿出土之青花瓷瓶，胎质细腻，釉色光润，代表明代瓷器的水平。

青花瓷所用的色料是氧化钴青料，那是不难了解的；但是，它的色调随着温度高低及火焰性质而有很大变化。如果使用的不是还原焰而是氧化焰，那么青料中的钴便不会显出美丽的颜色，温度过高过低也会使青花大大减色。除了火焰须掌握适当以外，钴青料本身的性质也对青花色调有很大影响。成化时使用的青料不是永、宣二朝所使用的，因而青花的色泽就有较大的差别。

（3）铜红呈色的单色釉烧制的成熟。元代继承宋钧瓷的经验，烧成了色泽别致的釉里红，到了明代更趋完善成熟。宣德年间烧成有名的霁红。这是由于成熟地掌握了还原铜的技术，大大超过了宋钧瓷。红釉除鲜红以外，又以浓淡而衍变为各种红色，有所谓朱红、宝石红、鸡红等品种。烧制红釉，当然要靠釉药成分的适宜，更为重要的是，在烧成的过程中，既要用还原焰将氧化铜变成游离的金属铜，又要掌握条件使其成为胶体状态，分散于釉内而呈出所期望的红色。

（4）明瓷中加彩方法的多样化。成化的斗彩，嘉靖、万历两朝的五彩、杂彩等，不但名著一时，并为清代的彩瓷奠定了深厚的基础。《南窑笔记》说：“成、正、嘉、万俱有斗彩、五彩、填彩三种。先于坯上用青料画花鸟半体，后以彩料凑其全体名曰斗彩。填者，青料双钩花鸟人物之类，于瓷胎成后，复入彩炉填入五色，名曰填彩。”斗彩、五彩、填彩三种色彩，在烧制方法上都不外以上两种。这两种是釉下彩与釉上彩合作的一种方式。万历五彩瓷器的发展，浓艳可爱，填笔简朴，但很自然，达到了空前未有的成就。此外在造型、纹饰方面，也不断有新的发展，这些都为清代烧瓷所继承，并进一步发扬光大。

明代在制瓷工艺上面有了多项革新，分工细，生产率提高了。而且由于技术专一、易于深入，如在施釉技术方面采用浇釉与吹釉，使器内外釉都得以均匀，克服了宋、元多为蘸釉，釉汁往往不能到底的缺点。在旋坯方面，元以前都用竹刀，明代起则改用铁刀，使器内外都得光平。再如烧成技术方面，明代窑身加大、容量多、生产快。在装饰技巧方面，显出鲜明的五彩，掌握火焰技术及调节温度也都创造了成熟的经验。这些成就都是劳动人民在生产过程中实践得到的。因此出现了许多卓越的烧瓷工人。明代的瓷窑有民窑和官窑，官窑以朝代年号为别，一代有一代的制作，各有特点。

明代在地方窑中，福建德化窑与浙江龙泉窑齐名，经过近年的考古调查，德化窑在宋代已经烧制白釉器物，发现了宋代的白釉碎片。到了明代，白釉的色调已烧成象牙白，釉层与胎质几乎不能分清，胎骨虽略厚，但有温润如玉之感。龙泉窑继续烧制青瓷，与宋修内司窑青瓷在釉料方面大致相近，然又略有不同。

## 四、烧瓷技术达到高峰时期的清代

清代瓷器，在宋、元、明取得卓越成就的基础上，继续有所发展与提高。

在单色釉器方面：康、雍时期烧制的青釉瓷器，不仅能够准确地配料，而且掌握了火候的变化，康熙时烧成的天蓝、苹果青釉，雍正时烧制的仿汝、仿官、仿龙泉、仿钧等色，都能烧到恰到好处，超过了宋代的水平。青花、釉里红较之元、明两代，也有了更高的成就。青花瓷以康、雍、乾三朝为高度成熟的时期。在红釉方面，清代有“郎窑红”，这是仿宣德祭红宝石釉之无纹而釉质又较厚的作品而成。乾隆时唐英仿宣德之祭红，则又有鲜红、宝石红两种。这种红色釉之演变极多，为清代景德镇工人继承宋、明传统而更为提高的新成就。

在彩瓷方面，清代也多创造性的发明，康熙五彩，雍正粉彩、珐琅彩至今仍著称于世。（参见图版二十五）康熙五彩是在万历五彩的基础上发展起来的，但又有不同的风格，万历彩大都尚凝重，康熙彩则剔透清澈。粉彩当时称作洋彩，雍正朝时发明胭脂水及粉红色釉，像牡丹花一般鲜艳。乾隆年间制成的瓷胎画珐琅彩，富丽堂皇。这些名贵的工艺品，在国际上享有极高的荣誉。康、雍、乾三朝是我国彩瓷的极盛时期，所以清末寂园叟《陶雅》说："世界之瓷以吾华为最，吾华之瓷以康雍为最。"

周仁先生等曾对清初的瓷器进行了研究：在瓷胎方面曾分析了康熙、雍正两朝六件彩瓷的瓷胎化学成分，结果如下表[①]。

| 时代与品名 | 康熙中胎斗彩盘 | 康熙中胎五彩盘 | 康熙厚胎五彩花觚 | 康熙厚胎青花觚 | 雍正薄胎粉彩盘 | 雍正薄胎粉彩碟 |
|---|---|---|---|---|---|---|
| $SiO_2$ | 65.09 | 66.67 | 66.33 | 68.59 | 67.78 | 66.27 |
| $Al_2O_3$ | 26.72 | 26.25 | 26.33 | 24.08 | 26.25 | 27.42 |
| $Fe_2O_3$ | 1.06 | 0.91 | 1.37 | 1.15 | 0.84 | 0.77 |
| CaO | 1.62 | 1.25 | 0.65 | 0.71 | 0.71 | 1.36 |
| MgO | 0.13 | 0.33 | 0.09 | 0.30 | 0.16 | 0.13 |
| $K_2O$ | 3.11 | 2.56 | 2.91 | 3.13 | 3.28 | 3.07 |
| $Na_2O$ | 2.57 | 2.15 | 2.44 | 2.35 | 1.12 | 1.29 |
| $TiO_2$ | 0.13 | — | 0.08 | 0.12 | 0.07 | |
| $MnO_2$ | 0.07 | — | 0.07 | 0.07 | 0.07 | |
| 总数 | 100.50 | 100.12 | 100.27 | 100.28 | 100.28 | 100.31 |

从瓷胎的化学分析结果中见到厚胎、中胎、薄胎中的$Al_2O_3$含量都在26%—27.5%之间，$SiO_2$在65%—68%之间，$R_2O$、RO在

① 周仁等："清初瓷器胎、釉的研究"，载于《景德镇瓷器的研究》，科学出版社1958年版。

5%—7.5%之间。其中只有康熙厚胎青花觚的$SiO_2$含量较高而$Al_2O_3$含量较低，这些瓷器烧制年代相隔有几十年之久，但在瓷胎的成分上变动不大。

对其中四件瓷器的釉也进行了化学成分分析，结果如下表①。

| 时代与品名 | 康熙厚胎五彩花觚里釉 | 康熙中胎斗彩盘青花釉 | 康熙中胎五彩盘白釉 | 雍正薄胎粉彩碟白釉 |
|---|---|---|---|---|
| $SiO_2$ | 77.82 | 67.92 | 70.79 | 72.09 |
| $Al_2O_3$ | 11.81 | 15.66 | 14.94 | 14.71 |
| $Fe_2O_3$ | 0.80 | 1.22 | 0.97 | 1.39 |
| CaO | 2.17 | 7.11 | 5.44 | 3.54 |
| MgO | 0.47 | 1.06 | 0.75 | 0.45 |
| $K_2O$ | 4.07 | 4.11 | 3.16 | 4.61 |
| $Na_2O$ | 2.25 | 2.14 | 2.63 | 2.25 |
| $MnO_2$ | | | 0.13 | — |
| CuO | 0.21 | 0.16 | 0.06 | 0.24 |
| PbO | 0.016 | 0.018 | — | 0.08 |
| 总数 | 100.22 | 99.40 | 98.90 | 99.30 |

从釉的化学成分上看变动较大，特别是青花釉中CaO的含量有显著的增加，这也说明了配青花釉所用的釉灰量较白釉为高。白釉和青花釉中的含铁量都是比较高的。从胎、釉的颜色

① 周仁等："清初瓷器胎、釉的研究"，载于《景德镇瓷器的研究》，科学出版社1958年版。

来看，它们都是白里微泛青色，其中所含的铁从两件样品统计得知低价铁FeO占总含铁量90%以上，这说明这些瓷器都是在还原气氛中烧成的。白里泛青是我国瓷器色调上的显著特征。清代瓷胎由于采用了多量的高岭，瓷坯变形的可能性就减少了。从清瓷胎的显微结构来看，石英颗粒比前代的细小而均匀，这是制瓷原料经过精细淘洗的缘故。原料淘洗之精细的加工，显著地增加了瓷器的白度和透光度；根据测定，清雍正彩盘的白度都超过了75%。其次清代的烧成温度已达1310℃左右。为了适应烧成温度，瓷釉中CaO含量也降低了，转而增加了釉的白度和光泽。由于烧成温度增高，胎质更加坚硬了；清代瓷器，从显微结构来看，已经达到了现代硬质瓷的技术指标。

清代烧瓷工人由于熟练地掌握了釉药的配方和控制火焰的性质和温度，其结果在仿制历代名瓷工作中获得了很大的成功。仿制器物的色泽与原物几乎无别，而且在美感、风格方面也都逼真，或且过之。

清代瓷器，在我国瓷器发展史上占着光辉的一页，无论在哪方面都已达到了空前的高峰。

总起来说，我国瓷器工艺方面的发展，可以看到这样一个比较清晰的轮廓，即两晋南北朝是由陶到瓷的过渡时期，隋、唐是瓷器出现的时期，宋、元是一个发展阶段，而明、清则是一个高度成熟的时期。这一段悠久的光辉历史，是我国古代劳动人民智慧的结晶。

## 第七节　造纸术进一步的发展

### 一、隋唐时藤纸和麻纸的广泛应用

隋唐时期，尤其是唐代，更多更好的纸张的需要促进了造纸业进一步的发展，这是跟当时的政治经济分不开的。在初唐政治统一的局面下，文化即随着经济发展和生活安定的所谓“贞观（627—649）之治”而昌盛起来。古典书籍如九经（《周易》《尚书》《毛诗》《周礼》《仪礼》《礼记》《春秋左传》《春秋公羊传》《春秋穀梁传》）分别重加疏解，总共成书363卷，占传世的《十三经注疏》416卷的87%。与之相辅而行的还有陆德明的《经典释文》30卷。在史籍方面，又编纂了《晋书》130卷，《南史》80卷，《北史》100卷，《隋书》85卷，而颜师古还注了《汉书》120卷。在类书方面，虞世南撰了《北堂书钞》160卷，欧阳询撰了《艺文类聚》100卷。在佛经方面，玄奘“以贞观十九年正月归京师（长安），其年二月六日，至龙朔三年十月，凡十九年间（645—663），继续从事翻译，所译共73部，1330卷”。（梁启超《饮冰室合集》专集之六十，页十七）这些仅是初唐一个较短时期著录的一部分，及至“开元（713—741）盛时，著录八万余卷，其中唐朝学者自己写的著作二万八千余卷”。（张秀民《中国印刷术的发明及其影响》页十九）当时著述卷帙如此之多，实为前代所未有。书成之先，属稿所用，书成之后，传抄所需，如果没有一定数量的适于缮写的纸张供应，那是不克济事的。“清朝末年在甘肃敦煌千佛洞（古名莫高窟）发现大批书籍，多为六朝、唐人遗物。……被斯坦因、伯希和偷走了约一万卷，现存伦敦、巴黎。其余较次的8734卷，又残页1192号，均存北京图书馆。北京所藏全部几为佛经……大部分则为七、八世纪所写，所以通称唐人写经”。（同上书页二十）从这项宝贵文物可以部分地看到唐代缮写书籍时所用纸张的数量和质量。

另一项促进纸张发展的因素是唐代艺术的昌盛，主要是绘画和法书两大端。书画的讲究必然会引起对纸质的讲究，这是很容易理解的，只要我们认识到古代书画也有绢本绫本的就够了。在这里我们不想列举唐代著名的书画家的事迹来加以说明，只想着重指出初唐出现了一种摹写之风，对于纸张提出了一项新的要求。唐太宗李世民由于爱好王羲之的字打发萧翼从辩才手里骗得了《兰亭序》原本，于是教群臣中善书者临的临，摹的摹。“临谓以纸在古帖旁，观其形势而学之。……摹谓以薄纸复古帖上，随其细大而拓之”（宋黄伯思《东观余论（卷上）·论临摹二法》）。这种用以摹写的纸，它必须具有较高的透明度才好使用。要达到一定的透明度，纸的质地必须细薄，或者还须涂油烫蜡。唐张彦远就说过：“好事家宜置宣纸百幅，用法蜡之，以备摹写。古时好拓画，十得七八，不失神采笔踪。”［《历代名画记（卷二）·论画体工用拓写》］照彦远的说法，摹写一术，不但用于字，而且用于画；所用的纸，不仅要求薄，而且还要上蜡。姑无论用于字或是用于画，也不管所用的纸是本质轻薄还是上蜡所得，它必须具有一定的透明度，那是毫无疑问的。唐代摹写的画虽然没有流传下来，而摹写的法书则不止一本。故宫博物院所藏有相传是唐人临摹的兰亭四种，据专家审定，神龙本可确认为是贞观年代摹写之本。[①]虽说经历了十三个世纪多的岁月和不知若干次的裱褙，纸的本来面目已大有改变，然其质地之佳仍不难据此而推得也。这类纸的需要，在数量上不会很大，而在质量上却相当高。

还有一种需要就是印刷用纸。据专家的考证，初唐即已确立印刷图书的技术。相传“玄奘以回锋纸印普贤像，施于四方，每岁五驮无余”。（《云仙散录》引《僧园逸录》语）从这一故事看来，回锋纸的质量是相当考究的，每岁五驮的数量也不算是很少的。但是总的说来，当然不会与抄写所需的数量相匹敌。

至于人民日常生活所需要的纸张，如糊窗棂、糊灯笼之类，在唐代文献和文物中也留下了确实可靠的记载。综合以上

① 徐邦达：“谈神龙本兰亭序”，《文物参考资料》，1957年第1期，第19—20页。

所说，唐代的劳动人民，为了适应当时社会文化生活和物质生活上的需要，在前代已有的基础上，更进一步地发展了造纸事业。

唐代纸业发达的区域是相当广泛的。根据《新唐书·地理志》《元和郡县图志》《通典·食货典》等书的记载，就有常州、杭州、越州、婺州、衢州、宣州、歙州、池州、江州、信州、衡州等十一州产纸或贡纸。这十一州都在今浙江、江苏、安徽、江西、湖南五省地带。此外，还有益州（四川）、韶州（广东）、蒲州（山西）、巨鹿郡（河北）等南北各地，也都产纸，有的更以特产佳纸而著名。这些都见于记载，已足够说明当时纸张产地之广；至于不甚著名的产地因而失载者，也许还有。

唐纸品种很多，就造纸所用的原料说，以麻、藤、楮三者最为主要。官府文书用纸，以麻纸为一大类；又按官阶等级和文书的类别，分为白麻纸、黄麻纸、五色麻纸三种。麻纸以四川所产最为著名，需要量很大。据《新唐书·艺文志》所载，每月要供给集贤院学士以蜀郡麻纸五千番。又开元年间，西京长安、东京洛阳各有经、史、子、集四部库书，共一十二万五千九百六十卷，据《旧唐书·经籍志》说，皆以益州麻纸写。可见当时四川麻纸质量之好，产量之巨。这当然不等于说只有蜀郡生产麻纸，因为麻纸本身有其悠久历史，不同的地区各有所继承与发展。如扬州六合纸便是一种好麻纸。宋米芾尝称道，“唐人浆碓六合慢麻纸，写经明透，年岁久远，入水不濡”。可作为一个例证。

藤纸和麻纸微有不同，它是一个较为新兴的品种。它在东晋才出现，在唐代才发达起来。它原来的主要产地是越州之剡溪，但后来也就逐渐推广到杭州、衢州、婺州、信州等地。据《元和郡县图志》，杭州、婺州于开元时贡藤纸，信州于元和时贡藤纸；而杭州余杭县之由拳山，傍有由拳村，出产藤纸。《唐六典·户部》李林甫注亦称，衢、婺二州贡藤纸。以这些记载看来，唐代的藤纸大致出自今浙、赣两省里边山临水的地区。当时官府文书用纸，藤仅次于麻。用途的分别，也有一定的规章：凡赐予、征召、宣索、处分的诏书用白藤纸，凡太清宫道观荐告词文用青藤纸，敕旨、论事敕及敕牒用黄藤纸。（《唐六典（卷九）·李林甫注》）同时，两京的文人也以藤纸相夸。顾况写过一首《剡纸歌》，中有句云：“剡溪剡纸生剡藤，喷水捣为蕉叶棱。欲写金人金口偈，寄与山阴山里僧。”这诗夸奖藤纸光滑有如蕉叶一样，可作写经之用。各方面相尚成风，形成了供不应求之势，正如舒元舆在《悲剡溪古藤文》里所说的：“人人笔下动数千万言……自然残藤命易甚。”虽然当时的劳动人民于剡溪以外地区，开辟了藤纸的新来源，究竟藤的成长，既不如麻一年一收，也不如楮三年一斫，仍然妨碍着藤纸业的扩大与推广。我们可以认为藤纸在唐代既得到很大的发展，也受到一定的限制。

跟麻纸、藤纸不一样，楮纸的用途，在唐代文献中我们还不曾找到对它有何规定。这大概是，自蔡伦发明造纸新术以后，楮纸一直按照它本身的途径发展，获得如此广泛的使用，以致难于划定范围。唐代某些著名的加工纸，例如五色金花绫纸、薛涛深红小彩笺等，也许就是从楮纸做出来的。元人费著在《蜀笺谱》里，谈到唐代广都（今双流县北）也产楮纸，分为四种，都比浣花笺更清洁。浣花笺即薛涛笺，可认为这类彩笺乃楮纸加工的一种线索。唐刘恂的《岭表录异》和段公路的《北户录》都提到，罗州（今广东廉江县北）产一种香皮纸，但“纸慢而弱，沾水即烂”，远不及楮皮纸。可见当时是把楮纸当为衡量纸质标准的。

以上所谈，是对唐代广泛使用的三种主要纸张的简单说明。还有其他品种，如竹纸、苔纸、桑根纸以及上面所顺带提到的香皮纸，它们都没有发展到这样的地位，便不再多谈了。至于加工纸张，例如闻名当时的薛涛笺，我们十分同意明宋应星的话：“其美在色，不在质料也。”

在研究唐代缮写用纸的情况中，值得特别重视的是王明先生对实物鉴定和测量所得的两项结果[①]。王明先生取了黄文弼先生在新疆考古所获的唐代文书七纸（现藏中国科学院考古研究所），这七种都写有年款，起调露二年（680），终大历

① 王明：“隋唐时代的造纸”，《考古学报》，1956年第1期，第115—126页。

十五年（780，即建中元年），恰历一个世纪。“经过北京工业试验所鉴定，它们的纸料成分，都属麻类。另有吐鲁番出的唐纸残片三，亦经鉴定，一片为麻类纸，一片为构树皮纸，一片为树皮类纸。从此可见这些纸的成分，大致不外麻和构树皮。构树就是楮树。同时可以了解唐代的麻纸和楮纸相当多而且通行相当广。尤其麻纸，无论粗精，用途最广”。（参见图版二十六、二十七）

另一项结果是唐纸的长阔幅度。王明先生就上述七种文书中取了开元十六年（728）和天宝十二年（753）的两种；由于它们本身都是四截纸粘接成的，分别各截进行了量度，“它的长度约近45厘米，阔度约近30厘米。从此可以了解唐代这种麻纸幅面大小的情形”。他还进一步地就北京图书馆所藏敦煌石室出的唐太宗贞观四年（630）至僖宗中和元年（881）写的11个经卷和中国科学院考古研究所所藏5个唐人写经，加以测量。“从北京图书馆藏的11个唐人写经中，知道每张纸的长度为42—52厘米（天宝三年的一卷每张长约76厘米可视为特别长除外），阔度为25—29厘米；考古研究所藏的5个唐人写经中，每张纸的长度为45—52厘米，阔度为26—28厘米，都没有超过前举11个经卷每张大小概数的范围”。纸张幅度的大小是衡量造纸技术水平的一种尺度，当然它又是适应那时的社会需要而发展起来的。在这里我们可以得到唐代一般书写用纸大小的具体数据。

对来源可靠、时代可定的古文物进行科学实验，是研究我国古代科学技术史的一种极为重要的方法。

## 二、两宋造藤纸和竹纸的技术

宋代文化，在大唐和五代的基础上，获得了更进一步的发展。在发展过程中，促进纸张供应的重要因素可说至少有两个。首先是刊印书籍的蓬勃发展。据版本专家的考证，我国的图书雕版印刷术，始于唐，成于五代，盛行于两宋。唐本、五代本的图书流传到现在的寥寥无几，而北京图书馆及其他著名图书馆所藏宋版书仍不在少数，在纪念我国古代伟大作家屈原和伟大诗人杜甫时，就有宋版的离骚和杜诗展出，由此可证。其次，考古学中一个新部门在宋代出现，那就是所谓金石之学。金石学是以古代钟鼎石刻文字为对象，考释其文义，考订其时代。这类文物，分散储存于各地各家；要研究它们，就得借助于拓片。金石拓片在唐代已有样品出现，如韩愈的《石鼓歌》便是根据所看到石鼓拓片而写作的，所以他开头就说“张生手持石鼓文，劝我试作石鼓歌”，随后又说“公从何处得纸本，毫发尽备无差讹”。但是它仍然不过是一种零星样品，流传恐怕很有限。这种学术风气的形成还是在宋代。宋欧阳修著了一部书叫《集古录》，集录金石之文多至千卷，所作的跋尾就有四百余篇。宋赵明诚著《金石录》三十卷，计目录十卷，跋尾二十卷。据他的妻子李清照说："建炎己酉夏五月，被旨知湖州，时犹有书二万卷，又金石刻二千卷。"从这里的二千卷和上面欧公的千卷看来，都是就金石拓片的卷轴或卷帙而言。当时拓本流行之盛，可以想见。

宋代毡拓所用的是哪种纸，现在颇难考究，但据毡拓艺术上的要求说，纸质应该具有细、薄、牢三种特征，那是容易理解的。关于宋代印书所用的纸，我们的了解却具体得多。宋本《春秋经传集解》末有木戳记说："淳熙三年（1176）八月十七日……秦玉桢等奏闻……《春秋左传》《国语》《史记》等多为蠹鱼伤牍，未敢备进上览。奉敕用枣木椒纸，各造十部。四年九月进览。……"椒纸是以胡椒、花椒或辣椒泡过的水来潢治所用的纸，取其可以辟蠹。南宋人周密（1232—1308）在所著的《癸辛杂识》里说："廖群玉诸书……九经本最佳。……以抚州萆钞纸、油烟墨印造。"他又在所著《志雅堂杂钞》里说："廖群玉诸书，皆以抚州萆钞清江纸、油烟墨印造，所开韩柳文尤精好。"所谓萆钞纸不详究属何种纸，然其质量特好，则毫无可疑。尤幸世彩堂（即廖群玉的堂名）本《韩昌黎集》还存留在世间，可就实物加以检验。以上是当时人言当时事，可视为信而有征。明代去宋未远，宋版书存者还较多，经眼所见者广，则所评定者也还有一定参考价值。王世贞《宋刻本汉书跋》云："余生平所购《周易》《礼记》《毛诗》《左传》《史记》《三国志》《唐书》之类，过三千余卷，皆宋本精绝。最后班、范二书，尤为诸本之冠。桑皮纸洁白如玉，四旁宽广，字大者如钱，绝有欧柳笔法，细书丝发肤致，墨色精纯。”又《六臣注文选跋》云：“余所见宋本《文选》，无虑数种，此本缮刻极精，纸用澄心堂，墨用奚氏，旧为赵承旨（赵孟頫）所赏。”张萱在所著的《疑耀》里说：“余……幸获校秘阁书籍，每见宋版书，多以官府文牒，翻其背，印以行。如《治平类篇》一部四十卷，皆元符二年及崇宁五年公私文牍笺启之故纸也。其纸极坚厚，背面光泽如一，故可两用。”从上面这些记载看来，两宋印书的纸张是比较多样的。王世贞所认为澄心堂的纸，是否属实，还可存疑；但是，在数种同样版本中它的印刷用纸最好，那是完全可信的。张萱所述，尤属确凿可据，同时也可见宋纸质量之高。应当指出的是，这些记录都带有一定的选择性，都是就纸张之最佳者加以誉扬。如果要对宋代印刷纸张作一更全面的估价，只有科学技术工作者与版本学专家合作，就我国现存宋版书中取其对时代（如北宋南宋）和地区（如蜀本、建本、浙本等）具有一定代表性的品种，进行科学鉴别，才会解决问题。南宋爱国诗人陆游在他的《老学庵笔记》里也曾说过：“今天下印书，以杭州为上，蜀本次之，福建最下。京师（临安）比岁印版殆不减杭州，但纸不佳。”这段话将通过上述科学鉴别而获得一番审核。

在雕版印刷得到蓬勃发展的同时，抄书之风仍并行不废。

徐度《却埽编》有云："南都王仲至侍郎……每得一书，必以废纸草传之，又求别本参校无差误，乃缮写之。必以鄂州蒲圻纸为册，以其紧慢厚薄得中也。"陆游《老学庵笔记》亦云："前辈传书，多用鄂州蒲圻纸，云厚薄紧慢皆得中。又性与面粘相宜，能久不脱。"鄂州蒲圻纸是宋代劳动人民创造出来的一种新纸张，关于制造它所用的原料和方法，我们现在所知道的可惜太少了！

值得顺带提出的是，在宋代出现了像苏易简的《文房四谱》、米芾的《十纸说》等这类专门著作。把纸列为文房四宝之一，而讨论其优劣得失，这还是第一次。它反映着当时人民文化生活需要的一个方面，好像饮茶在唐代成为人民物质生活中一种习俗因而产生了陆羽《茶经》一样。其他小说笔记如赵希鹄《洞天清禄集》之类，也要讨论到纸的问题上去。这种风尚，传到元代，又产生了鲜于枢的《纸笺谱》和费著的《蜀笺谱》两书。

现在我们可以讨论一下宋纸中两个更具体的问题。一个是藤纸问题。有人认为藤纸在宋代已居次要或者很次要的地位，看来似不尽然。张德钧先生提出过不同的看法，举出了两种理由："（1）米芾《十纸说》里虽没有提到藤纸二字，但其中说的由拳就是指的藤纸。因为从唐到宋，由拳都以出产藤纸著称，详见唐李吉甫《元和郡县图志》、宋乐史《太平寰宇记》以及南宋人编的《咸淳临安志》。不但如此，米芾还有盛称藤纸的话，如在《书史》里说：‘台藤背书，滑无毛，天下第一，余莫及’等等。由此可见，米芾在《十纸说》中，不但列有藤纸，而且还常用藤纸。（2）根据《元丰九域志》《宋史·地理志》《咸淳临安志》等关于当时州郡贡纸情况的记载，藤纸在各种纸类中实占第一位。”①我们的意见是：藤纸发展历史，不仅是唐宋时代变迁问题，还有区域性先后问题。我国幅员广阔，一种技术，往往某一地区发展在先，另一地区则发展在后。在一定时期中，从前一地区来看好像已经过时，而从后一地区来看则正方兴未艾。藤纸的生产在唐代以剡溪为中心，故称剡藤，在宋代则转移到天台，故称台藤。从贡纸的州郡说，宋代较唐代有所增加，而温州就是其中之一。清代行政区划分有其历史根源，温州、处州、台州三府同属于一道，曰温处台道，驻扎温州。由此可以推知宋代温州贡纸与台藤的关系。总之，宋代藤纸在质量上或赋贡上仍然占一重要地位，虽说不一定是第一位。

另一个是竹纸问题。有人认为竹纸始于晋代，主要以“二王真迹多系会稽竖纹竹纸”一语为根据。但是，这句话是南宋理宗（1225—1264）时人赵希鹄在《洞天清禄集》里说的，很不可靠。不但赵希鹄以前谈二王法书真迹用纸的人不曾这样说过，即唐代类书如《北堂书钞》《艺文类聚》等搜集前代纸的

---

① 张德钧：“关于‘造纸在我国的发展和起源’的问题”，《科学通报》，1955年第10期。

故实很多，也没有提到竹纸这一品种的。其次是晋嵇含《南方草木状》里所称“竹疏布”的根据。该书是这样说的：“箪竹叶疏而大，一节相去六七尺，出九真。彼人取嫩者硾浸纺绩为布，谓之竹疏布。”由于一般的认识，竹子的纤维不好织成布，又由于在某种著作中记载同一事件，有的版本称为白布，有的版本即称为白纸，因而认为竹疏布就是竹纸。张德钧先生对此作了一番翔实的考订，指出自晋迄清有不少的记载都谈到我国南方以竹制布的故事，或叫竹练，或叫布葛，或叫竹布，或叫竹子布，都不可能理解为竹纸。他做了一个恰当的结论说：“虽然现在我们还不知道这竹布是什么样子和经过什么手续作成的，也不清楚篔筜竹和苞竹（即箪竹）是否就是真正的竹子；但我们也不能简单地以没有见到过或有把纸字误为布字的，就认为竹布即竹纸。”（同上引文）总的来看，谓竹纸始于晋代的说法，是经不起考验的，因为它的根据薄弱，方法不够科学。

据文献考察的现状说，关于竹纸的记载，第一次出现于九世纪初时人李肇所著的《国史补》。他是这样说的：“纸则有越之剡藤、苔笺，蜀之麻面、屑末、滑石、金花、长麻、鱼子、十色笺，扬之六合笺，韶之竹笺，蒲之白薄垂抄，临川之滑薄。”由此可以推导出两条初步结论。其一是竹纸出现时期，大致在李肇以前，八世纪的后半期，即唐代的中叶。这是符合事物发展客观规律的。造竹纸比造藤纸、麻纸、楮纸在技术上要复杂些、困难些。它必然要在其他三种纸发展到一定水平时才会出现。麻纸、楮纸出现于汉代，藤纸出现于晋代，竹纸出现于中唐，彼此之间是相互联系着的。这一结论也顺带说明了，竹纸的制造不会开始于晋代。其二是，初期竹纸制造附带着一定的区域性。唐之韶州，即今之广东韶关地带。它位于五岭以南，气候温暖潮湿，幽篁丛生，形成竹纸出现的有利条件。同时东北有大庾岭，西北有南岭，交通困难，又形成与中原地域隔离的不利条件。尽管韶州有了竹笺的发明创造，然而其物其法还未能流行于中原地区，李肇把它列在第四位，恐怕不是没有一定意义的吧!

从唐代韶州竹笺情况出发，再来看宋代有关竹纸的记载，对于竹纸这一新品种在两宋发展的了解是有很大帮助的。首先是宋初苏易简（957—995）在《文房四谱》里所说的话，他说："今江浙间有以嫩竹为纸者，如作密书，无人敢折发之，盖随手便裂，不复粘也。"这段话所反映的是十世纪末叶江浙一带竹纸制造初期的实情；由于技术不够成熟而生产出的纸张脆弱易裂，也正说明了这一点。其次是苏轼（1037—1101）的《东坡志林》里一句话："今人以竹为纸，亦古所无有也。"若就江浙地区来看，这句话也是确实的。苏东坡是十一世纪的人，当时竹纸事业似乎还不够发达。至十二世纪后期，发展到较高的水平，获得了较广泛的使用。周密在《癸辛杂识》里说："淳熙（1174—1189）末始用竹纸。"这大概与事实相距不远。尤其值得注意的是施宿著的《嘉泰会稽志》里一段话："剡之藤纸，得名最旧，其次苔笺。今独竹纸名天下。竹纸上品有三：曰姚黄，曰学士，曰邵公，工书者喜之。"这部志书是嘉泰元年（1201）修的，所记当然是那年以前的事情，也就是说为时到十二世纪末为止。那时剡溪竹纸已名满天下，品种看来也不少，被书家所爱好而推为上品的就有三种名目。我们还不十分清楚竹纸制造技术在两宋二百多年间发展详情怎样，但是就《文房四谱》和《嘉泰会稽志》两书所记，一头一尾，情况却是肯定的。再者，这部《会稽志》是一种地方志，所记载的不仅是当地当时的情况，也还包含着当地物产、风俗变迁的历史。正是在后一点上，《嘉泰会稽志》又一次作出了真实反映。结合张华《博物志》所记，剡溪藤纸在三世纪即已出现，所以说它"得名最旧"，是确有根据的。由此可见，剡溪竹纸，又是在具有悠久历史的藤纸、苔笺技术基础上发展起来的。在前面我们谈到过，研究我国古代技术史，要随时注意区域性方面的问题。现在在这里我们又触及地方性技术中的历史问题。区域性和时代性是一种事物发展的两个方面，研究我国古代科学技术史，两方面都得考虑到。本着这种考虑就宋代藤纸、竹纸两个具体问题，提出一些初步看法，供大家进一步地研究和商讨。

## 三、明清的造纸术及宣纸

明清两代造纸业的发展，主要表现在竹纸与宣纸两方面。就竹纸说，它的制造技术过程有了前所未有的详细记录。在明代则推宋应星的《天工开物》，在那里有一长篇叙述，文曰："凡造竹纸，事出南方，而闽省独专其盛。当笋生之后，看视山窝深浅，其竹以将生枝叶者为上料。节届芒种，则登山砍伐，截短五七尺长，就于本山开塘一口，注水其中漂浸。恐塘水有涸时，则用竹枧通引不断瀑流注入。浸至百日之外，加工槌洗，洗去青壳与粗皮。其中竹穰，形同苎麻样。用上好石灰化汁涂浆，入楻桶，下煮火，以八日八夜为率。凡煮竹下锅，用径四尺者。锅上泥与石灰捏弦，高阔如广中煮盐牢盆样，中可载水十余担。上盖楻桶，其围丈五尺，其径四尺余。盖定受煮，八日已足，歇火一日，揭楻，取出竹麻，入清水漂塘之内洗净。其塘底面四围，皆用木板合缝砌完，以防泥污（造粗纸者不须如此）。洗净，用柴灰浆过，再入釜中，其上按平，平铺稻草灰寸许，桶内水滚沸，即取出别桶之中，仍以灰汁淋下。倘水冷，烧滚再淋，如是十余日，自然臭烂。取出，入臼受舂（山国皆有水碓），舂至形成泥面，倾入槽内。凡抄纸槽上合方斗，尺寸阔狭，槽视帘，帘视纸。竹麻已成，槽内清水浸浮其面三寸许，入纸药水汁于其中（形同桃竹叶方语无定名），则水干自成洁白。凡抄纸帘，用刮磨绝细竹丝编成，展卷张开时，下有纵横架框。两手持帘入水，荡起竹麻，入于帘内，厚薄由人手法，轻荡则薄，重荡则厚。竹料浮帘之顷，水从四际淋下槽内，然后复帘，落纸于板上。叠积千万张，数满则上以板压，俏绳入棍，如榨酒法，使水气净尽流干，然后以轻细铜镊逐张揭起焙干。凡焙纸，先以土砖砌成夹巷，下以砖盖巷地面，数块以往，即空一砖。大薪从头穴烧发，火气从砖隙透巷外，砖尽热，湿纸逐张贴上焙干，揭起成帙。”在清代则数黄兴三的《造纸说》，文曰：“造纸之法，取稚竹未柎（柎是分枝的意思）者摇折其梢，逾月斫之。渍以石灰，皮骨尽脱，而筋独存，蓬蓬若麻，此纸材也。乃断之为二，束之为包，而又渍之。渍已，纳之釜中，蒸令极热，然后浣之。浣毕，曝之。凡曝，必平地数顷如砥，砌以卵石，洒以绿矾，恐其莱也。故曝纸之地不可田。曝已复渍，渍已复曝，如是者三，则黄者转而白矣。其渍也必以桐子若（作或字解）黄荆木灰，非是则不白，故二者之价高于菽粟。伺其极白，乃赴水碓舂之，计日可三担，则丝者转而粉矣。犹惧其杂也，盛以细布囊，坠之大溪，悬板于囊中，而时上下之，则灰质尽矣。粲然如雪，此纸材之成也。其制（意思是如何做成纸张），凿石为槽，视纸幅之大小，而稍加宽焉。织竹为帘，帘又视槽之大小，尺寸皆有度。制极精，唯山中唐氏为之，不授二姓。槽帘既备，乃取纸材受之，渍水其间，和之以胶及木槿，质取粘也。然后两人取帘对漉，一左一右，而纸以成，即举而复之傍石上。积百番，并榨之以去其水，然后取而炙之墙。炙墙之制，垒石垩土，令极光润，虚其中而纳火焉。举纸者以次栉比于墙之背，后者毕则前者干，乃去之而又炙。凡漉与炙，高下急徐，得之于心而应之于手，终日不破、不裂、不偏枯，谓之国工。非是莫能成一纸。水必取于七都之球溪，非是则黯而易败，故迁其地弗良也。至于选材之良楛，辨色之纯驳，鸠工集事，唯老于斯者悉之，不能以言尽也。自折梢至炙毕，凡更七十二手而始成一纸。纸槽谚云：'片纸非容易，措手七十二。'钱塘黄兴三过常山，山中人为道其事，因详摭其始末，为之说。"[1]

以上两篇叙记，时代则一明一清，地区则一闽一浙，而其所用原料则同为嫩竹，其制造过程也基本相同。黄兴三还订出了"撮要十二则：曰折梢，曰练丝，曰蒸云，曰浣水，曰渍灰，曰曝日，曰碓雪，曰囊涑，曰样槽，曰织帘，曰翦水，曰炙槽"。其中仅曝日与囊涑两道手续，宋应星未曾提及。是否由于清代对于明代方法有所改进，还是由于浙法与闽法本来就各自为政，现在尚难断论。但是，练丝之用石灰浆，渍灰中之用桐子灰、黄荆木灰或草木灰，样槽中之用胶与木槿或纸药水汁，这三项关键性的化学物理作用，两篇都同样载入。有了这两篇文字，我们对于明清竹纸制造技术，获得了一定的了解。

---

① 杨钟羲：《雪桥诗话·续集》卷五，页三十九至四十。邓之诚：《骨董琐记全编》，页二〇七。

浙、闽而外，宋应星还谈到江西造竹纸的情况，他说："若铅山诸邑（明、清都属江西广信府）所造柬纸，则全用细竹料，厚质荡成，以射重价。最上者曰官柬，富贵之家，通刺（即名片）用之。其纸敦厚无筋膜，染红为吉柬，则先以白矾水染过，后上红花汁云。"看来闽、浙、赣三省毗连，在闽为建宁府（管辖当时的建安、瓯宁、建阳、崇安、浦城、政和、松溪七县），在浙为衢州府（管辖当时的西安、龙游、江山、常山、开化五县），在赣为广信府（管辖当时的上饶、玉山、弋阳、贵溪、铅山、广丰、兴安七县），交界地带，多山谷，富溪泉，为制造竹纸提供了有利条件。明清之际，尤其在清初，印刷书籍所用的一种上等纸名叫开化纸（有人叫开花纸恐误），既白且匀，薄而又相当的牢，看来就是上面所谈常山一带生产的竹纸。因为开化是常山靠北紧邻的一县，同属衢州府，而衢州自唐以来即以产纸著称。纸以产地得名，如唐代宣州所产之纸曰宣纸，由拳村所产之纸曰由拳纸。

竹纸制造，在明清之际，盛行于浙、赣、闽三省交界的山区，已如上述。清康熙三十七年戊寅（1698）朱彝尊（竹坨）、查慎行（初白）二人结伴从浙江出发，通过江西而到福建，道途所经有衢州的常山、广信的铅山、建宁的崇安，正是当时竹纸生产的盛地。他们在途中为造纸盛况所感动，作了两首有名的联句诗，一是《水碓四十韵》，一是《观造竹纸五十韵》。现在把后首开头一段引在下面："信州入建州，篁竹冗于筱。（朱）居人取作纸，作稚不用老。（查）遑惜箫笛材，缘坡一例倒。（朱）束缚沉清渊，杀青特存缟。（查）五行递相贼，伐性力揉矫。（朱）出诸鼎镬中，复受杵舂捣。（查）不辞身糜烂，素质终自保。（朱）汲井加汰淘，盈箱费旋搅。（查）层层细帘揭，焰焰活火燺。（朱）舍粗乃得精，去湿忽就燥。（查）擘来风舒舒，曝之日杲杲。（朱）箬笼走南北，适用各言好。（查）”（朱彝尊《曝书亭集》卷十八）有了对宋黄二氏技术叙记文的基本了解，再来读朱查二氏咏赏联句诗，更觉十七、十八世纪时浙、赣、闽三省毗邻山区竹纸手工业发达的景况，如在眼前。

明清纸业的另一发展是宣纸。宣纸是树皮纸之一种，以檀树皮为原料是其特点。关于纸料的分类，宋应星曾这样说过：“凡纸质用楮树皮与桑穰、芙蓉膜等诸物者为度纸，用竹麻者为竹纸。”据此，《天工开物》里所讲的造皮纸法，基本上已包括了宣纸在内。他说：“凡楮树取皮于春末夏初，剥取树已老者就根伐去，以土盖之，来年再长新条，其皮更美。凡皮纸楮皮六十斤，仍入绝嫩竹麻四十斤，同塘漂浸，同用石灰浆涂，入釜煮糜。近法省啬者皮竹什七而外，或入宿田稻藁什三，用药得方，仍成洁白。凡料坚固纸，其纵文扯断如绵丝，故曰绵纸，衡断且更费力。其最上一等供用大内糊窗格者曰棂纱纸，自广信郡造，长过七尺，阔过四尺。其次曰连四纸，连四中最白者四红上纸。皮名而竹与稻藁掺和而成料者曰揭帖呈文纸。芙蓉等皮造者统曰小皮纸，在江西则曰中夹纸。又桑皮造者曰桑穰纸，极其敦厚，东浙所产，三吴收蚕种者必用之。凡糊雨伞与油扇，皆用小皮纸。凡造皮纸长阔者，其盛水槽甚宽，巨帘非一人手力所胜，两人对举荡成，若棂纱则数人方胜其任。凡皮纸供用画幅，先用矾水荡过，则毛茨不起。纸以逼帘者为正面，盖料即成泥，浮其上者粗意犹存也。”这段文字把当时各种皮纸的原料、名目和用途都说得一清二楚。虽然没有提到宣纸，但是宣纸制造方法，基本上还跟他种皮纸是一致的，譬如宋应星所指出的“同用石灰浆涂，入釜煮糜”这一重要环节，便是一例。

宣纸之名，见于唐代著作，前面已经提过，盖以其贡自宣州也。然唐之宣州，逮宋而改为宁国府，明、清仍之，管辖宣城、宁国、泾县、太平、旌德、南陵六县。清代迄今最著名之宣纸，也不产于宣城，而产于泾县。名义上虽仍唐代之旧，实质上恐已大不相同。

但是，宣纸的制造方法，直到二十世纪二十年代，始由胡韫玉于所著《纸说》[①]中揭发其端绪。他说：“泾县古属宣州，产纸甲于全国，世谓之宣纸。稽之志乘，仅著其名，无有能说其原委者，岂非缺事？！余泾人也，耳目所及，或足以补

① 《纸说》是胡氏1925年出版的《朴学斋丛刊》中的一种，其末有《附宣纸说》一篇。

前人之缺。泾县产纸之区惟枫坑及大小岭与漕溪之泥坑，业纸之工曹翟二姓为多，非泾地皆产纸，泾人皆能为纸也。纸之制造，首在于料。料用楮皮或檀皮，必生于山石崎岖倾仄之间者方为佳料。冬腊之际，居人斫其树之四枝，断而蒸之，脱其皮，漂以溪水，和以石灰，自十余日至二十余日不等。皮质溶解，取出以碓舂之。碓激以水，其轮自转，人伺其旁。俟其融，再漂再舂，凡三四次，去渣存液。取杨枝藤汁冲之，入槽搅匀，用细竹帘两人共舁捞之，一捞单层，再捞双层，三捞三层。叠至丈许而榨之，榨干，粘于火墙，随熨随揭，承之风日之处而纸成矣。其长短有丈二尺、八尺、六尺、四尺之别，其厚薄有单层、双层、三层之异，其用料也有全皮、半皮、七皮三草之不同。”（引号内每句话都是原文，但在次序上编者作了一些更改和穿插）这段话是我们迄今所知道的，关于宣纸制造的最早而又切实的记录。它和上面所举的造竹纸、造皮纸诸法，基本上一致，而又未尝沿袭。它首先提到檀皮是做宣纸主要原料之一。以檀皮做原料是宣纸的特点，宣纸质量之所以特别优良是否完全由于檀皮的引入，而檀皮的引入究竟起于何时，今后还可加以研究。其次是宣纸幅度之大。古代纸张也有以长度为后人所称赞的，然其真实性如何，往往不无疑问。至于丈二宣纸，鸦片战争以前的成品，犹不乏实物可资证明。其见于记载者，如姚元之在《竹叶亭杂记》里说：“同年谢峻生崧言其家旧藏宣纸若干卷，约高八尺，苦无长箧贮之。”姚、谢二人是清嘉庆十年（1805）同榜进士，故称同年。“其家旧藏”云云，可认为是十八世纪的东西。所谓高者，乃指阔度，非指长度。平常记录书画手卷的大小即系如此计算。阔且八尺，长更可知。这样大的幅度，恐怕是竹纸所不能有的。

宣纸之所以著名于世，历久而不衰，仍然在于质量之高，它宜书宜画，宜于碰拓，宜于印刷。即在1933年，苏联一位有名的木刻艺术家还说过：“印版画，中国宣纸第一，世界无比。它湿润、柔和、敦厚、吃墨，光而不滑、实而不死，手拓木刻，它是理想的纸。”①就在这一段时间里，鲁迅先生突破种种困难，寄给了苏联木刻家们一些宣纸，而他们又把自己的作品还赠给鲁迅先生。这段故事，一方面对于鲁迅先生所提倡的进步木刻画运动起了促进作用，另一方面又说明了，我国劳动人民在积累无数经验中所创造出来的宣纸，不仅是东方文化艺术所不可缺少的媒介物，而且在现代国际文化艺术中仍能适应一定的需要，从而占有一定的地位。

## 第八节　食盐的采集和煎制

盐是人类生活的必需品，又是人体组织中不可缺少的要素。我国人民早就懂得制盐和用盐调剂食物了；《尚书·说

① 曹靖华：“哪有闲情话岁月”，《人民日报》，1961年7月22日第八版。

命》有“若作和羹，尔惟盐梅”的话。周代百官中设有“盐人”，专管制盐的事。齐国用管仲为相，大力开展盐业，盐税的收入很大，成为齐国强盛的一个主要原因。汉初，冶铁、制盐、铸钱成为三大工业，武帝时实行盐铁专卖制度，著名的《盐铁论》就反映了盐在当时国家经济中所占的重要地位。由于记载古代制取食盐技术的书籍，在宋、元以来内容更丰富，技术更全面、更成熟，所以我们把制取食盐这一节放在封建社会后期来讨论。

盐以各种形式存在于自然界中，各有不同的制取方法；《史记·货殖列传》说：“山东食海盐，山西食盐卤”，盐卤即池盐。《隋书·食货志》载有四盐之政，四盐者：散盐煮海以成之，盬盐引池以化之，形盐掘地以出之，饴盐于戎以取之。而《天工开物》更明确地说：“凡产盐最不一，海、池、井、崖、砂、石略分六种。”和现代的分类法基本相同。在我国的具体情况下六种盐中在生产技术方面以海盐和井盐为最重要，所以我们着重讨论古代海盐和井盐制取技术的发展情况。

### 一、海盐的煎制技术

海盐产量最大，是盐的最主要来源，有煎、晒两法。《盐铁论》上说汉代海盐场规模大的有千余人之多，到了两晋，盐场遍布于东南沿海一带，当时的海盐县是著名的产盐区。《吴郡记》说："海滨广斥，盐田相望。"阮升《南兖州记》说："上有南兖州盐亭一百二十三所，县人以渔盐为业……公私商运，充实四远，舳舻东往，恒以千计。"表明大量产盐运销各地的情况。唐、宋盐产更盛，宋代年产盐六千多万斤。由于产量日渐增多，制盐技术日益成熟，记载制盐的文献也随着丰富起来，除了一些专门的著述以外各代均有盐政的记载，各产盐地区也都有《盐法志》，此外制盐技术的资料还散见于一些笔记中。我们仅就宋元以后几部主要的著作中所载的制盐技术，做一些讨论（如元陈椿的《熬波图》、明陆容的《菽园杂记》、宋应星的《天工开物》和清王守基的《盐法议略》等）。

古代制取海盐的技术以《天工开物》所记最为全面。宋应星按海滨地势高低将海盐制法分为三种："高堰地、潮波不没者，地可种盐。……度诘（明）朝无雨则今日广布稻麦藁灰及芦茅灰寸许于地上，压使平匀。明晨露气冲腾则其下盐茅勃发。日中晴霁，灰盐一并扫起淋煎。"地势最高的地方用这种以草灰吸取盐卤法还见于《熬波图》，而清王守基《盐法议略》说得更清楚："秋日刈草煎盐而藏其灰，待春晴暖以后，摊灰于亭场，俟盐花浸入，用海水淋之成卤。"又说："诘旦出坑灰，仍摊于场取盐霜，灰以久为良，因海水浸润，成盐尤多也。"这种草灰法显然是利用了吸附作用的原理，用草做燃料燃烧以后成多孔性的物质，吸附力强，能将海水浸过的土中盐分吸出。这种方法在现代的有些盐场中还在使用。

第二种情况是在地势稍高海水浅没的地方，“潮波浅被地，不用灰压，候潮一过，明日天晴，半日晒出盐霜，疾趋扫起煎炼”。第三是最低的地方，“逼海潮深地，先掘深坑，横架竹木，上铺席苇，又铺沙于席苇之上，俟潮灭顶冲过，卤气由沙渗下坑中，撤去沙苇，以灯烛之，卤气冲灯即灭，取卤水煎炼”。可见取卤水法，因地制宜，区别对待。这种铺沙席取卤水煎盐法，早在唐代已有明确记载，见于现仅存残卷的《唐本草》中。

据《宋本草·玉石部》中品食盐一项下，引唐苏恭曰：（取盐之法）“于海滨掘地为坑，上布竹木，复以蓬茅，又积沙于其上。每潮汐冲沙，则卤咸淋于坑中，水退则以火炬照之，卤气冲火皆灭，因取海卤注盘中煎之倾刻而就”。

高地势地方用草灰等吸取之盐卤要经淋卤后再行煎制，这是制取海盐的一个非常重要步骤。《天工开物》说：“凡淋煎法掘坑二个，一浅一深，浅者尺许，以竹木架芦席于上，将扫来盐料（原注：不论有灰无灰淋法皆同）铺于席上。四围隆起作一堤垱形，中以海水灌淋渗下浅坑中；深者七八尺，受浅坑所淋之汁然后入锅煎炼。”不难看出这种淋卤法的作用乃是使灰中之盐分溶于淋下之盐水中，使海水中食盐浓度增大，便于煎炼。《熬波图》所记的淋卤法更为详细：“灰淋一名灰埕，其法于摊场边近高阜处掘四方土窟一个，深二尺许，广五六尺。先用牛于湿草地内踏炼筋韧熟泥，用铁铧锹掘成四方土块，名曰生田。人夫搬担，逐块排砌淋底，筑踏平实，四围亦垒筑如墙，用木槌草索鞭打无纵，务要绕围及底下坚实，以防泄漏。仍于灰淋侧掘一卤井，深广可六尺，亦用土块筑垒如灰淋法。埋一小竹管于灰淋底下，与井相通，使流卤入井内。”灰池与井修好以后，便可准备淋卤。“……灰已扫聚成堆，垒垒满场。每淋约三十担，以灰场阔狭，淋垯大小为则，各各挑担入淋。先用生灰一粗铺底，却著所晒咸灰倾入，满了又用生灰一担盖面，用脚踏踏坚实，实则卤易流，虚则卤不下，却束草一把于上。然后以浣料舀咸水自束草上浇淋，使灰不为水冲动，用水之多少，酌量灰之咸淡为准。所收盐灰入淋浇水足则下卤流入淋边井内。”

这种淋卤的技术，有两点最为重要，第一是放入淋坑中之盐灰必须含盐分较多，淋过之卤水方咸，陆容《菽园杂记》中说（卷十三云）：“……凡盐利之成须借卤水，然卤的淋取又各不同，有沙土漏过不能成咸者，必须烧草为灰，布在摊场，然后以海水渍之，俟晒结浮白扫而复淋，有泥土细润常涵咸气者止用刮取浮泥，搬在摊场，仍以海水浇之，俟晒过干坚，聚而复淋，夏用二日，冬则倍之，始咸可用”。可见，收取海卤不一定用灰，泥土也可，《天工开物》已注出，但是一定要吸海卤充分。用泥土者先用海水浇再晒干，除去过多的水分。

第二点是检验淋下的盐卤的浓度，古代劳动人民创造了用莲管浮沉试浓度法，这种方法，宋、元、明著作中都有记述，具体方法不相同，有一种比较简单的，如《菽园杂记》所说："（卤水）以重三分莲子试之，先将小竹筒装卤入莲子于中，若浮而横倒者，则卤极咸，乃可煎烧，若立浮于面者稍淡，若沉而不起者全淡，俱弃不用。"这种用法说得很清楚，只用一个三分重的莲子试卤水，道理和用浮沉子测液体比重一样。另一种比较细致的如《熬波图》所载："莲管之法，采石莲先于淤泥内浸过，用四等卤分浸四处，最咸麹卤浸一处，三分卤浸一分水浸一处，一半水一半卤浸一处，一分卤浸二分水浸一处。后用一竹管盛此四等所浸莲子四放于竹管内，上用竹丝隔定竹管口，不令莲子漾出。以莲管吸卤试之，视四莲子之浮沉以别卤咸淡之等。"这种方法看来是这样：先备四种标准卤水，以最咸的卤水为100%，则其余的为75%、50%、25%、共为四等。再用四等石莲，如只在一等卤水中能浮的，在其余三等中必沉，在二等卤水中能浮的，则在一等里也能浮而在其余两等里必沉，如此递推，从而选出四等标准石莲。把这种标准石莲应用于浓淡未知的卤水上，四莲俱浮的是头等卤水，四莲俱沉的是四等以下的卤水，两莲沉、两莲浮的是50%—75%之间的卤水。四莲管之法，好些书中都提到，研究我国化学史者也常征引，但究竟怎样运用，一直没有一个明确的解释。只有注意《熬波图》所指明的四等卤水的配制，我们才体会到它的真实意义。故不惮烦言，为之疏说如上。

宋姚宽《西溪丛语》除了记载用莲管法试卤外还说："闽

中之法以鸡子、桃仁试之，卤味重，则正浮于上，咸淡相半，则二物俱沉。”这种方法也颇简单巧妙，不过道理原是一样。

淋卤是制盐过程中的一个重要环节，和产盐的质量有关系；海水中除氯化钠以外，还有氯化镁等成分，如果淋卤时间短，海水淋过盐灰或盐泥时，溶解的氯化钠成分不多，那么淋下的卤水中就含苦卤水较多（苦卤水就是海水中结过氯化钠的母液，主要成分是镁盐），煎煮以后的盐中就含镁盐较多，影响质量，近年浙江师范学院无机化学教研组研究浙盐的质量较低的原因，认为淋卤时间太短是其中之一。（参见《浙江师范学院学报》（自然科学版），1956年第1期）

盐卤制成以后，便要进行煎盐，煎盐用铁盘和竹盘两种，《熬波图》说：“盘有大小阔狭，薄则易裂厚则耐久，浙东以竹编，浙西以铁铸，或篾或铁各随所宜”，接着还详细说明了铸造铁盘的方法（参见图版二十九）。煎盐的过程是这样：

> 铁盘缝，用草灰和石灰加盐卤打和稠黏，涂抹，烧火，候缝稍坚，即可上卤。上卤用上管竹相接于池边缸头内，将浣料舀卤自竹管内流放上盘，卤池稍远者愈添竹管引之。盘缝设或渗漏，用牛粪和石灰掩捺即止。煎盐旺月卤多味咸，则易成就。先按四方矮木架一二个，广木六尺，上铺竹篾。看盘上卤滚后，将扫帚于滚盘内频扫，木扒推闭，用铁划捞漉欲成未结糊涂湿盐，逐一划挑起竹篾之上，沥去卤水，

乃成干盐。又掺生卤，频捞盐，频添卤，如此则昼夜出盐不息，比同逐一盘烧干出盐倍省工力。若卤太咸，则洒水浇；否则盘上生蘖，如饭锅中生焨焦，达寸许厚，须用大铁槌逐星敲打划去。否则为蘖所隔，非但卤难成盐，又且火紧致损盘铁。下中月则卤水淡薄，结盐稍迟，难施擦盐之法，直须待盘上卤干，已结成盐，用铁划起之。其盘厚重，卒未可冷，丁工着木履，于热盘上行走，以扫帚聚而收之。

所述煎盐过程非常具体、清楚。

煎盐之法，《菽园杂记》中也有所述："凡煎烧之器必有锅盘，锅盘之中又各不同，大盘八九尺，小者四五尺，俱用铁铸，大止六片，小则全块。锅有铁铸：宽浅者谓之鏾盘。竹编成者，谓之篾盘。铁盘用石灰粘其缝隙，支以砖块。篾盘用石灰涂其里外，悬以绳索。然后装盛卤水，用火煎熬，一昼夜可煎三干，大盘一干可得盐二百斤以上，小锅一干可得盐二三十斤之上。若能勤煎，可得四干。大盘难坏，而用柴多，便于人众，浙西场分多有之。小盘易坏而用柴少，便于自己，浙东场分多有之。盖土俗各有所宜也。"

用竹盘煎盐是我国人民的一项发明创造，《盐法议略》说：广东煎盐也有竹锅铁锅之分，对竹锅的制作也做了具体的说明："竹锅大者周围丈余，小者亦六七尺，用篾编成，涂以牡蛎，用铁条数幅支架，使之骨立，其受火处以白蚬灰荡五六分厚即能敌火，不致焚毁。"我国这项发明很早，唐苏恭《本草》已记载详明，据宋《本草引》：苏恭云："其煮盐之器汉谓之牢盆，今或设铁为之，或编竹为之，上下周以蜃灰，广丈深尺，平底，置于灶，皆谓之盐盘。《南越志》所谓织篾为鼎和以牡蛎是也。"可见，早在唐以前我国就已用竹盘煎盐了。

在煎盐技术方面特别值得提出的是《天工开物》所说的皂角结盐法（在煎盐所用之铁盘、竹盘的大小、制法等方面，基本上相同）："凡煎卤未即凝结，将皂角槌碎，和粟米糖二味，卤沸之时，投入其中搅和，盐即顷刻结成，盖皂角结盐，犹石膏之结腐也。"这一点是宋、元煎盐技术中所没有的。

以上讨论的是煎制海盐的方法，煎法有几个缺点：（1）由于铁盘、竹盘不可能太大，所以产量方面受些影响。（2）每次煎炼要耗费很多工力并需一定设备。（3）需要消耗燃料。为了克服这些缺点，劳动人民采取了晒盐的新法来代替煎盐的旧法。它是海盐制造业中一项革新措施，对社会经济发生了深远的影响。它之所以能成功，是在结合海盐产区当地自然条件下，吸取了池盐产区种盐法的丰富经验得来的。宋应星把两者的关系说得非常清楚，他说："解池……土人种盐者池傍耕地为畦陇……引水种种盐，春间即为之……待夏秋之交，南风大起，则一宵结成，名曰颗盐，即古志所谓大盐也。以海水煎者细碎，而此成粒颗，故得大名。其盐凝结之后，扫起即成食味。种盐之人积扫一石，交官得钱数十文而已！其海丰（今山东无棣县）深州（疑沧州之讹，因深州在内地并不产盐，而沧州所辖之长芦镇则盐区重地也）引海水入池晒成者，凝结之时，扫食，不加人力，与解盐同；但成盐时日与不借南风，则大异也。”在了解两者关系的同时，我们从宋应星这番话里也了解到，明末时期长芦盐区已实现了晒盐法。

晒盐之法，在我国滨海各区于何时开始，是很值得探讨的一个课题。根据我们所接触到的资料，还不能作出肯定的结论。大致说来，它起始于明代，因为元代的《熬波图》仍然在大力描述煎盐各方面的成就。当然，在发展过程中，不同的地区也有先有后。宋应星只涉及长芦一区晒盐的事实，徐光启则较为全面。他在一封奏折（《条划屯田疏》崇祯三年六月初九日上，见李杕编《增订徐文定公集》卷二）里说：“芦盐之入于官舫漕船，解盐之入河南，广盐、福盐之入江西，川盐之入湖广，皆以价贱也。其价贱者，解盐以风结，长芦、闽、广以日晒，四川以火井煎，皆不用薪也。”可见当时实现晒盐法的地区，不仅是长芦，还有闽、广。他上书的目的，正“欲江淮、两浙尽行此法”耳。看来，江、浙二省之采用晒盐法，为时最迟，至于长芦、闽、广，孰先孰后，尚待作进一步的调查研究。

## 二、盐井的开凿及井盐的制取

井盐在我国也有悠久的历史，盐井多集中于四川省内；常璩《华阳国志·蜀志》说：“秦孝文王（前250），以李冰为蜀守，冰能知天文地理，又识齐（察）水脉，穿广都盐井诸陂池，蜀于是盛有养生之饶焉。”《水经注》也有类似记载，李冰即为修筑著名的都江堰的古代工程师，至今在成都一带还修筑有二王庙，作为两千年来人民对他的纪念。可见早在战国时，我国人民就懂得开井取盐了。

近年成都附近汉墓出土的汉画像砖中，有的是描写盐场的，砖上十分清晰地绘着汉代井盐场的全景，左方有一大口盐井，井架顶端置有滑车，架上四个盐工两两相对上下汲卤，卤水经由笕管翻山越岭送至右方盐灶，灶房内设有盐缸，卤水由盐缸挹入盐锅，锅有五口置五眼灶上，灶前有人添柴扇风；这种场面表明了汉代井盐生产已经具有较高的水平和相当大的生产规模。（参见图版二十八）

盐井的开凿是和钢铁冶炼技术分不开的，只有质地良好的铁制及钢制的工具，才可能穿凿地下各种岩层以达盐泉，如前章所述，战国、两汉冶铁技术的发展和提高正为开凿盐井提供了必要的物质条件。

值得特别提出的是，早在晋代的文献中就说明这里的劳动人民已经懂得使用天然气作燃料来煮盐了。张华《博物志》：“临邛有火井一所，纵广五尺，深二三丈……井上煮盐（？）得盐。”《华阳国志·蜀志》也记述了临邛火井的使用情况：“取井火煮之，一斛水得五斗盐，家火煮之得无几也。”按一斛为十斗，以一斛卤水而得五斗盐，未免有些夸大，而且同量的卤水，井火、家火煮得的盐应该一样，但是这番话用来说明天然气的火力大、温度高、煮盐效率高是完全可以理解的。左思《蜀都赋》也有“火井流萤于幽泉，高焰飞煽于天衢”的描述。除临邛外，汉安、汉阳一带都产井盐，“家有盐泉之井，户有桔柚之园”，足见盐井已相当普遍。对天然气的使用，是人类征服自然的巨大贡献，是化学史上一件重大成就，我国是最早开发和利用天然气的国家，比西方利用天然气最早的英国，大约早十三个世纪。

古代盐井，初始为大口浅井，后来逐渐发展演变为小口深井。井口由池坑形而为纵广数尺之大口，最后小到口径只有三寸左右，相应的井深也从数丈而达三百余丈。小口盐井的出现，开辟了井盐生产的新时期，它的优点是：（1）口径小，凿井所开土石方少，省工、易于深淘、见功受益快；（2）井身便于治理保护，而且井口小用巨竹即可做套管，节省大量木料；（3）吸卤也可用竹筒，经济实用，生产效率也高。这种小口盐井的出现和推广始于北宋，它是适应井盐生产发展和凿井技术日趋成熟的必然结果。

我国现代的自贡市盐井，即自流井，水、火、油并出，历史悠久，产盐丰富，闻名于世界，成为我国西南地区经济建设事业中的一颗明珠。在今天的生产过程中，仍可看到传统的凿井取盐技术的发展源流，因此对自流井的生产过程的历史作一番实地调查，是中国化学史研究工作中的一项十分有意义的工作。这种做法是我们一向强调的研究方法。为此，清华大学白广美同志曾于近年前往自贡做了一次实地调查工作，取得了丰富的资料，对井盐的生产及其源流得到了较全面的了解。

古代制取井盐的技术概述如下：

（1）汲卤：古代盐井汲卤的方法及其使用的机械设备，是随着盐井的发展在相应地改变着。汉代以辘轳吸卤，绳之两端系有吊桶，一上一下，效率提高一倍。东汉陵州盐井汲卤用大皮囊，又“井侧设大车绞之”。宋代由于小口井之出现利用竹筒吸卤。苏轼《蜀盐说》：“……又以竹之差小者，出入井中为桶，无底而窍其上，悬熟皮数寸，出入水中，气自呼吸而启闭之，一桶致水数斗。”清代的《四川盐法志》有了更明确、具体的记载：“汲卤是曰推水，推水筒以巨竹相续成之，井深者可十余竹，高与天车等，系筒之篾，上由天滚下达地滚，其端环绕车盘，筒入水，水满筒则鞭牛转车盘以拽篾，篾尽而筒起。”（《天工开物》所记与之相似，并附有图）

所汲卤水的种类，因地因井而异，卤之浓淡又随井之深浅而变，《自流井记》都记载得很清楚：“井及七八十丈而得咸者为草皮水，一碗可烧盐四五钱，积二百八十碗为一担，可值银五六分；井及百二三十丈而得咸者为黄水，碗烧盐一两零，担值银一钱零；井及二百六七十丈而得咸者为黑水，碗烧盐二两零，担值银三钱零。碗与担有大小，水有咸淡，率以三等为差，其值视咸之轻重而增减之。”这里李榕指出了卤水种类、颜色、咸淡与井身深浅的直接关系，同时还说明了古代测定浓度所使用的“考炶”（烤咸）的方法。“考炶”即是用一定体积（如一碗）卤水，直接熬干称重，把所得固体化合物总量，用两为单位表示以衡量浓淡，称为“几两咸头”，这种方法现在还在使用。

（2）置笕：笕即是输卤的管道，是“以大班（斑）竹或南（楠）竹，通其节，公母笋接逗，外用细麻、油灰缠缚”做成。（《富顺县志》）《自流井记》又说：“水、火之笕皆以竹，火笕有用木者，笕外缠竹篾，篾外缠麻，油灰渗之。”这样可以收到“外不浸雨水，内不遗涓滴”的功效。古代劳动人民掌握着“初受水处高于泄水处”的原则，或铺设于地面，或埋于地下，或沉于水中，翻山越岭，纵横穿插，绵亘衡射，蔚为奇观；针对不同地势，古代人民因地制宜创造了一套灵巧的置笕方法。

以竹制盐笕发明于汉代，用竹笕输送卤水，是具有科学意义的发明创造，竹材产量多、产地广，可以广泛就地取材。置笕用的斑竹、楠竹管径大，质地坚韧，不怕盐卤腐蚀（这是金属管所不及的）。再者竹材质轻，便于架设。由于具备了这些优点，两千年来它一直担负着输卤的任务，成为盐场不可缺少的大动脉，今天在盐都自贡，到处可以看到密如珠网的盐笕，据估计，连起来要有二百多千米长。

（3）煮盐：井盐之煎制有用柴为燃料，有用天然气为燃料。其产品产量因卤水之不同而各异。在煮盐技术方面，根据《四川盐法志》所述，也和现代自贡盐井相似，其中有很多值得注意的富有科学意义的古代技术经验：一曰配卤；二曰提纯；三曰造渣；四曰洗涤。略述如下：

①配卤：据现代分析，大部分黄卤水中含有钡离子（约14mN[①]），煮得的盐味苦有毒，黑卤中有大量硫酸根离子（约43mN）也需要除去，黄黑二卤搭配，可使硫酸钡沉淀，就一般记载，黑黄卤以三七或四六之比混合，大致可沉淀完全。

②提纯：这也是煮盐生产中提高质量的一项措施，由于杂质的存在影响盐的色质，古代采用“反串”盐卤点豆花的方法，在已达到饱和的卤水中，加入豆浆，使豆浆凝聚而去除高价离子，同时亦借豆花表面的吸附作用而清除固体渣滓。

③造渣、下渣：为了缩短煮盐时间，节省燃料提高生产效率，古代煮盐使用“母子渣”的外加晶核方法，来加速卤水成盐，《四川盐法志》说“所谓母子渣者，别煮水，下豆汁，澄清后即灭火力，用微火温焮，久之，水面盐结成，如雪花，待彼锅盐煮老澄清，挹此入之，盐即成粒”，下渣量亦需控制，不要过多，多则盐粒过细，显然这是利用了晶粒促进结晶作用的原理。

④洗涤：主要是除去盐中的所谓“硷”质（如$MgCl_2$），以

---

① mN，旧浓度单位，毫克当量/升。1mN=1m moL/L。

使盐的质量更精，古代人民用“花水”冲洗除去，“花水者别用盐水久煮，入豆汁后即起之水也”。这就是说，“花水”实为清净的饱和卤水，用其洗涤只会溶去“硷”而无损于盐；硷出盐净，花盐又具有不易潮解的优点。

总之，我国人民在制盐技术方面，早已有了光辉的成就，长时期的摸索，创造了一整套的生产技术经验，还在今天使用着。

## 第九节　中国古代化学的成就对西方文化的作用和影响

在以上各章节中，我们对祖国古代的化学及化学工艺发展情况作了某些叙述和讨论。虽说这些探讨是不够全面的，然而结果表明，我国的化学及其工艺的历史是一个悠久的、独立的、丰富多彩的历史。它在世界范围的文化交流过程中，曾于各阶段历史时期起着不同程度的推动作用。现在将就陶瓷、造纸、火药、炼丹术等项分别加以说明。

本节主要目的在于：通过这些具体事例来说明东西方文化交流的情况。至于在东方本身，如朝鲜、日本在造瓷、造纸技术上怎样受到我国的影响，又如印度在造纸术上与我国交往的关系，不拟再事叙述。在具体谈到我国古代化学成就对西方文化的作用和影响之前，首先把历史上的东西方交通情况及各个不同历史时期的时代背景作一番概括的说明是非常必要的，有了这个前提，才有助于我们了解古代历史上，包括化学成就在内的东西文化交流的情况。

## 一、东西交通的历史情况

东西文化交流有其悠久的历史，在两千年前的西汉，张骞通西域，就把我国的丝绸带向西方，把西亚的苜蓿、葡萄等带回我国。在一世纪的东汉，班超入西域，东西交通更有所发展。当时由东往西所接识诸国，则有安息、条支、大秦。大秦即罗马帝国；安息即后之波斯，今之伊朗；条支即伊朗以西，红海、地中海以东的阿拉伯人所在的地方。《后汉书·西域传》说："永元九年（97），班超遣甘英使大秦，抵条支，临大海（地中海）欲渡，而安息西界船人……［劝阻之］……乃止。"又说："大秦国王常欲通使于汉，而安息欲以汉缯彩与之交市，故遮阂不得自达。至桓帝延熹九年（166），大秦王安敦（Marcus Aurelius-Antonius，121—180）遣使自日南（今越南南部）徼外献象牙、犀角、玳瑁，乃始一通焉。"从这两段记载可以清楚地看到，当时两大帝国，东方的汉王朝和西方的罗马，已经开辟了两条交通道路。陆路自长安出发，西经今之甘肃、新疆，通过伊朗、伊拉克、叙利亚而达地中海。这就是举世闻名的横亘欧亚的大陆丝道。水路在地中海南岸登陆，然后再出波斯湾，经印度洋而入南海，以达于我国大陆。两路又同以阿拉伯地带为其枢纽。而在当时的条件下，实际的交往还有不少的障碍。这便是汉代东西交通的梗概，至于封建社会后期东西交通的情形，大体上可以分作四个阶段：①唐宋时期，②元代，③明代前期，④明代后期至清代中叶。现分述如下：

（1）唐宋时期

自622年伊斯兰教创立，随着阿拉伯帝国崛起。当极盛时其疆域东达中央亚细亚及印度西北境，北至西西里岛及意大利南端，西拥非洲北部而达西班牙。这一领域有欧、亚、非三洲土地的庞大帝国，我国称之为大食，那是沿用波斯对它的名称而来的。此时，唐代中国之在东方和阿拉伯帝国之在西方，遥遥对峙，都处于文化最先进的行列。在汉代所开辟的水陆交通的基础上，彼此交往，是很自然的。据我国的历史记载，自唐高宗永徽二年（651）至德宗贞元十四年（798）一百四十八年之间，阿拉伯使团到唐朝修好的就有三十五次之多。不但政治上交往频繁，而且经济交流也是空前的。在我国当时的首都——长安，在大运河与长江交汇点的扬州，在由南海入中国第一个登陆点的广州，都有大食商人的聚集，而以出入门户的广州为最多。据阿拉伯人阿布·赛德·哈散（Abu zaid Hassan）916年的记录，在九世纪七十年代时，该处的大食人、波斯人、犹太人和基督教人竟达十二万。即令这个数目有些夸大，然而实际数目总不会少。

尤为重要的是，阿拉伯人具有好学的优良传统。穆罕默德（旧作摩诃末）曾教导国人说：“你们应当自摇篮学到墓穴”“学问虽远在中国，亦当求之”①。他们在当时不但发扬了他们本身的文化遗产，同时既承继了希腊、罗马的文化，又吸取了中国的文化，从而在沟通东西文化方面做出了巨大的贡献。大家知道：作为欧洲资产阶级革命前奏的文艺复兴运动是从对阿拉伯文中所保存的希腊古典著作重新加以认识开始的。即令在其后所建立起来的近代科学中，也还遗留下来不少阿拉伯文的踪迹。现在国际通用的数目字和西文的代数学（Algebra）这一学名就是好例。人们如此习惯地沿用，以至不再感觉是外来的东西。就化学这一科学来说，如炼丹术之为Alchemy、碱质之为Alkali、酒精之为Alcohol等等，在英文里是这样，在其他西文中也是大同小异，都表明它们的来历是阿拉伯的。我们可以这样说：在世界文化史范围内，阿拉伯人树立了承先启后的功绩，因此在沟通东西文化方面就具有更重要的意义。

我国和阿拉伯的关系，尤其是商业上的关系，到了宋朝就更为发达了。因为这一时期两方面都处于一个经济繁荣的时期，而宋朝统治者又对通商事宜予以重视，并于一些海口设置市舶司官职来专门加以管理。在北宋时期（960—1127），主要

① 托太哈：《回教教育史》，商务印书馆1941年版，第125页。

的海口是广州、杭州和明州（今浙江宁波）。入南宋（1127—1279）后，泉州地区逐渐趋于重要，最后竟然比广州还要繁盛。近年来泉州地区考古工作者对该地阿拉伯人的墓葬和墓石进行了广泛的调查，表明着当时阿拉伯的侨民是相当众多的。他们大部分是商人，有的侨寓年岁很久。当时中外商人停泊船只的码头遗址在后渚港曾被找到，所用的船板、桅杆以及粗大船索在乌墨山澳和鸡母澳两处也有所发现①。

（2）元代

十三世纪初，出现了另一种局面。蒙古贵族的铁骑，以其特殊的武力四出用兵。西边征服了中亚、西亚诸国之后，在非洲兵力达到埃及，在欧洲占领了斡罗斯（俄罗斯）全境，并由此而南，攻克了马札儿（匈牙利），渡秃纳（多瑙）河而达伊太利（意大利）。南边则东路克高丽（今朝鲜民主主义人民共和国境内），西路克印度，中路统治了全中国。为了统辖这样庞大的领土，建上都于和林（今蒙古人民共和国乌兰巴托西南），建大都于北京。为着与各地的政治联系和军事要求，东西陆路交通，自大都出发，北经上都，转西通过绵延的中亚、西亚而达东欧。各路沿途皆设有驿站和守备队，以保安全而资便利。水路交通则沿唐、宋之旧而更加频繁。在政治管理方面，则采取种族压迫、“以夷治夷”的政策。在元代蒙古贵族

① 《考古》，1959年第11期。

统治中国时期，把人分为四等，第一是蒙古人；第二是色目人，即阿拉伯人、波斯人和欧洲人等；第三是汉人，即金辖区的汉人、契丹人和高丽人等；第四是南人，即南宋管辖区的汉人，又贱称之为“蛮子”。掌权的主要官职当然只会由蒙古人和色目人来担任。然而，完全出乎统治者原有企图之外的是，东西文化交流，通过人民往还的频繁，得着进一步的发展。《马哥孛罗游记》①这第一部直接介绍我国文化给欧洲人的著作，就是这位意大利人在元朝做官和旅行凡二十多年于归国后写成的。另一方面阿拉伯人又把他们在科学技术上的成就带到中国来，在元朝的秘书监（政府管理图书机构）里保存着好些“回回书籍”，包括天文、历法、数学、医药等②。

（3）明代前期

在明代（1368—1644）的前期，由于国内工商业的发展促进着海外贸易的繁盛。自永乐三年（1405）至宣德八年（1433）二十八年间我国杰出的航海家郑和（云南回族人）组织了二万七千余人大队，乘着六十多艘本国制造的“宝船”（大船长四十四丈四尺、宽十八丈；中船长三十七丈、宽十五丈），先后七次奉使访问了东南亚及印度洋沿岸诸国，西达阿拉伯和非洲东岸。根据我国历史记载，宝船所到的地方有祖法儿（Zufar，在阿拉伯半岛东南海岸，今已废）、默伽（今

① 张星烺译本，商务印书馆1937年版。

② 马坚：“元秘书监志回回书籍释文”，《光明日报》，1955年7月7日。

麦加）、阿丹（今亚丁）、木骨都束（今索马里首都摩加迪沙）、麻林地（今肯尼亚的麻林地）等处。随同郑和出去的有三位文人，即马欢、费信和巩珍。他们把当时所看到的各国情况都记录下来，分别著成了《沄涯胜览》《星槎胜览》《西洋番国志》三书，成为今天研究那时这些地带历史的宝贵资料。这一广泛流传民间的“三保太监下西洋”事迹，不但把我国优良工艺产品（如瓷器等）带到海外，同时还引起远方诸国，包括埃及（当时叫米昔儿或密思儿）在内，纷纷遣使团来我国进行访问。这样，就在中外友好往还和文化交流方面，做出了巨大的贡献。

（4）明代后期至清代中叶

自1497年（明弘治十年）葡萄牙人伽马（Vasco da Gama）找到由大西洋绕好望角而入印度洋的航线以后，葡萄牙武装商船在1500年又于印度洋上击败了阿拉伯商船，随之更向东侵，于1517年（明正德十二年）到达了广州。1557年（嘉靖三十六年）竟以贿赂的方式从昏愦官僚手里攫取了澳门租界的权利。以后中西海上交通就逐渐为欧洲人所操纵，而以澳门为其出入我国的据点。所以欧洲与我国来往是以海盗劫掠式开始，而绵延至1840年之鸦片战争。大家知道，从十六世纪中叶到十九世纪中叶这三百年间，在欧洲发生了异常巨大的变化。始之以文艺复兴运动，继之以产业革命，终之以资产阶级革命。使欧洲从封建主义社会走进了资本主义社会。在其国内，机器工业生产大发展产生了近代自然科学的大发展；在国外，市场的夺取产生了扩张主义和殖民主义。欧洲各国就是在这种情况下与我国打交道的。就贸易方面说，欧洲来华商人，在英国产业革命前，一般是以毛织品、玻璃、钟表等来换取我国的生丝、丝织品、茶叶、细工木器、象牙器、漆器、瓷器等，还要加上一些西班牙的墨西哥银圆才能相抵。后来就以贩卖鸦片为其主要业务，不只榨取了无数的白银，破坏了我国旧有的自然经济，而且在精神生活方面流毒无穷。就文化交流方面说，从十六世纪八十年代起，以至十八世纪九十年代（即明万历初至清乾隆末），过百的耶稣会士陆续来华传教。其主要活动方式是通过交结士大夫进而打通宫廷，有的更做上了官吏。其中代表人物有利玛窦、艾儒略、南怀仁、汤若望等，其事迹也见载于《明史》或《清史稿》。这一时期便是一般所认为欧洲科学文化传入我国的时期。但是，实际上他们所介绍的只是欧洲中世纪经院哲学所容许的古老东西，而于文艺复兴以来所出现的新生进步的东西则几乎一无所有。例如天文则仍用以地球为中心的托勒密体系为基础，而于哥白尼以太阳为中心的学说，初则避而不谈，继（哥白尼死后将近两百年了）则认为仍非定论；化学则坚持希腊的四元素学说，而于波以耳《怀疑的化学家》一书则从未提到过。关于其他自然科学也有类似的情况。他们可能容许传入的一点新东西不过是某些机械技巧和某些花样产品而已。

以上所述，就是鸦片战争以前中国与西方交通的四个时期，有了这些时代背景，下面将就几个方面分别加以叙述。

## 二、瓷器

瓷器是一种化学工艺产品。在全世界范围内以我国发明为最早，而且在唐、宋时期便获得了相当高度的成就。因此，在海外贸易中遂与丝、茶并行传誉于远方。我国瓷器，阿拉伯人一直就称之为“绥尼”（Sini，即中国的或中国人的意思），其印象之深和其影响之远，由此可知。

我国瓷器及其工艺的西传是通过阿拉伯国家而达到的。一方面往西而到非洲，另一方面往北而达欧洲。1912年在开罗附近福斯特（Fostat，即开罗古城）遗址经过考古发掘而获得大批中国青瓷，还包括有三彩陶器和釉下刻花的瓷器。据考古学家研究，我国瓷器是在埃及国王伊本·国伦（Ibn Tulūn）时代（868—905）开始传到尼罗河流域的。在上埃及某些地方二十世纪以前也曾发现过中国的古瓷。

由于我国瓷器的优秀品质得着阿拉伯人的赞扬和爱好，加以交通困难而致市场缺货，仿制品便应运而生。福斯特发掘中也出现有这类仿制品。埃及人仿制中国瓷器开始于法蒂玛王朝（Fatimid，909—1171）。有一位名叫赛尔德的工人，曾仿造宋瓷，还传授了许多徒弟。以后才大规模地制造起来。

唐宋瓷器，不仅在埃及被发掘出来。1910年至1913年间在伊朗北部喇及斯（Rhages）地方也曾发现青瓷、白瓷和三彩陶器。这很可能是由陆路辗转流传过去的。1888年在桑给巴尔就有中国瓷器和宋钱出土。后来在桑给巴尔境内的宾巴岛上也发现过宋瓷。这当然是由海道运去的。这些考古发掘的收获，都标示着那一时期我国瓷器广泛外传的部分实况。在模仿制造方面，伊拉克的拉加（Rakka）地方十一、十二世纪的产品，就表现了浓厚的中国作风，波斯十二、十三世纪的产品，还出现了中国特有的凤凰图案。

但是，仿制作品并未能起“取而代之”的作用。所以马可·波罗在他的游记里还说：“元朝瓷器运销到全世界。”现在收藏在伊朗德黑阿尔代毕尔寺院里和土耳其伊斯坦布尔博物院里的大批元代青花瓷，就是当时输出品的很小一部分。同时，曾游历我国泉州、广州等地的摩洛哥旅行家依宾·拔都他（Ibn Batutah，1304—1377）在他的游记里也说：“中国人将瓷器转运出口，至印度诸国，以达吾故乡摩洛哥（在另一节记载里还提到也门——引者）。此种陶器真世界上最佳者也。”

明代是我国造瓷技术发展史上的一个重要时期。在郑和七次出使西洋过程中；在外国使团历次来访我国过程中，我国所赠送的礼物即以瓷器为一重要项目。在外国彼此交往之间，也是非常重视这项美术工艺品的。且不说早期的事例，即在1487年（明成化二十三年），埃及国王曾以中国瓷器赠送给意大利佛罗伦萨的执政美第奇（Medici）。说来颇有意趣的是，在这事以前不久，即1470年（成化六年）左右，意大利威尼斯炼金术工人安托尼俄（Maesoro Antonio）才从阿拉伯人手里学会中国造瓷技术而造出青花软瓷，当时称为“阿拉伯蓝色瓷器”。这是欧洲人模仿中国瓷器的开始。同时，明瓷在非洲国家的流传也有相当大的发展。1948年以来，在非洲东海岸附近的三个古城遗址中，在肯尼亚马林迪附近的格迪古城和其他几个遗址中，在坦噶尼喀境内四十六处古代遗址中，在罗得西亚[①]的著名古迹津巴布韦，在苏丹境内的爱丹皮遗址中，都发掘出许多中国瓷器，包括十四至十六世纪著名的青花瓷。这些新发现，正是欧洲殖民主义所埋没不了的中非人民久远友谊的见证物。

自从十六世纪欧洲殖民主义取得了东方海上交通势力以后，葡萄牙、西班牙、荷兰以及英、法商人纷至沓来，进行海盗式的劫掠。1604年（明万历三十二年），有一只从中国归程途中为荷兰军舰击获的葡萄牙商船卡列里那（Catharina）号，其中装满了无数各式各样的瓷器。（参见图版三十上）1614年（明万历四十二年）十月，一只从爪哇的巴达姆港（Badam）返国的荷兰商船克尔德兰（Kerderland）号，装着碗、碟、皿、盘等瓷器，计69057件，总值荷币11545.1佛罗林（Florin）。1673年（清康熙十二年）英商威德尔（Weddel）来华，在广州和澳门两处所买的货物有瓷器五十三箱，比绸缎

① 今津巴布韦共和国。——编者注

几乎多两倍。但是，在这些唯利是图的行为后面，却包含着一项不容否认的事实：我国瓷器的优越质量早已获得欧洲人广泛的爱好和赞赏。在统治阶层里也是这样。十七世纪后期法王路易十四命令他的宰相马萨林（Jules Mazarin）创立中国公司（Compagnie de la Chine）派人到广东订做带有法国甲胄纹章的瓷器。沙俄的彼得大帝（1672—1725）在十八世纪也同样向我国订做了带有双鹰国徽的瓷器。（参见图版三十下）这种崇尚中国瓷器的风气，对于欧洲瓷业的勃兴（主要在十八世纪），实际上起了巨大的推动作用。

我国劳动人民在造瓷技术上所获得的辉煌成就，主要在于胎、釉选料配料之适宜，釉身釉色之光润多彩，火焰火候之掌握恰当。以此三者为基础，又能吸取外来某些有利因素以丰富其内容。例如，著名的青花瓷可以确定为最早成品的是元代制造的，而明初的优秀产品则盛推永乐与宣德。据明代文献记载，都说到永、宣青花之所以具有一种自然浓淡相间的色调——所谓“晕青”或“散青”，是由于采用了来自外国的一种色料，有的人叫苏麻离青，有的人叫苏渤泥青，又叫回青、佛头青，或西域大青。这种青料究竟是一种什么样子的东西，原先来自何方，还有待研究才能作出可靠的结论。虽说如此，近年来周仁先生及其协作者在分析宣德青料和国产青料的结果中说道：“宣德青料中氧化锰的含量与氧化钴的含量差不多，而氧化铁特高，这是和国产青料在成分上最显著的不同；国产钴土矿（即青料）的成分中，氧化锰的含量要比氧化钴高达数倍乃至十余倍，而含锰那样少、含铁那样高的钴土矿，国内至今还未发现过。这些事实是可以和古籍上宣德青花是用外国青料的记载互相引证的。”[①]这样，就用近代科学的方法解决了我国古代化学工艺中采用外国材料的一个模糊问题。另一个明显的例子是清代御窑采用洋彩的故事。洋彩瓷器大约开始于康熙末叶，发达于雍正，而成熟于乾隆前期。它又叫作粉彩，瓷胎画珐琅，一般常沿袭旧时古董商人的误解称之为“古月轩瓷”。其色彩有胭脂红、羌水红、洋绿、洋黄、洋白、翡翠等名，以鲜明娇艳取胜，迥异寻常。乾隆在他的《陶成纪事碑》一文里说道：“新仿西洋珐琅画法，山水、人物、花卉、翎毛，无不精细入神。”唐英在他的《陶冶图编次》里“圆器洋彩”条下说：“圆琢器五彩绘画，仿西洋曰洋彩。选画作高手，调合各种颜色……所用颜色与佛郎色同调。”佛郎就是珐琅。现在在首都故宫博物院里还陈列有这种特殊优秀作品供人民大众欣赏。它“在瓷器彩绘全部历史中，占了最辉煌的一页”[②]。从上面所举两项事例看来，在造瓷艺术方面吸取外国的美好的东西，我国劳动人民也具有优良的传统。世界各民族的科学技术交流，从来就是相互影响着的。而一个民族在其吸取外来的科学技术过程中，不徒从事于机械式的模仿，却能与其

① 周仁等：《景德镇瓷器的研究》，科学出版社1958年版，第73页。

② 《景德镇陶瓷史稿》，第230页。

固有者相融合，以至于推陈出新，卓然有以自立，看来又与其已有的科学技术水平和其潜在的创造力是有密切联系的。

### 三、造纸

我国造纸技术的西传，跟瓷器一样，是通过阿拉伯人而实现的。直接与之相关的是唐玄宗天宝十载（751）中国和大食武装冲突的怛罗斯［今瓯立阿塔（Aulie-Ata），在哈萨克斯坦境内］战役。中国方面的统帅是安西四镇（即龟兹、于阗、焉耆、疏勒）节度使高仙芝。《资治通鉴》说："仙芝之虏石国（今乌兹别克斯坦塔什干境）王也，石国王子逃诣诸胡……诸胡皆怒，潜引大食，欲共攻四镇。仙芝闻之，将番、汉三万众击大食。深入七百余里，至怛罗斯城，与大食遇，相持五日，葛罗禄部众叛，与大食夹攻唐军。仙芝大败，士卒死亡略尽，所余才数千人。"这次战役客观上起了传播我国造纸术到西方的作用。十一世纪阿拉伯有名的著作家塔阿里拜（Tha'alibi或Talibi）根据前人的著述说道："造纸术从中国传到撒马尔干（今乌兹别克斯坦境内），由于被俘的中国士兵。获此中国俘虏的人是齐牙德·伊本·噶利（Ziyad ibn Calih）将军。俘虏中间有些能造纸的人，由是设厂造纸，驰名远近。造纸业发达后，纸遂为撒马尔干对外贸易的一种重要出口品。造纸既盛，抄写方便，不仅利济一方，实为全世界人类造福。”[1]这位齐牙德·伊本·噶利正是参加怛罗斯战役的大食方面的将军，我国造纸术就是这样西传的。

杜环是当时中国方面的随军人员，战后就流落在中亚逾十年，肃宗宝应元年（762）才从海道回国。他著过一部名叫《经行记》的书，记述在国外所见的情况。这部书虽说早已散佚，幸而同时人杜佑（735—812）在他的《通典》里还保留着一些片段。如说在大食看到“绫绢、机杼、金银匠、画匠。汉匠起作画者，京兆人樊淑、刘泚；织络者，河东人乐隈、吕礼”。这些各行手工业者的从军，正可视为其中还有造纸工人存在的旁证，因为高仙芝所率领的队伍是一支数以万计的大军。

撒马尔干的造纸技术直接得自中国造纸工人的传授，所以造出来的纸一开始就受到欢迎，而造纸业便蓬勃地发展起来。前面征引的塔阿里拜还说过：“撒马尔干百业之中所当述及者是为纸。埃及之草纸及以前用以书写之羊皮纸至是俱为此种纸所淘汰以去；盖此种纸美观如意，而又便于使用也。是惟撒马尔干与中国产之。”当时就流行着撒马尔干纸的特称。

在793—794年间，那位在《天方夜谭》里著名的阿拉伯统治者，哈龙·阿尔·拉施特（Harun.Al.Rashid）在新都城巴格达建立了一个造纸厂。据说还招致了中国造纸工人，于是造纸术的传播又向西迈进一大步。在西进道路上还应着重提出大马

---

① 姚士鳌：“中国造纸术输入欧洲考”，《辅仁学志》第一卷第一期，1928年。

士革（今叙利亚首都）地方的造纸事迹。由于它接近地中海海岸，交通便利，欧洲各国在它们自己还未曾建立造纸工业时，所用纸张主要来自大马士革，历年达数世纪，称之为大马士革纸（Charts damascena）。

埃及之接受外来的造纸技术是一个极饶兴趣的问题。因为在它本土所生产的草纸[①]，具有悠久的历史和广泛的流行。在新旧交递之际，必然会有一段过程。十九世纪中叶，在英、法殖民主义统治之下，帝国主义分子在埃及境内以考古发掘为名劫掠了无数的珍贵古物。就中一小批便是维也纳的瑞那氏（Rainer）所搜括的自800年至1388年埃及文书古纸达两万件。有人把其中有年月可考的文书提出来，并对其所用的草纸或中国式纸分别作了比较，结果如下：

| 公历年份 | 文书总件数 | 中式纸件数 | 所占百分数 |
|---|---|---|---|
| 719—815 | 36 | 无 | 0.0% |
| 816—912 | 96 | 24 | 25.0% |
| 913—1009 | 86 | 77 | 89.5% |

从这个表可以很清楚地看到，纸张之用于文书，从无到有，从少到多，经历了两个世纪之久。最后的一通草纸文书是936

① 埃及草纸的原料是一种莎草科的水草（*Cyperus papyrus*），多根高茎而肥，有高至七八尺者。产尼罗河旁及非洲北部水泽中。制法将草茎削去外皮，截为长条，用利刃切成薄片，润以水，然后照一定的大小，按条并列，互相接连，铺于平板之上。一层之上，再横铺一层，用重力压之，使其平贴。取下晒干，即成。

年。另有一封草纸谢函，其时期在883年至895年之间，函尾附有“草纸作书，乞予原宥”这样一句话，可见九世纪末它在信札往来中地位下降的程度。

“破布纸”（Rag-paper）在埃及取得压倒草纸的胜利，对造纸技术的传播，起了更进一步的推动作用。一方面渡地中海，经西西里而入意大利。另一方面西向到摩洛哥的菲斯（Fez），又过海而入西班牙。以后欧洲各国才逐渐建立起造纸业。现在，依据西方人自己的说法，将其大致年份列表如下①：

| 公历年份 | 1150 | 1189 | 1276 | 1320 | 1494 | 1586 |
|---|---|---|---|---|---|---|
| 国别 | 西班牙 | 法兰西 | 意大利 | 德意志 | 英吉利 | 荷兰 |

值得提出的是，纸在欧洲的竞赛对手是羊皮纸。抄写一部《圣经》需要耗去三百只羊的皮，这比我国古代以缣帛作书的代价还要多得多，这对于一般的文化传播是一种巨大障碍。照说，造纸术一旦传入欧洲，似乎就应该蓬勃发展起来。但是，实际上并非这样。前面所引的那位先生就曾在带有一些慨叹的情绪下说道：“欧洲造纸业之进步甚缓，一察上表，便可了然。……比之中国以及阿拉伯辖地，皆有不逮。是则以欧洲与纸竞争之羊皮纸，其宜于书写，较之竹简草纸皆有过之无不及；重以斯时欧洲读书者不多，故印刷术未兴以前，对于廉价纸张之需要，固甚少也。”（同前书）他所举的两种因素，前

① T.F.Carter，*The Invention of Printing in China and its Spread Westward.*

者只是一种面子话，而后者，即当时社会文化水平较低，没有廉价纸张的迫切需要，才是真正的原因。

至于欧洲原有的羊皮纸，在引入植物纤维纸的过程中，看来曾产生过一定的影响。为了适应西式笔（鹅毛管式的）墨（溶液样的）的要求，所造出来的纸必须以较厚重较光滑而不浸水为合格。洋纸与我国纸在品种上有所不同，其根本原因即在于此。各适其宜，不当据以论其品质的高下。洋纸在我国初次露面，见于明王肯堂的《郁冈斋笔麈》。他说："余见西域欧罗巴国人利玛窦，出示彼中书籍，其纸白色如茧，薄而坚好，两面皆字，不相映夺。赠余十番，受墨不渗，着水不濡，甚异之。"利玛窦来华在万历九年（1581），其卒在万历三十八年（1610），赠纸事当在十六、十七世纪之际。以区区十张纸作为礼物，可见是当时一种高质量的产品，因而也博得王肯堂如实的欣赏。但是这种纸既然不是以商品流入中国，又对于我国的书画和印刷都不会有什么特殊的帮助而表现其优越性，所以在我国造纸技术上可说没有发生任何影响。

### 四、火药与火器（参看本章第五节末尾的附注）

火药与火器的外传，同瓷器和造纸术相类似，也是先通过阿拉伯国家而后才达到欧洲的。火药之所以成为火药，起决定性作用的是硝的引入。阿拉伯人对于硝的认识，不但远在我国之后，而且是从中国学去的；其用于火药也是如此。据1225年写成的一部阿拉伯文抄本论火攻的兵书[①]，其中载有各种各样的石油凝固燃料和油脂、松香、硫黄、砒霜等混合燃料，但没有硝。这说明那时伊斯兰教国家还不知道硝可配成火药，在军事上可用于火攻。而其后一位叫伊宾拜他耳（Ibn Baytār）的在所著医药典里[②]，对于“巴鲁得”（bâroud）一词却作了一个注解：

“这是‘中国雪’（talgā-s-sin），埃及老医生们所叫的一种名称；西方（按，指非洲和西班牙）普通人和医生都叫‘巴鲁得’。”

“巴鲁得”现在阿拉伯文作火药解，但在那时是指硝而言。由这句话可以看出：硝是从中国传去的，所以才有“中国雪”之名；传去的年代已相当的久了，所以只有埃及老医生才这样叫它，而当时的北非以至西班牙都以巴鲁得呼之。既然巴鲁得后来又直接地意味着火药，那么，从中国雪到巴鲁得这一转变，正好像在我国五代和北宋时，消石由于被军事家用于火药里，又出现了焰硝这个名称一样。从这样一些考虑出发，我们可以得出一个结论：中国雪（硝）为伊斯兰教国用于燃烧方

---

① 拉努：“中古时阿拉伯的军事学”［亚洲学报第四编第十二份］（M.Reinaud，*De l'Art Militaire chez les Arabes au Moyen Age*，J. A. IV$^{eme}$ ser., t.12, 1848, p. 198）。

② 拉努与法伟：《希腊火与其他火攻法以及火炮的起源》（Reinaud et Favé, *Du Feu Grégeois des Feux de Guerre et des Origines de la Poudre à Canon*, Paris，1848，p.14）.

面，当始于1225年至1248年（伊宾拜他耳的卒年）之间。

再者，十三世纪一位叫哈三（**al-Hassan al-Rammāh Najm alūdin al-Ahdab**，生年不详，卒于1295年）的，著有一种阿拉伯文的兵书①。他在书首说明，他是承父祖的遗志并参考其他专著所写成的。由于这书的揭示，我们更了解到，不但火药是从我国传去的，有些烟火和火器也是从我国传去的。例如：

（1）实验花的成分

硝10　硫黄3　木炭2　火石4　中国铁9　花10

（2）契丹火轮的成分

硝10　硫黄$3\frac{1}{3}$　木炭1

（3）契丹花用于火门的成分

硝10　硫黄2　木炭$3\frac{1}{4}$　中国铁10

（4）契丹花不用于火门的成分

硝10　硫黄$1\frac{1}{2}$　木炭$2\frac{1}{4}$

仅仅从这些物名看来，就可认识它们的来源。其中有以契丹冠名者，所指亦不专属于局部性的辽，而是全部性的中国。因为同时代的威尼斯商人马可·波罗在他的《游记》里就是这样称呼中国的。分别具体地说，“中国铁”或即是《金史·蒲察官奴传》所载“飞火枪”中的铁滓末，它本是用以起“花

① 拉努与法伟：《火炮史》。Reinaud et Favé, *Histoire de l'Artillerie*, Paris, 1845, pp.23-40.

火”的；“契丹火轮”或即是周密《武林旧事·卷三》所说的“起轮”；“契丹花”或即是通常所说的“花火”。这些东西名目的来龙去脉，看来还是相当清楚的。哈三兵书里并载有“火枪”一物，它无疑地是出自宋、元人的火枪，枪头就叫作“契丹火箭”（Sahm xatai）。凡此种种，都可作为1225年以后火药、火器从我国传入伊斯兰教国的例证。

在十三、十四世纪之交，伊斯兰教国有一位闪姆哀丁谟罕默德（Schemes eddin Mohammed）也著了一种兵书①。其中载有名叫“马达发”（madfa'a，现行阿拉伯文作火器讲）的两种管形火器。第一种是一根短的筒子，内装火药，把石球安置在筒口；点着引线后，火药发作，就把石球冲射出去打击敌人。第二种是一根长筒，先装上火药，把一个能上下活动的铁球或铁饼搁在筒内，并且拴在火门旁边，然后装上一支箭。这支箭在火药爆发时受了铁球或铁饼的冲动，而射向敌方。第一种很明显是出自宋、元人的“火筒”无疑。第二种则是出自1259年南宋人的“突火枪”，不过“突火枪”里所放的子窠（子弹）很简单，无须拴在筒上；而铁球或铁饼则多此一道手续，另外又多加了一支箭。

以上是火药火器从我国传入伊斯兰教国家的情况。

下面将对欧洲人是怎样获得这种知识和技能的，加以叙

① 《亚洲学报》第四编第十四份，A. J. IV$^{eme}$ ser.，t.14，1849，p.311.

述。十九世纪以来，欧、美资产阶级专家起初时常认为火药是欧洲人自己发明的，但是，经过历史事迹不断的揭发，后来也不得不承认实际上并非这样。

十三世纪后期，一位以马哥为名的希腊人把伊斯兰教国的一种火攻书译成拉丁文，题为《制敌燃烧火攻书》（*Liber ignium ad comburendos hostes*）①。原书是用阿拉伯文写的，写作时代大约在十三世纪中叶。拉丁文译本，直到1804年才由拿破仑一世下令付印，它是欧洲讲火攻法最早的一种书籍。书中曾讲到飞火和花炮的制造方法：

> 第二种飞火是这样制造的：一磅活硫黄，二磅柠檬木炭或柳木炭，六磅硝，三种在大理石上同研，然后装入火筒，或花炮筒内。注意：起火筒须长而细，装药子须紧；花炮筒须短而粗，装上药子一半为止。

另外有一种阿拉伯文写本也是中古时欧洲人译成拉丁文的，名为《八十八自然实验法》，其中有许多方子和《制敌燃烧火攻书》相似。还有一种拉丁文译本，其中讲火攻法的部分完全和《制敌燃烧火攻书》相同。紧接它的后面的就是《八十八自然实验法》②。

---

① 法文译本见贝尔特露的《中古的化学》第一册，第89页及以下，引文在第108页。M.Berthelot，*La Chimie au Moyen Age t.I*，pp.89 ff.

② 桑戴克：《魔术与实验科学史》第二册，第784页。L.Thorndike，*A History of Magic and Experimental Science*，vol.Ⅱ，p,784.

所有这些事例说明了三点：第一，欧洲最古的一种讲火药的书导源于伊斯兰教国；第二，伊斯兰教国讲火药的书译成拉丁文的不止一种；第三，中古时候，欧洲人常把性质相同而著作人不同的书编在一起。

由于当时欧洲少数的博学家援引了这些书籍中所载的方子而未注明出处，后人便以为是那些博学家自己所发明的，遂致以讹传讹，历时甚久。如对德国的大·阿尔柏特（Albertus Magnus，1131—1280）就是这样。在他的著作（全部达32册之多）中也有关于飞火、火炮的一段话：

> 拿一磅硫黄，两磅柳木炭，六磅硝在大理石上一同研好，然后装在飞火或雷火的纸制筒子里。其火为飞，筒须长而细；其火如雷声，筒须短而粗，装上一半的药为止。[①]

这段话无疑是从《火攻书》抄来的，因为不但硝、磺、炭三者的分量相同，制作飞火、火炮的方法相同，甚至词句的前后次序也是一致的。有人以为大·阿尔柏特是火药的发明人，那真是一种皮相之谈。

另一位常被人误会为火药发明者的是英国的罗及·培根（Roger Bacon，1214—1292）。在他的著作中，据旧说有三处谈到火药，但经过核对，三处中一处是谈魔术的，一处是重复的，实际谈火药的就只一处。现在就把这处的文字引在

① 桑戴克：《魔术与实验科学史》第二册，第738页。

下面：

> 我们以小孩玩具为例吧，世界上有许多地方制造像拇指大的一种东西；东西虽小，但由于其中有一种属于盐类而叫作“硝”的东西，以此能够爆炸。当其爆炸时，这个用羊皮纸制成的小东西发出可怕的声音，比疾雷还响；所闪出的亮光比随雷而来的闪电还强。[①]

细译文义，不能说培根发明了火药，因为培根自己就说世界上有许多地方早已在制造羊皮纸的火炮了。而且那些地区一定不是指欧洲，而是指伊斯兰教国。培根对火炮的知识也许得自传闻，因为他只举出了硝而不曾涉及火药所不可缺少的其他两种物质——硫黄和木炭；也许得自伊斯兰教国某种书的拉丁文译本，因为在他的著作里，一方面既有采用回历纪年的篇章，另一方面又无一点懂得阿拉伯文的痕迹。跟大·阿尔柏特相似，培根也不能称为火药的发明者；但是，他们两人在当时的欧洲学术界享有很高的权威，因此对于传播火药的知识做出了一定的贡献。

还当指出，欧洲几个知识分子知道了火药并不等于欧洲就有了火药。欧洲人真正地认识到火药应用的重要性是从战争中获得的，是从天主教国与伊斯兰教国长期斗争中获得的。1291年第八次十字军东征失败，伊斯兰教国人把法兰克人从亚洲大

① 贝尔克：《罗及·培根的要述》第二册，第629页。（R.B.Burke，*The Opus Majus of Roger Bacon*，Philadelphia，1928，vol.II，p.629.）

陆最后堡垒亚加（Akka）赶了出去。当时用了九十二座抛石机日夜攻打不息。这种抛石机既能发射巨石，也能发射装有火药的火球、火瓶、火罐等。法兰克人吃了大亏，支持不住，才退到地中海的塞浦路斯岛上去。当时在地中海上有新兴的威尼斯、佛罗伦萨等自由城，和伊斯兰教国争夺海上霸权。而原来在伊斯兰教国统治下的西班牙也起而进行反抗。1325年伊斯兰教国人在攻打西班牙的八沙（Baza）城时，用抛石机向城中发射火球，声如雷霆，燃烧了不少房屋，伤害了不少的居民。[①]这些史实说明欧洲人在和伊斯兰教国人作战当中，才开始接触到火药火攻法，才开始学习到制造火药和应用火药的火攻法。

欧洲最早的火器图形发现在英国，可说是欧洲最古火器的档案，绘图的年代是1326年。其他法、意、德等国的档案，无论是文字的记载或是保藏在博物馆的实物，都晚于它的年份。据顾特曼的报告[②]，有人在英国牛津礼拜堂里发现一张伦敦主教献给英王爱德华三世的加冕辞，在贺辞的下方画着一个瓶形火炮。这个火炮安置在一张桌子上，炮口插有一支枪，对

① 拉克邦：《论火炮及十四世纪传入法国考》［中古学术研究图书汇刊第一册第二编第28页］（L.Lacabane，*De Ia Poudre à Canon et de Son Introduction en France au XIVe Siecle*，Bibliotheque de l’Ecole des Chortes，Revue d’Erudition Consacrie principalelement a I’Etude du Moyen Âge.t. I, ser. 2, 1844, p.28）。

② 顾特曼：《最古的火药史档案》［《化工学报》第二三卷，第591页。］（O.Guttmann，The Oldest Document in the History of Gunpowder，*Journal of the Society of Chemical Industry*，vol. 23，1904，p.591）。

准着堡垒的门，一个武士正在点火炮上的引线。后来在侯开姆（Holkham）也发现了一种同年份的档案，其中也画有一个稍大的瓶形火炮，其他情况也和前画相类。这种武器是火枪与火炮相结合而成的，是从抛石机所发射的火炮到发射子弹的铳炮中间过渡的一种火器。由于这种火器对欧洲人说是最早的，而对伊斯兰教国说仍然是较晚的，其形式又与火罐火瓶相同，那便说明他们是从伊斯兰教国人学去的。现在把那张加冕辞的影片附在书里，若把它和前面刊载的我国现存的1332年铜铳相对照，真是有点小巫见大巫了！（参见图版三十一）

顺带地再举一个例子。法国的一种老法文档案里有一则记载：1338年7月2日法国与英国交战时有位慕林归老姆（Guillaume du Moulin）将军从另一位多玛士服克（Thomas Fouques）将军那里接到一个铁罐子，一磅硝，半磅活硫黄。[①] 这个铁罐子即金人所称的震天雷，我国早在十三世纪上半期就使用过。火药的成分只有硝和硫黄，没有木炭，而且事先也未曾把它们研细混匀起来，可见法国初期的火药尚没有一定的规格。欧洲人最早使用火药、火器的情况大致就是这样。

## 五、炼丹术

炼丹术在我国有其悠久的历史，有其一贯的体系，在前章

① 见338页引拉克邦的文章，第36页。

和本章中曾经加以阐明。现在，在本节中将讨论我国炼丹术与西方炼丹术的关系。欧洲中世纪的炼丹术导源于阿拉伯的炼丹术，这一事实也早为国际学术界所公认。因为在伊斯兰教国阿拉伯文著作里和天主教国拉丁文著作里，传述与继承的关系是核对过的；而且西文中炼丹术这一名词也都沿袭着阿拉伯文的al-kimiya一字，不过拼法略有不同而已。所以问题的实质就是阿拉伯炼丹术起源的问题。

欧洲的学者往往有一种成见，以为西方文化无一不导源于希腊，从而又推论出东方文化也是西方传来的。在炼丹术关系这一具体问题上表现得很为明显。如英国的号称汉学专家的解耳斯就说过："与长生不死之药——耶黎克色（Elixir）密切相联系的中国炼丹术，毫无疑问地，是从希腊通过大夏（Bactria）的舶来品。"[①]这是一种渺茫无凭的猜想。德国的化学史专家利浦曼本着法国的化学史专家贝尔特露的说法，又认为中国炼丹术是从阿拉伯人介绍来的。[②]这仍然是欧洲文化中心论的片面之谈。按其希腊—罗马—阿拉伯—西欧的体系以立论，而对于我国炼丹术发展历史可说是很渺茫的。

把我国炼丹术史迹介绍到国际学术界面前的是二十世纪三十年代的事情，主要要归功于我国几位学者。在翻译原著方

① H.A.Giles，*China and the Chinese*，New York，1902，p.166.

② E.O.von Lippmann，*Entstehung und Ausbreitung der Alchemie*，Berlin，1919.

面，则有吴鲁强的魏伯阳《参同契》，葛洪《金丹篇》和《黄白篇》。继之而起者还有几种较次要的炼丹术著作。在操作技术方面，则有曹元宇的一篇综合性的论文《中国古代金丹家的设备和方法》。这些文章的发表和由此而引起的讨论，促使某些留心这一问题的西方人，在事实面前，不得不重新考核一下往时的或同时的欧洲文化中心论者所持的论据，从而得到部分的纠正。例如1956年出版了一本题名为《化学之历史背景》的书[①]，在书中不得不为中国炼丹术和阿拉伯炼丹术各立专章，来讨论彼此之间的关系问题。

现在就把我们对这个问题的看法分两层写在下面：

（1）目的性问题。炼丹术之所以成为炼丹术而与一般化学工艺（如金属冶炼）有别，其根本原因就在于它有其特殊目的。它所追求的目标是以化学方法制成长生不死之药，同时又具有"点铁成金"效能的药剂。此种药剂在我国名神丹，《抱朴子·黄白篇》说："神丹既成，不但长生，又可以作黄金"；在阿拉伯和中世纪欧洲炼丹术著作中即称之为耶黎克色或哲人石。没有这一明确目的性的任何化学工艺，尽管采用的方法和设备跟炼丹家所采用的相类甚至相同，也不能认为是炼丹术。汉武帝以前的景帝朝代民间就有造伪黄金的技术存在，在《汉书·景帝纪》里有景帝中元六年（前144）十二月"定

① H.M.Leicester，*The Historical Background of Chemistry*，New York，1956.

铸钱、伪黄金弃世律”的记录。葛洪在《抱朴子·神仙篇》里也说：“外国作水晶碗，实是合五种灰以作之，今交、广多有得其法以作之者。”这种制造伪黄金和制造玻璃碗的技术，由于别有目的，就不属于炼丹术之列。用目的性来判别炼丹术的有无，来考究它的发生、发展和传播，是无可非议的。所以大卫士曾指出贝尔特露的错误在于把化学（拉丁文Chimia或Chemia）和炼丹术（拉丁文Alchemia）毫无区别地混同起来，又指出西方的炼丹术并不曾见于罗马帝国时代的亚历山大城，而只见于八世纪阿拉伯的首都巴格达[①]。

（2）阿拉伯炼丹术体系中所反映的中国影响首先是哲伯伊宾·哈宴（Jābir ibn Hayyan）的著作。哲伯认为“金属具有两种组分，一是土性的烟，一是水性的汽。在地球内部，这两种气体的凝缩分别成为硫和汞。硫与汞结合而成各种金属。六种金属的差别是由于它们所含硫汞相对比量的不同而引起的。黄金里硫与汞的比量恰合于适当的平衡；白银里硫与汞具有相等的重量。铜含硫较多，而铁、铅、锡则含硫较少。金属既然具有相同的两种组分，它们就可以相互转化。在执行转化技术时，炼丹家不过是在短少的时间内来完成自然界需要很长时间才能完成的工作——据说自然界产生黄金要历时一万年”[②]。

① T.L.Davis，“The Problem of the Origins of Alchemy”，*The Scientific Monthly*，Dec.1936 vol.XLIII，P.552.&.Isis，vol.28，1938，p.74.

② E.J.Holmyard，*Chemistry to the Time of Dalto*，London，1925.

这段叙述的最后部分无疑地反映了《淮南子·坠形训》里五金在自然界生成年岁的说法对哲伯思想的影响。至于金属转化的方法，只要结合他和其他阿拉伯炼丹家所追求的耶黎克色；必须借助于耶黎克色之力才能治疗金属之病，使其组分达到一个恰当的平衡而转化为黄金；那么，中国炼丹术的影响，就更显而易见了。顺带地再举一例，哲伯在其物品分类系统中，把金属列为一类，包括七种，即金、银、铜、铁、铅、锡之外还有一种称为中国金属（Khar sini）的金属。这一名称强烈地含蓄着中、阿炼丹术的关系[①]。

其次是拉茨的著作。这位波斯炼丹家的原文姓名很长（Abu Bakr Muhommad ibn Zakoriya al-Razi），拉丁文的简称是Rhazes。他于860年生于德黑兰附近的雷依（Ray）城，925年卒于家乡。他受过巴格达翻译馆的培养。从这方面说，人们对他的认识要比对哲伯的清楚些。他的著述早在1187年有拉丁文译本，在二十世纪二十年代阿拉伯文的抄本也被发现。其中主要部分题名《秘中之秘篇》（*Kitab Sirr al Asrar*），有点令人联想到淮南王以《枕中鸿宝秘苑书》名篇的意味。在《秘中之秘篇》里，同哲伯一样，于“石部”提到tutia，但指明出自中国，由此可认为代表着鍮石；于七种金属里也列入了中国铜（Xār cini），可认为是指白铜。关于后者的解释，是因为拉

① 参看341页引Leicester的书里第67页。

茨相信，“把铜染白并由此而给铜带上银的色彩，是可能的；但它仍然是铜，不过加染而已。”[①]从这两处记载看来，拉茨对于我国有关炼丹术的事物比哲伯有更进一步的了解。

比前两条更为重要的是在该篇中还有谈到硇砂的一章。让我们先引温德礼席的一段话：“按照拉茨所表达的炼丹术，其先期发展决非出自希腊壤土，因为拉茨所用的诸物品，例如硇砂，希腊人对它毫无所知，而且其他大部分还保留着波斯的名称。这样坚决地根据实验和逻辑地加以推导出来的炼丹术理论，必定是从波斯壤土生长起来的。”[②]

依我们看来，这番结论又对又不对。对的是，阿拉伯炼丹术不但在理论上而且在药物上，不出于希腊和罗马。不对的是，它也并非必定地发源于波斯。我国早已采用了硇砂作为药剂。二世纪的《参同契》有“以硇补疮愈见乖张”之语。七世纪的《唐本草》有“硇砂可为汗（焊）药”的话。这些记载都早于拉茨的著作，远者达八百年，近者也二百数十年。两种文化当然有其独立发展的方面，但是波斯与中国是素有交往的。在炼丹术采用硇砂这一具体问题上，从时代先后来考虑，只能得出拉茨所从事的炼丹术也受到中国影响的结论而非其他。至于波斯炼丹术与阿拉伯炼丹术的关系，则是另一问题，还当具

---

① 参看342页引Holmyard的书。

② R.Winderlich, “Ruska′s Researches on the Alchemy of Al-Razi”, *J.Chem.Edu.*, 1936.

体的加以研究。但是，无论如何，它们不导源于希腊、罗马，而受到中国炼丹术的直接影响，则是同时肯定了的。中国炼丹术不仅不是西来，而且还是西传，也是同样肯定的。

综上所述，证明了我国在化学及其工艺的领域中这些发明创造，对于西方文化起过带头作用。应该着重指出的是，作为近代化学原始形态的炼丹术，是阿拉伯人留给欧洲人的遗产，而阿拉伯的炼丹家又无疑地受到了我国的直接或间接影响。火药是我国炼丹家在科学实践中的无意收获，也是首先传到阿拉伯的。英国唯物主义和实验科学的始祖——弗兰西斯·培根在十七世纪早年（1620）说过这样一段话："好些发现的力量、功能和结果，值得观察一下。这些中有再明显不过的而为古代人们所不知道的三个，即印刷、火药和磁针。它们的来源虽说属于近代，然而模糊不清，也未受到应有的荣誉。这三者，第一关于文学，第二关于武功，第三关于海上交通。它们改变了世界上事物的全部面貌和状态，又从而产生了无数的变化；看来没有一个帝国，没有一个宗派，没有一个显赫人物，对人类事业曾经较这些机械的发见施展过更大的威力和影响。"[①]包括火药在内的三大发明，培根当时还以来源模糊为恨，后来逐渐证实都出自我国。所以，英国的蒙古史家亨利·霍华斯爵士（Sir Henry Howorth）在十九世纪晚年（1888）说："我自

① 参看沈因明译本《新工具》第139页，这里曾对照英文本作了一些文字上的修订。

已毫不怀疑……印刷术、航海的指南针、火器，以及社会生活上很多东西，都不是欧洲发明，而是经过蒙古的影响，由最远的东方传入的。”[1]通过本节对瓷器、造纸术、火药、炼丹术等西传历史的具体分析，加上本章第二节所举金属锌和白铜直接传入欧洲的史实，我们有充分根据地说，在化学领域中，跟在其他领域中一起，中华民族对人类文化事业所做的贡献是伟大的、光荣的、足以自豪的。

① 据张秀民《中国印刷术的发明及其影响》第184页所引。

# 附　　录

## 鸦片战争以前西方化学传入中国的情况

张子高　杨　根

我国历史上所谓西学是在十六世纪时欧洲耶稣会会士来华开始传播的。他们来华的目的是为了宣传天主教，其所以要做一些介绍学术的活动，也只是为了开教服务，作为取得士大夫阶层信任，由此而接近宫廷的工具。这样，就从根本上决定了所介绍的西学，其精神实质是怎样的。当时所称为西学的门类，包括数学、历法、天文、地理、机械，这些都是人们早已熟习的；而其中还有有关化学的部分，如物质理论、化学工艺、药物等，近年来才逐渐为人们所注意。但是，对于这一部分的具体情况，尤其是人们根据情况所作出来的评价，仍有进一步研究和商讨之必要。

为此目的，我们将在下面分成三个问题作一些初步的阐述。

## 一、物质理论问题

这个问题包含着两部分：

（1）希腊的四元理论

约在崇祯六年（1633），刊行了一本名为《空际格致》的书。[①]开卷两行署名是："极西耶稣会士高一志[②]撰，古绛后学韩霖[③]订"。按裴化行（Henri Bernard）的考订，这本书是以葡萄牙高因盘利耶稣会士（Universite de Coimbre）讲解亚里士多德论自然的一部拉丁文著作（有1593年的里士本版和1594年的里昂版）为蓝本而改编的。[④]书分上下两卷，上卷总论四元，即火、气、水、土，也称四行，下卷分论各种自然现象，以火

① 所据是上海聚珍仿宋印书局印本，无序、无跋、无著成和刊印年月。卷末附有龙华民地震解一篇，尾署"天启六年岁次丙寅五月夏至日"，但与本书无关。

② 意大利人（1566—1640），本名Alphonso Vagnoni，于万历三十三年（1605）来华，传教于南京，汉名王丰肃。四十五年以案被押解出国境。天启四年（1624），易名高一志，重入中国，传教于山西绛州，崇祯十三年（1640）卒。

③ 聚珍仿宋本作韩云，而他种记载概作韩霖，今从之。按：霖字雨公，见有正书局影印《西岳华山庙碑·华阴本》。又范适《明季西洋传入之医学》卷一第十二页称韩云、韩霖为兄弟。按：陈垣重刊本《铎书》，题古绛韩霖雨公撰，兄云景伯、弟霞九光同订，则韩霖兄弟共三人。王重民辑校《徐光启集》第五三三页引康熙《绛州志》卷二：韩云字景伯，万历壬子举人，韩霖字雨公，天启辛酉举人。

④ 裴化行：《西籍汉译之适应化》（Henri Bernard，*Les Adaptations Chinoises d'auvrages européens*），《华裔学志》第十卷（*Monumenta Serica*,Vol.X）。

属、气属、水属、土属为次第。现在让我们看看其中论行之数一节的内容。

“定四为行之确数，曰土、水、气、火，不增不减，其可证之理非一端，兹且拈其五。一曰元情之合。盖散于万物者元情止有四：主作且授者二，曰热曰冷；主被且受者二，曰干曰湿。……今任相合，如干热相合成火，湿热相合成气，冷湿相合成水，干冷相合成土。元情有四，元行亦有四。……二曰轻重之别。纯体者或轻或重，甚轻者火也，甚重者土也，次轻者气也，次重者水也。……三曰元动之别。纯之动有三，皆以地心为界。旋动周心，乃诸天之本动也；从心至上，乃轻行之本动也；从上至心，乃重行之本动也。惟轻重又有甚次之别，故甚重至心者土，甚轻至天者火，次重安土上者水，次轻系火下者气。纯动之界惟四，则元行惟四而已。四曰杂体之散坏。凡杂体散坏，将必遗其内所含之迹。假如木被焚时，必有气之烟，水之湿、土之灰、火之炎渐渐离出，则岂不验杂体原结以四行乎？……亚里士多德《性理总领》又证之曰，天体恒古旋动，即宜有不动之体以为其中心，是即地也。地性以甚重甚浊得甚低之位，则宜有一甚轻甚洁者对以敌之，必火也。两敌体以相反之性不能相近以生成物，故复须气、水两行又居两体之中而调和之。故元必欲四，始为不多不少。”

以上就是当时西欧耶稣会士向我国知识分子所介绍的四元理论的最基本内容。从物质与其属性的关系上说，它反映了亚里士多德的自然哲学；从天体运动上说，它又反映了当时经院哲学的宇宙观。

不但西欧僧侣们是这样，在东欧的俄罗斯也是这样。据说，“从基辅罗斯时期的一些手稿中，证明当时……具有关于古代化学的理论观念。在这一遥远时代，流行着亚里士多德的哲学，这一哲学通过与拜赞廷朝代密切的联系传入我国（俄国）。……1618年在勃察耶夫僧院出版了一本很有意思的书。书中说道：‘应该认识到宇宙间的元素并不是不相同的。一类是性质轻浮的，即火与气，另一类是沉重的，即水与土。轻浮的元素位于上层，沉重的元素则位于下层。但水比土轻，所以在土的上面；气比水轻，所以又在水的上面；至于火则最轻，所以在气的上面而位于最上层’”。[①]这段以轻重沉浮来解释四元位高下的话，和《空际格致》里所说的二、三两项是相同的。而且，其传播出自僧院，其印行年岁则在十七世纪的上半期，这些也是相同的。这就说明，在当时的东西欧，代表教会守旧势力的经院哲学是何等顽强和普遍，而来华的耶稣会会士正是这派哲学的传播者。

不能不提到，作为新兴势力的代表人物，实验主义哲学的创始者，弗兰西斯·培根在他1620年出版的《新工具》一书里

① 卡普斯廷斯基：《俄罗斯无机化学与物理化学发展简史》，钱宪伦、张国光译，科学出版社1956年版，第2页。

就曾有力地批判过四元理论之空虚。[①]但是，来华的教士却始终对此未曾介绍过。

这部专讲四元理论的著作——《空际格致》，在出版以后所受到的遭遇如何，还同样值得我们考察一下。徐光启与利玛窦合译的《几何原本》、王徵与邓玉函合著的《远西奇器图说》，问世以后，脍炙人口，几乎是风行一时，版本也不止一种，清代还把《几何原本》译成了满文。《空际格致》则不然，只有原刊本一个本子，清代学者所编辑的许多丛书都没有把它收采进去，《四库全书》虽然载入，但在《提要》里却未给予好评。直到二十世纪的二十年代才以聚珍版的形式重印出来。所以在清代学者著作中很少有人征引过它，我们只在赵学敏的《本草纲目拾遗》里看到了一条，那是谈“硫黄有人造者、天生者”的区别，并未涉及四元理论的本身。这件事显然只能看成是赵学敏广搜博览的标志，而不能看成是四元理论在我国学术界所发生的作用和影响。清末王仁俊（1866—1913）在他的《格致古微》卷四里，评高一志之以四行驳五行为“强词夺之，适成其妄”。

不但在清代是这样，就是在明代末年，即这一理论介绍入我国的初期，也未受到欢迎。方以智是当时对西学具有热情看待的思想家，在他的《物理小识》里有这样一段话：“问中国

① 沈因明译本，上海辛垦书店1934年版，第70页。

言五行，泰西言四行，将何决耶？愚者（方以智别号浮山愚者）曰，岂惟异域？邵子（邵雍字尧夫）尝言水火土石而略金木矣，地藏水火，分柔土刚土为土石也。……周子（周敦颐字茂叔）尊水火在上，次表中土，下乃列金木焉。……水为润气，火为燥气，木为生气，土为冲和之气，是曰五行。……《楞严》（佛家经典之一，唐沙门般剌密帝译）七大，地、水、火、风、空、见、识也。地水火风之四大，犹之水火土气也。有四实则有四空，实皆空所为也，而犹有容余之空，故表空焉。皆因人目之见而显，见本于识而藏于识，故表识焉。”[1]这里所作的比较，实际上表明，当时所传入的希腊四元理论对我国思想界说并没有带来一些新的认识。那是因为，一方面我国已有两千年来传统的五行理论，另一方面在七、八世纪之际又部分吸取了印度包括四大的哲学思想。尤其是后者。如《空际格致》说：“人身骨肉属土，痰血属水，喘息属气，温热属火。”而《圆觉经》（亦佛经名，唐佛陀多罗译）则云：“我今此身，四大和合，所谓发爪齿皮肉筋骨髓脑垢色皆归于地，唾涕脓血津液涎沫痰泪精气大小便利皆归于水，暖气归于火，动转归于风。”两者的说法几乎完全一致，但是在时间上先后相隔已达八九百年之久。那就很难期望亚里士多德的四元理论会跟欧几里得的几何体系受到同等的看待了。

---

① 光绪甲申宁静堂重雕本卷一“四行”“五行”说条。

最后，还须指明，西方四元理论之应用于人身早在万历四十年（1612）就为熊三拔[①]在《泰西水法》[②]里介绍过。他说："其始有之物为元行，元行四：一曰土，二曰水，三曰气，四曰火，因之以为体而造万物也。非独以为体而已，既生之物不依四行不能自存，不赖四行不能自养。如人一身，全赖四行会合所生，会合所成。身中温暖蒸化食饮，令成血气，是用火行；身中脉络出入嘘吸，调和内外，是用气行；身中四液津润脏腑以及百骸，是用水行；百体五内，受质成形，外资食物，草木血肉，是用土行也。人身若此，万类尽然。"[③]但是，他并没有把亚里士多德以冷热、干湿、轻重、沉浮来确定四行的基本道理说出来；所以系统地介绍希腊四元理论的，仍然应该以《空际格致》为是。

（2）阿拉伯的汞硫理论

在1962年年底出版的《徐光启手迹》[④]影印本里发现有三行笔记云：

> 凡五金中太脆者，皆硫气也，去硫则
>
> 忍（韧）矣；太柔者，皆汞气也，去汞则

---

① 意大利人（1575—1620），本名Sabbatino de Ursis，于万历三十四年（1606）来华，四十五年与王丰肃等以案被押解出境，泰昌元年（1620）卒于澳门。

② 熊三拔口授、徐光启笔述，有万历刊本及《农政全书》本。

③ 见卷一"水法本论"。

④ 上海市文物保管会编，中华书局出版。

坚矣。

虽说这样寥寥数语，然而从我国化学史角度看来，却具有很重要的意义。它形成中外文化交流的一个组成部分。

历史告诉我们，在西汉早期李少君就为武帝（前140—前87）从“事化丹砂诸药齐（剂）为黄金矣”①。丹砂就是硫化汞，金属汞也是从丹砂炼出来的。刘安（前？—前122）又有“黄埃百岁生黄澒（汞），黄澒五百岁生黄金……白矾九百岁生白澒，白澒九百岁生白金……”②这类的说法。这等于说，各种金属都是从汞转变出来的。至汞硫相合而转变为丹砂，从东汉末年的魏伯阳，历晋代的葛洪，到唐开元年间的陈少徽，即从二世纪到八世纪，已逐渐由秘密炼制而成为公开记录。这些便是我国金丹术发展史的主要轮廓。

阿拉伯金丹家曾经说：“金属具有两个组成部分，土质的烟和水质的汽。在大地内部，烟与汽的凝缩分别产生了硫与汞；硫与汞的和合从而产生了各种金属。六种金属（金银铜铁锡铅）的区别在于它们所含硫、汞相对比例有所不同。黄金里硫汞比例保持着适当的平衡，白银里硫汞重量恰好相等。铜则含硫较多，而铁、锡、铅则含硫较少。既然它们的组成部分是相同的，所以各种金属是可以相互转化的。在行使转化的工作

---

① 《史记·孝武本纪》。

② 《淮南子·坠形训》。

中，化学家需时较短，而自然界则需时很长——据说自然界生成黄金需要一万年。”[①]我们曾在本书正文上提出过，这种金属的汞硫理论可认为是阿拉伯金丹术受到我国金丹术影响之一证。现在，这种理论，经过欧洲耶稣会士之口，而又流传到我国，只能看成是中、阿两方文化交流的继续而非其他。因为欧洲的金丹术理论，就这一方面说，是完全承袭了阿拉伯人传统的。

关于这一史实的评价，可从两方面来看。从欧洲方面看，耶稣会士的这项介绍仍然是一种古老的东西，不足以代表文艺复兴时代的新思潮。从我国方面看，作为当时杰出科学家之一的徐光启，在追求新知识的渴望和热诚中，是何等敏锐与辛勤，虽一点一滴，苟异旧闻，即行笔之于书；卒获留此吉光片羽，成为研究我国明清之际化学史的一项很有意义的资料。其可贵就在于此。

## 二、化学工艺问题

这个问题也包含着两部分：

（1）采矿冶金

方以智曾记录过：“崇祯庚辰（1640）进《坤舆格致》一书，言采矿分五金事，工省而利多。壬午倪公鸿宝（元

① E.J.Holmyard，*Chemistry to the Time of Dalto*，London，1925.

璐）为大司农，亦议之，而政府不从。”[1]又说：“前年远臣进《坤舆格致》一书，而刘总宪（宗周）斥之。”[2]这段记载曾引起我们的注意，但是《坤舆格致》这部书不像利玛窦的《万国舆图》、艾儒略的《坤舆图说》那样为人们所熟知。梁任公在《中国近三百年学术史》里附有《明清之际耶稣会教士在中国者及其著述》的详表[3]，其中也没有这个书名。因此，这位远臣究系何人，进书事经过如何，许久也不曾弄清楚。

后来，严敦杰同志指出，这事的始末载在《增订徐文定公集》[4]里边。现在，我们很高兴地把有关进呈《坤舆格致》的两篇奏稿摘采在下面。

第一篇是李天经的“代献刍荛以裕国储疏”，崇祯十二年

---

① 《物理小识》卷七破水条。

② 侯外庐主编《中国思想通史》第四卷下册第1132页引自方以智的《曼寓草》上。《汉官仪》：“宪台为御史台。”明有左都御史官职，与六部尚书共称七卿。《明史·七卿表》天启、崇祯两朝左都御史姓刘者惟宗周一人。宗周字起东，号念台，学者称念台先生，《明史》有传。崇祯十四年辛巳（1641）任吏部左侍郎，是冬御史杨若桥荐西洋人汤若望善火器，请召试，宗周曰：“边臣不讲战守、屯戍之法，专恃火器。近来陷城破邑，岂无火器而然？我用之制人，人得之亦可制我，不见河间反为火器所破乎？国家大计以法纪为主，大帅跋扈，援师逗留，奈何反姑息为此纷纷无益耶？”宗周以崇祯十六年癸未（1643）始任左都御史。其斥进《坤舆格致》事，是否因阻试火器事而传闻致误，抑另有他奏，待查。

③ 《饮冰室全集》专集第十七册页三一至三九。

④ 李杕编。

己卯（1639）七月初二日奏。他说："微臣蒿目时艰，措饷为急。……于修改历法之余，同修历远臣汤若望等遵旨料理旁通事务，以图报称。间有西庠《坤舆格致》一书，窥其大旨，亦属度数之学。于凡大地孕毓之精英，无不洞悉本原，阐发奥义。即矿脉有无利益，亦且探厥玄微。果能开采得宜，煎炼合法，则凡金、银、铜、锡、铅、铁等类，可以取充国用，抑或生财措饷之端乎。……诚闻西国历年开采，皆有实效，而为图为说，刊有成书，故远臣携之万里而来，非臆说也。且书中所言，皆窥山察脉，试验五金，与夫采煅有药物，冶器有图式，亦各井井有条，而为向来所未闻。……谨先撰译善绘，得《坤舆格致》三卷，汇成四册，敬尘御览。余尚有煎炼炉冶等诸法一卷，工倍于前，匪能一朝猝办。如蒙圣明俯采，一面容臣赞同远臣汤若望及局官杨之华、黄宏宪等昼夜纂辑续进。"

第二篇是李天经的遵旨续进《坤舆格致》疏，崇祯十三年庚辰（1640）六月初二日奏。他是这样说的："窃思今天下之言开采者比比，而卒无一效者，其法未详也。盖开采不惟察寻地脉有法，试验有法，采取有法，即煎炼炉冶，其事较难，其法较宏。前所进书，虽备它法，而煎炼炉冶之法，书尚未成。既奉明旨，纂辑续进，微臣曷敢少缓。因即督同远臣汤若望及在局办事等官，次第纂辑，务求详明。昼夜图维，于今月始获卒业。为书四卷，装演成帙，敬尘御览。倘蒙鉴察，敕发开采之臣，果能一一按图求式，依文会理，尽行其法，必可大裕国储。所有远臣汤若望于此格致等书译授局官，既费心精，觅工绘图，亦损资斧。盖感沐皇恩，沥诚报效，此亦其一也。伏祈圣明采纳施行。”

这两个奏折告诉了我们好些情节。进《坤舆格致》的是李天经，翻译者是汤若望，执笔者应是杨之华和黄宏宪。这部书是分两次完成的，前部三卷讲采矿，后部四卷讲冶金。后部用去足足一年的时间始获卒业，估计前部需时不会较短。至于所称“西庠”原书为“远臣携之万里而来”者，也曾被人证明即为阿格利科拉（George Agricola，1494—1555）的《论金属》（*De Re Metallica*）。[①]因为北京北堂所藏明季耶稣会士携带来华拉丁文书籍中就有这样一部，它是1556年瑞士巴塞尔（Bâle）版，书号是1007，现入北京图书馆善本室。

以历局人员而撰译《坤舆格致》一书，初看好像有些突

① 同184页（1）。《坤舆格致》一书曾否刊行，现在还难确定。徐维则的《东西学书录》在所附《东西人旧译著书》第三页里载有“坤舆格致五卷明崇祯十三年刊本”一条，但是卷数和刊年似乎还有问题。裴化行在他那篇文章里也提到一种北京木刻四卷本，但同时又加上了一个问号，意味着他也不曾看见这个本子。

然，其实还有它的历史背景。在崇祯初年[1]，就由另一耶稣会士毕方济[2]上了一个奏折。开头称道："臣蒿目时艰，思所以恢复封疆而裨益国家者，一曰明历法以昭大统，二曰辨矿脉以裕军需，三曰通西商以宣海利，四曰购西铳以资战守。"这样，就把治历和开矿联系在一起了。在第二条里又具体地说道："盖造化之利，发现于矿。第不知矿苗之所在，则妄凿一日，即虚一日之费。西国格物穷理之书，凡天文、地理、

① 毕方济这个折子的上奏年份，向有三说。一说是崇祯元年（张荫麟："明清之际西学输入中国考略"，《清华学报》，1924年第一卷第六期），一说是崇祯二年（梁启超："近三百年中国学术史"，《饮冰室合集》专集第十七册第二七页注），又一说是崇祯十二年（郑鹤声："明季西洋学术思想之输入"，《文史》，1944年第四卷第七、八期合刊）。此末一说系根据黄伯禄的《正教奉褒》，然看来不大可靠，因为这一年已实现了翻译矿学书籍的工作之一半，不会再有一个后时的建议。第一说看来也有问题，因为根据各种传记，毕方济自天启二年（1622）离开北京后一直在南方，崇祯元年（1628）的行踪是，在松江得过重病，到过河南开封府，到过山东，然后回到南京，没有到北京的记载。只是在英文本《中国百科全书》里，在叙述1628年毕氏行踪之后，有这样一句话："后来被召入都以协助在廷诸耶稣会士进行历象工作。"（S.Couling，*The Encyclopaedia Sinica*，p.497）此"后来"一词，从上下文看来，不是指月份而是指年份。据此，则崇祯二年可以看成是上奏的可能最早年份。实际如何，还须作进一步的考核。

查徐宗泽《明清间耶稣会士译著提要》第367页毕方济传略有云："崇祯二年，徐文定举邓公玉函、龙公华民修历法，公亦征召入京。"据此，则以二年为是。

② 意大利人（1582—1649），本名Francisco Sambiaso，于万历三十八年（1610）来澳门，四十一年到北京，四十四年被逐出都。后来一度潜入北京，匿居徐光启宅，天启二年（1622）复离去。清朝入关，毕在闽为唐王、在粤为桂王所礼。顺治六年（1649）卒于广州。

农政、水法、火攻等器，无不具载。其论五金之矿脉，征兆多端。宜在澳门招精于矿学之儒，翻译中文，循脉而察之，庶能左右逢源。”[①]这个具体的建议，显然成为以后汤若望撰译《坤舆格致》的张本。

以上是前因，后果又怎样呢？方以智已说过，当时即为刘总宪所阻，两年后倪元璐重新提议，也未实行。《明书》里又记载着，崇祯十七年甲申（1644）晋王朱审烜还疏请命汤若望前往经营开采事[②]，明朝统治阶级已经到了手忙脚乱的时候了。后果就是这样。

《坤舆格致》的撰译及其前因后果既明，我们可以进行一点初步的分析。阿格利科拉的《论金属》一书，是欧洲十六世纪记述采矿冶金的名著，为后来研究西方科学技术史者所常常征引的切实资料。李天经督促着汤若望、杨之华、黄宏宪等人迅速地分期完成了这项编译工作，在当时是具有一定实际意义的，也不愧为徐光启的继任者。这是应该肯定的方面，而另一方面又不能不指出，当时士大夫阶层以及后来为这项建议未曾实现而惋惜的人，似乎都没有注意到，十六、十七世纪时我国劳动人民在采矿冶金方面早已取得了辉煌的成绩。例如，纯度达98%的金属锌就在万历年间为以东印度公司为代表的西方殖民主义者从我国大量地运至欧洲，那时欧洲还不知道炼锌的

① 此据诸家所引，原奏尚未见到，待核。

② 《明书·外国传》第一六六卷第二十页。

技术。镍铜合金的白铜，我国冶炼工人的另一项重要发明，其传入欧洲的情况也相类似[1]。与我国一般旧知识分子相反，来华的耶稣会士倒是了解这些情况的，因为他们的来路既同欧洲的劫掠商人一样，同以澳门为出入我国的集散点，利害相关，声气相应，毕方济在奏折里所说："宜在澳门招精于矿学之儒，翻译中文"，便是明证。因此，他的全篇奏议，除第一条是作为敲门砖外，其他三条是有他自己的逻辑和安排的，总之是完全为欧洲殖民主义者打算的。请看，"二曰辨矿脉以裕军需，三曰通西商以宣海利，四曰购西铳以资战守。"实际上就是这样三条：一要中国开矿，二要中国把矿产品供给欧洲，三要中国购买欧洲的制造品；至于条文中所说的种种理由，不过是表面文章而已。这三条是互相联系的，整个计划又是各有步骤的。这种计划是欧洲殖民主义者一贯用以劫掠其他民族的计划，经济侵略的实质。耶稣会士的这类建议，正是配合着经济侵略来进行的。揭露毕方济奏折的本质，在我们探索明清之际西学传入中国的情况时，看来还有其必要性。

---

① 详见本书正文。这里所举的两个例子还只是就十六、十七世纪而言。早在十五世纪，陆容（1436—1494）在《菽园杂记》里对银、铜的采冶及铅粉的制备都作了较透辟的记载。如察矿脉则有所谓"过壁""虾蟆跳"等不同情况，采矿石则有"不用锤尖，惟烧爆得矿"的方法，选矿肉则有"浮扬去粗，留其精英"的几种手续，最后还加以烧结，谓之"窖团"。这种开采、浮选、烧结诸法，简直跟近代采矿、冶金学的用意没有什么二致。又如铅粉的制备，几乎与著名欧洲的荷兰法（Dutch process）一模一样，而为时则远在以前。（据《守山阁丛书》本卷十四页九至十一）。

（2）造强水[①]法

在前引《徐光启手迹》中，还有一项关于我国化学史的异常重要的记录，题为“造强水法”。据我们目前的了解，它是强水这个名词见于我国文献的第一次。而且详明地描述了强水的制备方法和它的性能。全文如下：

> 绿矾五斤（多少任意），硝五斤，将矾炒去约折五分之一，将二味同研细，听用。次用铁作锅，约盛药外尚有空，锅口稍敛以承过筒，另用内外有油（釉）大坛一具，约乘（盛）四五十斤者则不裂。以玻璃或瓷器为过筒，一端合于锅口，一端合于坛口。铁锅置炭炉上，坛中加水如所损绿矾之数，如矾折一斤则加水一斤也。次以过筒接锅坛二口，各用盐泥固济。锅下起火，初四刻用文火，渐加武火，满二十四刻，灭火，取起冷定，开坛则药化为水，而锅亦坏矣。用水入五金皆成水；惟黄金不化水中，加盐则化。化过它金之水，加盐则复为砂，沉于底；惟黄金不能成砂，欲成砂必以酒靛（点）之。……强水用过无力，或有它物杂之，仍用前之器制，则复为水，滓留于锅矣。盛水坛下宜置一缸，恐一时迸破，水犹在缸也。

初步地从命名上看来，强水一词的含义显然是指硝酸。因

① 即镪水。——编者注

为它的拉丁文原名是Aqua fortis[①]，意思是强有力的水。当时的科学技术著作大都是用拉丁文写成的，前引阿格利科拉的《论金属》一书便是一个现成的例子。徐光启所记，盖闻诸耶稣会士，而天主教是以拉丁语作为它的正式公共语言的。徐光启在译名上又是一把好手，“几何”一词之音义兼顾，沿用到今。所以我们认为，徐光启笔下的强水原来是硝酸的专名，而不是清代后来所说的三种无机强酸的公名。

若进一步从强水的制法和性能来看，其为硝酸则更加明确。十九世纪德国一位化学史家考卜（Hermann Kopp）从十二世纪的一种拉丁文著作中所找到的硝酸制备和性能的叙述，基本上与徐光启所记是一致的。它说：“取绿矾一磅，硝一磅半，明矾四分之一磅，合并加热蒸馏，以取回一种具有溶化（金属）作用的液体。这种酸性液体，如果混入一些硇砂，它的溶化能力将大大加强，它就能溶化黄金……”[②]什么溶液在加入能溶氯化物（食盐或硇砂）之后便具有溶化黄金的性能，是一个关键性的问题。实验告诉我们只有浓硝酸才是这样，那便是相传的古老的“王水”（Aqua regia）配制方法。[③]至于硝酸本身的制备，在合成法发明以前，一直是以硝和硫酸

① T.M.Lowry，*Historical Introduction to Chemistry*，1927，p.14.

② Mellor，*A Comprehensive Treatise on Inorganic and Theoretical Chemistry*，Vol.VIII，p.555.

③ Roseo—Schorlemmer，*Treatise on Inorganic Chemistry*，Vol.I，p.554.

蒸馏取得的。而硫酸的工业生产，在十六、十七世纪时，仍然采用着绿矾干馏法。[①]总起来说，据徐光启所记，参以考卜所录，证以各项历史事实，不难得出这样一个结论：这种制强水法就是制备硝酸的最古老的方法；它的过程是，利用干馏绿矾（明矾也一样）所产生的硫酸，随即与硝起作用而得到硝酸。这样蒸馏所得的强水，与用硫酸和硝蒸馏所得的硝酸，两者的同一性，是德国化学家格劳柏（Glauber）于1658年用实验方法证明过的。[②]

应该顺带提到，在徐光启记录相当接近的岁月里，方以智也留下了关于硇水的记载。他说："有硇水者，剪银块投之，则旋而为水。倾之盂中，随形而定。复取硇水归瓶。其取硇水法，以琉璃窑烧一长管，以炼砂，取其气。道未公为予言之。"[③]道未是汤若望之字，这层足以补充和证实徐光启记录来源于耶稣会士。硇是硇砂的别名[④]，所以硇水即是硇水。可惜这段话过于简略，取硇水法以下诸语与实际多所抵触，远不及徐记之既具体又明朗。欲求其通，且姑以臆度之。本文重点既然放在硇砂，而硇砂对贵重金属（金、银）所起的侵蚀作用只有在与较浓硝酸共存情况下才会发生，那就是上面所说的

① 丁绪贤：《化学史通考》，1935年增订版，第617—618页。

② Mellor, *A Comprehensive Treatise on Inorganic and Theoretical Chemistry*, Vol.VIII, p.555.

③ 《物理小识》卷七硇水条。

④ 方以智：《通雅》卷四十八引孙愐云："硇砂一作硇，即今硇砂。"

古老式的王水。这样，所谓硇水者，实际并非单独从硇砂制取的，而是在制得强水之后，加入硇砂，配合而成的。因此，不叫强水而叫硇水。后来赵学敏说："硇水即强水也，特古今异名耳。"[①]这话实不足为凭。把硇水当为王水，在1959年我们就曾作过这样的解释，当时不知道徐光启已有强水制法的记录，文献上的佐证还嫌不够；在《徐光启手迹》出现之后的今天，我们的信心盖更有所加强云。

强水一物，再度出现于我国文献记载，就要数到上引赵学敏的《本草纲目拾遗》。在那里他有这样一段文字：

> 强水，西洋人所造，性能猛烈，能蚀五金。王怡堂先生云，其水至强，五金八石皆能穿漏，惟玻璃可盛。西人造强水之法，药止七味。入罐中熬煎，如今之取露法。旁合以玻璃瓶而封其隙，下以文武火迭次交炼，见有黑气入玻璃瓶中，水亦随气滴入。黑气尽，药乃成矣。此水性猛烈，不可服食。西人凡画洋画必须镂板于铜上者，先以笔画铜，或山水人物，以此水渍其间一昼夜，其渍处铜自烂，胜于雕刻，高低隐显无不各肖其妙。铜上有不欲烂处先用黄蜡护之，然后再渍。俟一周时，看铜有烂痕，则以水洗去强水，拭净蜡迹，其铜板上画已成，绝胜雕镂，且易而速云。

一位化学工作者读了这段文章，可以立即指出，这里所称

① 《本草纲目拾遗》卷一水部强水条。

的强水跟徐光启所说的强水一样，毫无疑问地意味着硝酸。因为蒸馏时所出现的黑气（此黑字应作深色的意思来解，犹如墨面之墨，不应解释为黑白之黑）和对铜板所起的腐蚀作用都是硫酸和盐酸所没有或者在通常情况下所不易做到的。我们可以这样说，从十七世纪的二三十年代到十八世纪的八十年代，在这一百五六十年间，强水一词一直代表着硝酸的专名，而非三酸的公名。

我们还想对徐、赵两家记录的遭遇进行一点初步的探讨。就叙记本身说，徐光启的仍然是最具体最明朗的，而赵学敏的“药止七味”“五金八石皆能穿漏”等语则恰得其反，只“见有黑气入玻璃瓶中、水亦随气滴入”这句话确令人有身历其境之感。但是，徐氏记录由于未经收入《农政全书》，竟埋没了三百多年直到最近才被发现，为人们所重视，而赵氏记录则在1871年就由张应昌刊印《本草纲目拾遗》而较早地得到流传。从表面上看，传与不传、早传与迟传之间，似乎只好归之于有幸有不幸。如果追问一下，为什么徐光启不曾采入《农政全书》，而赵学敏却把与本草无甚关系的刻铜板一节也录入了《本草纲目拾遗》，那么，是否与当时社会条件和实际需要还有一定的关联呢？看来仍值得我们作进一步的探索。

## 三、药剂使用问题

### （1）金鸡纳的使用

作为疟疾特效药的金鸡纳，在我国的使用，是康熙三十二年（1693）在康熙本人身上开始的。樊国梁记述此事时说："……次年（紧接上文中1692年而言）上偶染疟疾，洪若翰[①]、刘应进金鸡纳，张诚、白晋又进它位西药。皇上以未达药性，派四大臣试验；先令患疟者服之，皆愈；四大臣自服少许，亦觉无害。遂奏请皇上进用，不日，疟瘳。洪若翰记曰：皇上疟瘳后，欲酬西士忠爱，于降生后1693年洋历七月初四日召吾等觐见，特于皇城西安门内赐广厦一所……此北堂之来历也。"[②]黄伯禄在《正教奉褒》里写有同样记载："清康熙三十二年圣主偶染疟疾，西士洪若翰、刘应等进西药金鸡纳治之，结果痊愈，大受赏赐。"金鸡纳在我国初次的使用大致就是这样。

康熙以服食金鸡纳而获到疗效，有时就对接近他的人进行宣传。查慎行说："上留心医理，熟谙药性，尝谕臣等云：'……方书所载汤头甚多。若一方可疗一病，何用屡易？！西洋有一种树皮名金鸡勒，以治疟疾，一服即愈，只

---

① 樊国梁：《燕京开教略》中篇第37页。

"法国之王类思（路易）第十四世欲于中国传扬圣教，并访查民情地理，以广见闻，特派本国耶稣会士六人，一名达沙尔，一名张诚（Jean Francois Gerbillon）字实斋，一名李明（Aloysius Le Comte），一名刘应（Claude de Visdelou），一名白晋（Joachim Bouvet）字乃心，一名洪若翰（Jean de Fontaney）。六人于降生后1685年洋历三月初三日起程，至1688年洋历二月抵华。除达沙尔西归外，尚余五人。"

② 同上①。

在对症也。’”[①]不但口头上赞扬，康熙还把这种特效药赏给他所称为“不比别人”的人。在四十四年（1705）南巡时，一位姓张的提督“因病（应指发疟子）了九次”弄得面黄肌瘦，康熙就叫太监把药送去，传旨说：“这金鸡那，是皇上御制（？）的，服了很好。这是十两，着赐提督。”[②]五十一年（1712）江宁织造曹寅（《红楼梦》作者曹雪芹的祖父）因病“转而成疟”，叫着“必得主子圣药救我”。康熙就派遣“驿马星夜赶去”，并批云：“金鸡那（原系满文现直译之）专治疟疾，用二钱末，酒调服。若轻了些，再吃一服，必要住的。住后，或一钱或八分，连吃二服，可以出（除）根。”[③]不难看出，金鸡那一物，自从引入我国以后，二十年间，还只能供最高统治阶层的使用。即令是曹寅那样煊赫一时的人物，也须向他的主子讨求。

直到十九世纪初，民间才看到这项舶来品。赵学敏记录着：“嘉庆五年（1800），予宗人晋斋（杭州人金石学家赵魏的别号）自粤东归，带得此物，出以相视。细枝中空，俨如去骨远志。味微辛，云能走达营卫，大约性热，专捷行气血也。澳番相传，不论何疟，用金鸡勒一钱，肉桂五分，同煎服，壮

① 《昭代丛书·壬集》查慎行《人海记》，第82页。

② 《振绮堂丛书》本《圣祖五幸江南全录》记三月二十八日事。

③ 故宫博物院辑《文献丛编》第33篇，第33页。

实人金鸡勒可用二钱，一服即愈。”[1]可见那时西方所运来的还是天然产物的金鸡纳，而不是提取出来的金鸡纳霜，即结晶形的奎宁。西方本土当时情况也是这样。

金鸡纳之得以于十七世纪末引入我国，是西方人士，尤其是教会人士所时常乐为称道的。要知道这只是一个方面。从另一个方面看，金鸡纳原先从哪个地方来的？正是西班牙殖民主义者于十六世纪进入了南美洲，摧毁了文化冠甲当地的印加帝国（Inca Empire，包括今秘鲁、玻利维亚、智利三国地区），才在秘鲁的安达斯山脉高坡地带（1524米到2590.8米）取得的。所以它有秘鲁树皮之称。约在1630年居住秘鲁首都——利马（Lima）的耶稣会士掌握了这种药物，因此又尝称为耶稣会士树皮。[2]后来，荷兰和英国殖民主义者企图分别移植于印度尼西亚和印度，而荷兰则更为得手，据统计1941年荷兰在印度尼西亚所提取的奎宁是1017吨。[3]这样，也就帮助了英帝国。洪若翰、刘应最初所进给康熙的金鸡纳，即是从印度寄来的。[4]王吉民在《关于金鸡纳传入我国的记载》那篇文章里说道：“记得从前有一本书说过……英国若不全靠金鸡纳的话，是永远不能维持统治印度的。可见帝国主义侵略他国的方式是

---

① 《本草纲目拾遗》卷六金鸡勒条。

② 大英百科全书1957年版金鸡纳Cinchona条。

③ 同上①。

④ 范适：《明季西洋传入我国之医学》卷六，第13页。

无孔不入，医药也是一种被利用的工具了。”[①]我们便借来作为这段叙记的结束。

（2）氨水的使用

在清乾、嘉年间，留心西方药物者应以赵学敏为最。近人范适对明季西洋传入我国的药物作了较详细的考察，其所列十九种品名中，就有十二种是根据《本草纲目拾遗》所载的。[②]可惜他竟把鼻冲水一条遗漏了。赵学敏是这样说的：“鼻冲水，出西洋，舶上带来，不知其制。或云树脂，或云草汁合地溲露晒而成者。番舶贮以玻璃瓶，紧塞其口，勿使泄气，则药力不减。气甚辛烈，触人脑，非有病不可嗅。岛夷遇头风伤寒等症，不服药，唯以此水瓶口对鼻吸其气，即遍身麻颤出汗而愈，虚弱者忌之。宜外用，勿服。治外感风寒等症，嗅之大能发汗。”[③]鼻冲水这一名词诚属罕见，远远不像强水那样为后来人所习用。然而从它的来源、装置、性能、入药四方面来考虑，可以确认鼻冲水就是现在人们所熟知的氨水。《化学鉴原》说：“此物……草木之汁内有之，卑湿之泥土中亦有之。”正与条文中的草汁、地溲相符。《鉴原》还说：“昔人蒸鹿角而得之，故英国古名$NH_3$水为鹿角汁。”条文所称或云树脂者，恐系译人辗转传言之误。至于装置必须将

① 《中华医史杂志》1954年第一号，第28页。

② 参考范书（见注③）卷五，第1—10页。

③ 《本草纲目拾遗》卷一水部。

瓶口塞紧，性能则辛烈而触人脑，这些完全符合氨水实际情况，无须从文献上再找佐证。唯入药一层，今昔已大有不同，现在的化学书本里已不再谈氨水的药性了，但是，1870年出版的《化学初阶》一书尚说："此水医家用以入药……用以通窍。久嗅亦能伤鼻。"其施用方式和治疗功能，基本上与条文所载也是一致的。以上四方面的情况无疑地证明了，当时的鼻冲水和现代的氨水两者异名而同实。我们再一次看到赵学敏的博学与勤学。

总括起来讲，关于西方化学知识的传入，是中西文化交流的一部分。而文化交流又是与双方的社会背景、历史背景分不开的。在这篇文章所征引的文献资料里，其年岁上起1612年，下迄1800年，可以说它反映着十七、十八两个整世纪的情况。就我国情况说，广大人民一直处在阶级矛盾与民族矛盾交织着的顽强封建制度统治之下。作为先进知识分子，如徐光启、方以智以及后期的赵学敏等人，除了他们本身阶级局限性以外，在谋求国家和个人出路中，对于新事物具有较高的敏感和热情；同时，由于他们的博学，对于新知识也有一定的辨别能力。所以他们能为后人留下一些文化遗产。再就西方来说，那时欧洲各国在文艺复兴运动的洪流中，先后从封建社会走上资本主义的道路。在化学领域里，出现了一系列的新思潮、新发现。1662年波以耳发表了他的名著《怀疑的化学家》，不但批判了古代的四元说，还批判了当时流行的三元（汞、硫、盐）

说，从而建立了元素的实验定义。在十七、十八世纪之际出现的燃素学说把化学从中世纪的金丹术解放出来。1741年罗蒙诺索夫创建了原子分子说。从1766年到1774年八年之间，氢、氮、氧、氯等单质先后被卡文底歇、拉瓦锡、卜利士列、谢理诸人所发现。这样蓬勃发展的化学事件，来华的耶稣会士们都不曾介绍过。他们所介绍的东西落后于欧洲实际总有一个多世纪。这是由他们经院哲学的反动性所决定的。他们在其本土代表着守旧的顽固势力，以与新兴的前进势力相对抗，而在外土则又与资本主义先遣队——殖民主义者相配合，那是由于他们本身阶级利益所决定的，因为两者同是为其本土的统治阶级服务的。鉴于我国学术界对这部分历史的估价曾存在着某些模糊不清的看法，因此明确地提出我们一点不成熟的意见，以供我国科学技术史工作者的讨论，并请指正。

（本文曾在《清华大学学报》1964年第11卷第6期上发表）

## 图版一

原始社会的陶器

上：仰韶文化时期的彩陶盆（西安半坡出土）

下：龙山文化时期的陶豆（左）和高足黑陶杯（右）

（浙江杭州良渚出土）

## 图版二

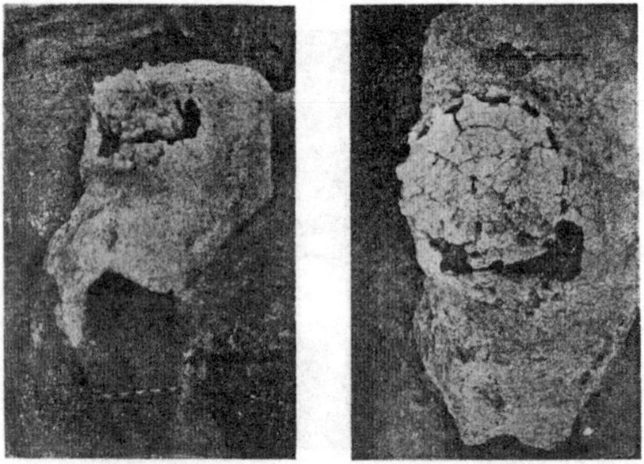

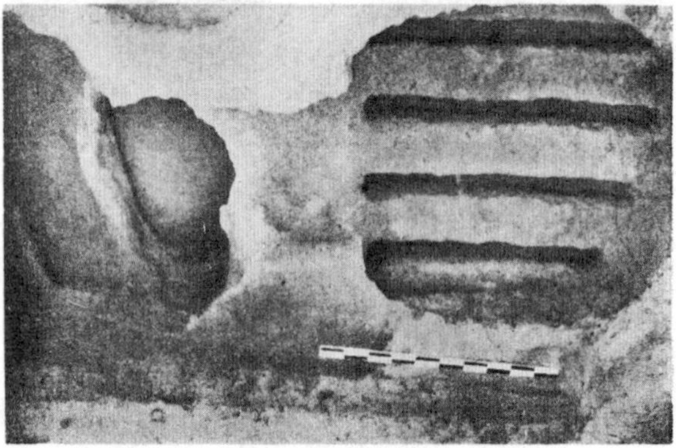

原始社会的窑址

上：西安半坡仰韶文化窑址，正视（左）、俯视（右）（采自《考古通讯》1956年第2期）

下：河南陕县三里桥龙山文化窑址（采自《考古通讯》，1958年第11期）

## 图版三

仰韶文化彩陶罐　（甘肃临夏三坪出土）
（采自《新中国的考古收获》）

## 图版四

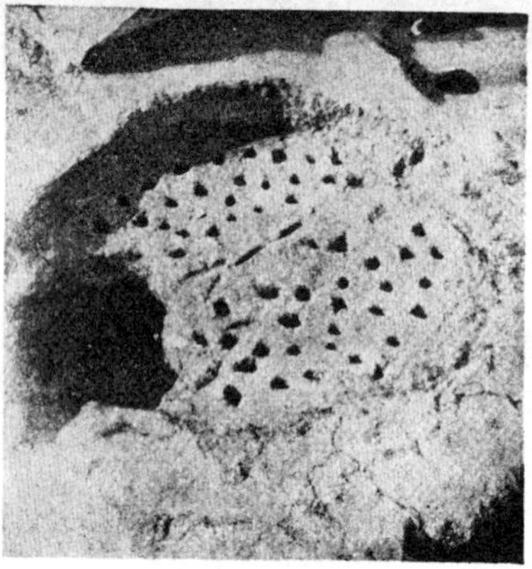

奴隶社会的陶窑

上：郑州商代遗址，陶窑模型　（采自《考古学报》，1957年第1期）

下：洛达庙商代烧陶窑　（采自《考古通讯》，1958年第9期）

# 图版五

奴隶社会的陶器

上：商代的白陶器　（中国历史博物馆藏）

下：西周的釉陶尊　（安徽屯溪出土）

图版六

商代司母戊大鼎 （新中国成立前河南安阳武官村出土）

图版七

商代龙虎尊（安徽阜南出土）

图版八

西周驹尊　（陕西眉县李村出土）

## 图版九

商代之陶范

上：觚范　下：爵范　（河南安阳苗圃北地出土）

图版十

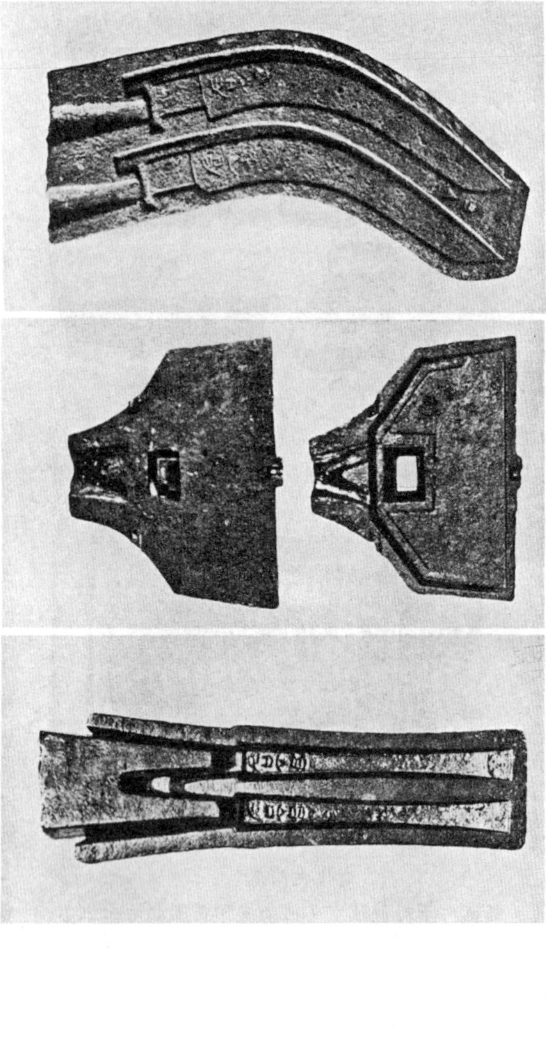

战国铁范

左：凿范　中：锄范　右：镰范　（河北兴隆古洞沟出土）

## 图版十一

(1)

(2)

(3)

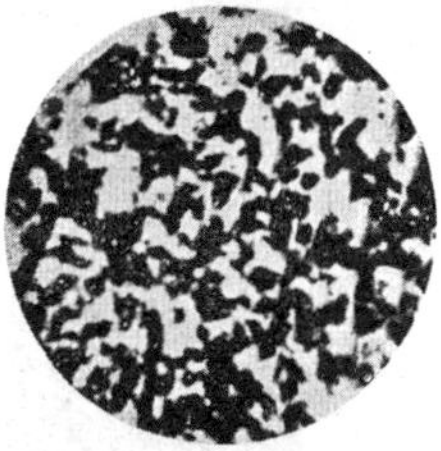

(4)

(5)

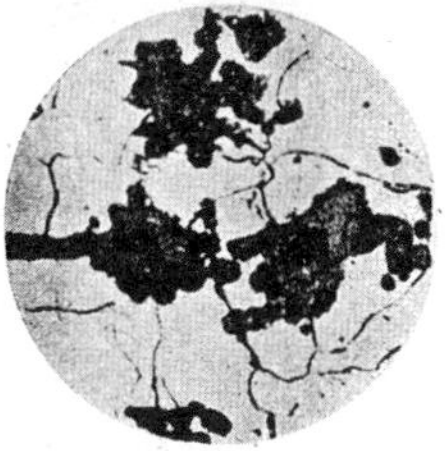

(6)

铁器的金相显微组织

（1）晋宁石寨山铁剑（500倍）　（2）兴隆铁范（125倍）

（3）三道壕西汉铁剑（500倍）　（4）薛城西汉铁斧（200倍）

（5）武安西汉末期铁镬（125倍）　（6）长沙战国铁铲（550倍）

## 图版十二

（1）

（2）

（3）

（4）

（5）

布币

（1）安邑二釿　（2）安邑一釿　（3）梁充釿五当寽十二　（4）梁正尚金当寽　（5）安阳十二铢

（采自王毓铨《我国古代货币的起源和发展》）

## 图版十三

（1）　　　　（2）

刀币

（1）即墨之法货

（2）明刀

（采自王毓铨《我国古代货币的起源和发展》）

## 图版十四

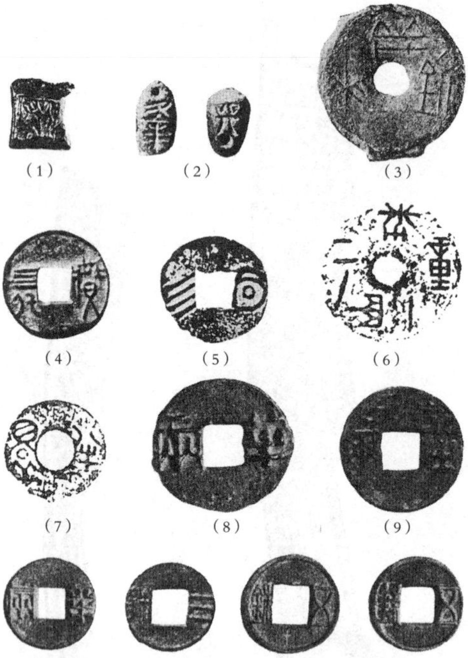


饼金、蚁鼻钱及圜币

（1）郢爰　（2）蚁鼻钱　（3）长垣一釿　（4）镒四货　（5）明四　（6）重一两十二铢　（7）半睘　（8）秦半两　（9）汉八铢半两　（10）汉四铢半两　（11）汉三铢钱　（12）西汉五铢　（13）东汉五铢

（采自王毓铨《我国古代货币的起源和发展》及彭信威《中国货币史》）

## 图版十五

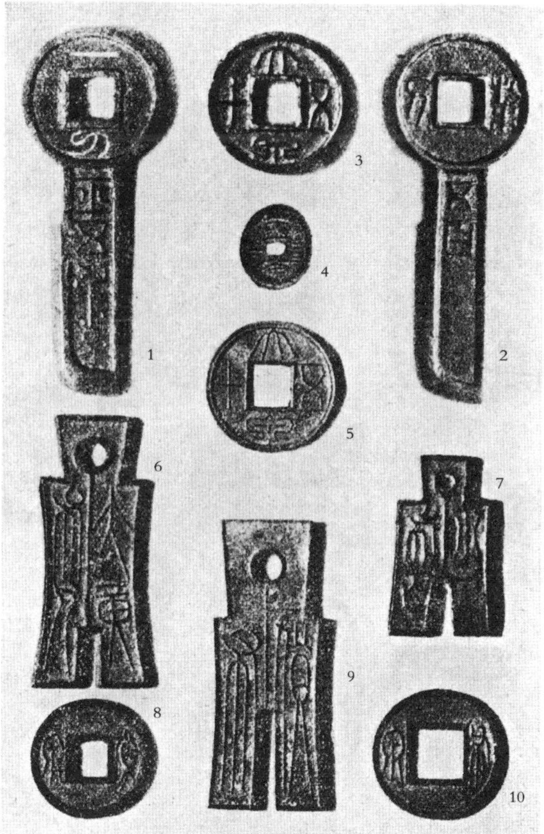


王莽时期的货币

1. 金错刀　2. 栔刀　3. 大泉（初铸）　4. 小泉　5. 大泉（后铸）
6. 大布　7. 小布　8. 货泉　9. 货布　10. 布泉

（采自彭信威《中国货币史》）

## 图版十六

晋代金属带饰　（江苏宜兴出土）
（有部分片之成分为铝铜合金）[①]

① 见本书117页注释②。——编者注

图版十七

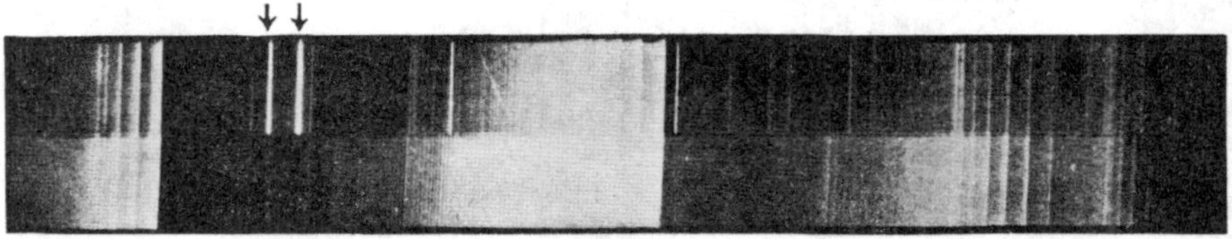

上：晋代金属带饰　（有部分片之成分为铝铜合金）[①]

下：铝铜合金带饰的光谱照片　（上面一条是带饰的光谱，下面一条是纯铁光谱，有↓↓处是铝的谱线）

① 见本书117页注释②。——编者注

图版十八

东汉陶楼　（河南陕县刘家渠出土）

## 图版十九

上：东汉陶船　（广州出土）
下：三国吴青瓷羊　（南京出土）

图版二十

河北沧州后周铁狮子

## 图版二十一

太原晋祠宋代铁人

图版二十二

唐越窑壶　（采自《故宫博物院藏瓷选集》）

## 图版二十三

宋钧窑洗

（采自《故宫博物院藏瓷选集》）

图版二十四

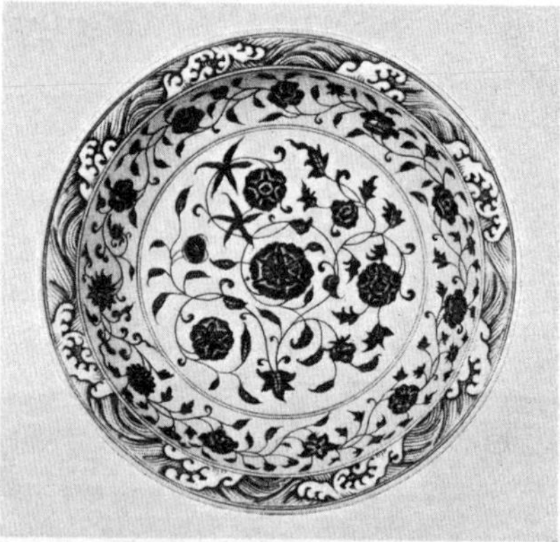

上：宣德青花大盘

下：清初仿宣德青花大盘

（采自周仁《景德镇瓷器的研究》）

图版二十五

清雍正珐琅彩松竹梅纹瓶

（采自《故宫博物院藏瓷选集》）

图版二十六

上：唐调露二年（680）麻类纸　（放大八倍）
下：唐开元十六年（728）麻类纸　（放大八倍）
（采自《考古学报》，1956年第1期）

## 图版二十七

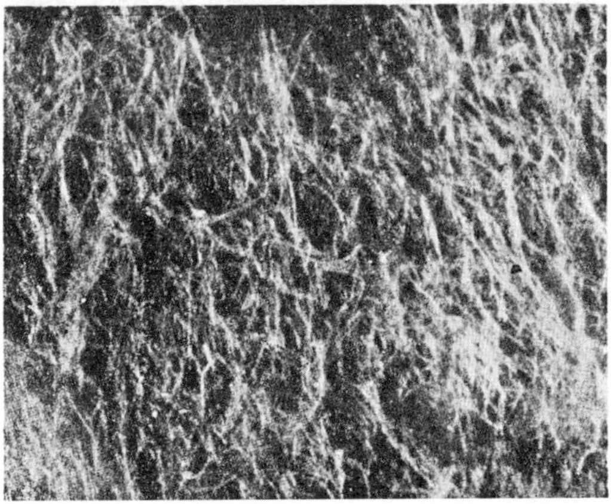

上：唐天宝十二载（753）麻类纸　（放大八倍）

下：唐构树皮纸　（放大八倍）

（采自《考古学报》，1956年第1期）

图版二十八

汉代盐场画像砖

（采自重庆市博物馆藏《四川汉画像砖选集》）

## 图版二十九

陈椿《熬波图》中铸盘图　（《雪堂丛刻》本）

图版三十

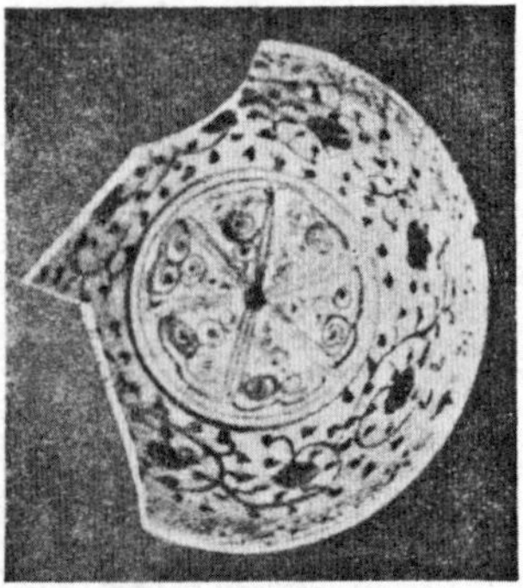

上：肯尼亚出土的我国十五世纪青花瓷器　（采自《文物》，1963年第1期）
下：清代景德镇制五彩双鹰瓷药罐　（历史博物馆藏）

## 图版三十一

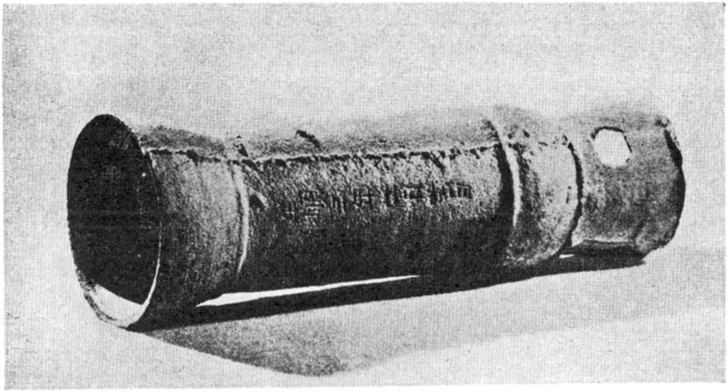

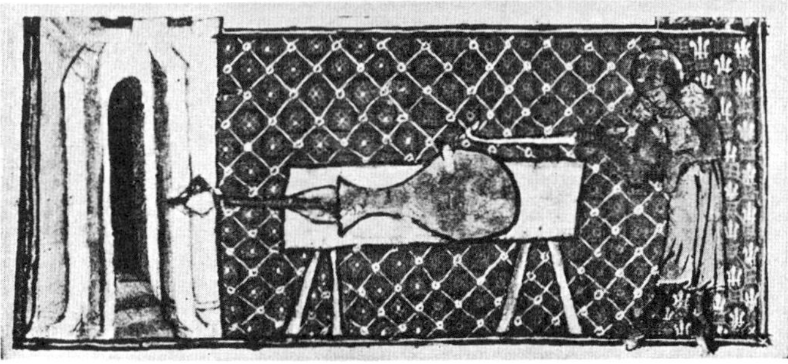

上：元至顺三年（1332）的铜火铳　（历史博物馆藏）
下：十四世纪英人设计的火器图　（采自艾奇逊《金属的历史》）

国家新闻出版广电总局
首届向全国推荐中华优秀传统文化普及图书

## 大家小书书目

| | |
|---|---|
| 国学救亡讲演录 | 章太炎　著　蒙　木　编 |
| 门外文谈 | 鲁　迅　著 |
| 经典常谈 | 朱自清　著 |
| 语言与文化 | 罗常培　著 |
| 习坎庸言校正 | 罗　庸　著　杜志勇　校注 |
| 鸭池十讲（增订本） | 罗　庸　著　杜志勇　编订 |
| 古代汉语常识 | 王　力　著 |
| 国学概论新编 | 谭正璧　编著 |
| 文言尺牍入门 | 谭正璧　著 |
| 日用交谊尺牍 | 谭正璧　著 |
| 敦煌学概论 | 姜亮夫　著 |
| 训诂简论 | 陆宗达　著 |
| 金石丛话 | 施蛰存　著 |
| 常识 | 周有光　著　叶　芳　编 |
| 文言津逮 | 张中行　著 |
| 经学常谈 | 屈守元　著 |
| 国学讲演录 | 程应镠　著 |
| 英语学习 | 李赋宁　著 |
| 中国字典史略 | 刘叶秋　著 |
| 语文修养 | 刘叶秋　著 |
| 笔祸史谈丛 | 黄　裳　著 |
| 古典目录学浅说 | 来新夏　著 |
| 闲谈写对联 | 白化文　著 |
| 汉字知识 | 郭锡良　著 |
| 怎样使用标点符号（增订本） | 苏培成　著 |
| 汉字构型学讲座 | 王　宁　著 |

| | |
|---|---|
| 诗境浅说 | 俞陛云　著 |
| 唐五代词境浅说 | 俞陛云　著 |
| 北宋词境浅说 | 俞陛云　著 |
| 南宋词境浅说 | 俞陛云　著 |
| 人间词话新注 | 王国维　著　滕咸惠　校注 |
| 苏辛词说 | 顾　随　著　陈　均　校 |
| 诗论 | 朱光潜　著 |
| 唐五代两宋词史稿 | 郑振铎　著 |
| 唐诗杂论 | 闻一多　著 |
| 诗词格律概要 | 王　力　著 |
| 唐宋词欣赏 | 夏承焘　著 |
| 槐屋古诗说 | 俞平伯　著 |
| 词学十讲 | 龙榆生　著 |
| 词曲概论 | 龙榆生　著 |
| 唐宋词格律 | 龙榆生　著 |
| 楚辞今绎讲录 | 姜亮夫　著 |
| 读词偶记 | 詹安泰　著 |
| 中国古典诗歌讲稿 | 浦江清　著<br>浦汉明　彭书麟　整理 |
| 唐人绝句启蒙 | 李霁野　著 |
| 唐宋词启蒙 | 李霁野　著 |
| 唐诗研究 | 胡云翼　著 |
| 风诗心赏 | 萧涤非　著　萧光乾　萧海川　编 |
| 人民诗人杜甫 | 萧涤非　著　萧光乾　萧海川　编 |
| 唐宋词概说 | 吴世昌　著 |
| 宋词赏析 | 沈祖棻　著 |
| 唐人七绝诗浅释 | 沈祖棻　著 |
| 道教徒的诗人李白及其痛苦 | 李长之　著 |
| 英美现代诗谈 | 王佐良　著　董伯韬　编 |
| 闲坐说诗经 | 金性尧　著 |
| 陶渊明批评 | 萧望卿　著 |

| | |
|---|---|
| 古典诗文述略 | 吴小如　著 |
| 诗的魅力<br>——郑敏谈外国诗歌 | 郑　敏　著 |
| 新诗与传统 | 郑　敏　著 |
| 一诗一世界 | 邵燕祥　著 |
| 舒芜说诗 | 舒　芜　著 |
| 名篇词例选说 | 叶嘉莹　著 |
| 汉魏六朝诗简说 | 王运熙　著　董伯韬　编 |
| 唐诗纵横谈 | 周勋初　著 |
| 楚辞讲座 | 汤炳正　著<br>汤序波　汤文瑞　整理 |
| 好诗不厌百回读 | 袁行霈　著 |
| 山水有清音<br>——古代山水田园诗鉴要 | 葛晓音　著 |
| | |
| 红楼梦考证 | 胡　适　著 |
| 《水浒传》考证 | 胡　适　著 |
| 《水浒传》与中国社会 | 萨孟武　著 |
| 《西游记》与中国古代政治 | 萨孟武　著 |
| 《红楼梦》与中国旧家庭 | 萨孟武　著 |
| 《金瓶梅》人物 | 孟　超　著　张光宇　绘 |
| 水泊梁山英雄谱 | 孟　超　著　张光宇　绘 |
| 水浒五论 | 聂绀弩　著 |
| 《三国演义》试论 | 董每戡　著 |
| 《红楼梦》的艺术生命 | 吴组缃　著　刘勇强　编 |
| 《红楼梦》探源 | 吴世昌　著 |
| 《西游记》漫话 | 林　庚　著 |
| 史诗《红楼梦》 | 何其芳　著<br>王叔晖　图　蒙　木　编 |
| 细说红楼 | 周绍良　著 |
| 红楼小讲 | 周汝昌　著　周伦玲　整理 |

| | |
|---|---|
| 曹雪芹的故事 | 周汝昌　著　周伦玲　整理 |
| 古典小说漫稿 | 吴小如　著 |
| 三生石上旧精魂<br>——中国古代小说与宗教 | 白化文　著 |
| 《金瓶梅》十二讲 | 宁宗一　著 |
| 中国古典小说十五讲 | 宁宗一　著 |
| 古体小说论要 | 程毅中　著 |
| 近体小说论要 | 程毅中　著 |
| 《聊斋志异》面面观 | 马振方　著 |
| 《儒林外史》简说 | 何满子　著 |

| | |
|---|---|
| 我的杂学 | 周作人　著　张丽华　编 |
| 写作常谈 | 叶圣陶　著 |
| 中国骈文概论 | 瞿兑之　著 |
| 谈修养 | 朱光潜　著 |
| 给青年的十二封信 | 朱光潜　著 |
| 论雅俗共赏 | 朱自清　著 |
| 文学概论讲义 | 老　舍　著 |
| 中国文学史导论 | 罗　庸　著　杜志勇　辑校 |
| 给少男少女 | 李霁野　著 |
| 古典文学略述 | 王季思　著　王兆凯　编 |
| 古典戏曲略说 | 王季思　著　王兆凯　编 |
| 鲁迅批判 | 李长之　著 |
| 唐代进士行卷与文学 | 程千帆　著 |
| 说八股 | 启　功　张中行　金克木　著 |
| 译余偶拾 | 杨宪益　著 |
| 文学漫识 | 杨宪益　著 |
| 三国谈心录 | 金性尧　著 |
| 夜阑话韩柳 | 金性尧　著 |
| 漫谈西方文学 | 李赋宁　著 |
| 历代笔记概述 | 刘叶秋　著 |

周作人概观　舒　芜　著
古代文学入门　王运熙　著　董伯韬　编
有琴一张　资中筠　著
中国文化与世界文化　乐黛云　著
新文学小讲　严家炎　著
回归，还是出发　高尔泰　著
文学的阅读　洪子诚　著
中国文学1949—1989　洪子诚　著
鲁迅作品细读　钱理群　著
中国戏曲　么书仪　著
元曲十题　么书仪　著
唐宋八大家
——古代散文的典范　葛晓音　选译

辛亥革命亲历记　吴玉章　著
中国历史讲话　熊十力　著
中国史学入门　顾颉刚　著　何启君　整理
秦汉的方士与儒生　顾颉刚　著
三国史话　吕思勉　著
史学要论　李大钊　著
中国近代史　蒋廷黻　著
民族与古代中国史　傅斯年　著
五谷史话　万国鼎　著　徐定懿　编
民族文话　郑振铎　著
史料与史学　翦伯赞　著
秦汉史九讲　翦伯赞　著
唐代社会概略　黄现璠　著
清史简述　郑天挺　著
两汉社会生活概述　谢国桢　著
中国文化与中国的兵　雷海宗　著
元史讲座　韩儒林　著

| | |
|---|---|
| 魏晋南北朝史稿 | 贺昌群　著 |
| 汉唐精神 | 贺昌群　著 |
| 海上丝路与文化交流 | 常任侠　著 |
| 中国史纲 | 张荫麟　著 |
| 两宋史纲 | 张荫麟　著 |
| 北宋政治改革家王安石 | 邓广铭　著 |
| 从紫禁城到故宫<br>——营建、艺术、史事 | 单士元　著 |
| 春秋史 | 童书业　著 |
| 明史简述 | 吴　晗　著 |
| 朱元璋传 | 吴　晗　著 |
| 明朝开国史 | 吴　晗　著 |
| 旧史新谈 | 吴　晗　著　习　之　编 |
| 史学遗产六讲 | 白寿彝　著 |
| 先秦思想讲话 | 杨向奎　著 |
| 司马迁之人格与风格 | 李长之　著 |
| 历史人物 | 郭沫若　著 |
| 屈原研究（增订本） | 郭沫若　著 |
| 考古寻根记 | 苏秉琦　著 |
| 舆地勾稽六十年 | 谭其骧　著 |
| 魏晋南北朝隋唐史 | 唐长孺　著 |
| 秦汉史略 | 何兹全　著 |
| 魏晋南北朝史略 | 何兹全　著 |
| 司马迁 | 季镇淮　著 |
| 唐王朝的崛起与兴盛 | 汪　篯　著 |
| 南北朝史话 | 程应镠　著 |
| 二千年间 | 胡　绳　著 |
| 论三国人物 | 方诗铭　著 |
| 辽代史话 | 陈　述　著 |
| 考古发现与中西文化交流 | 宿　白　著 |
| 清史三百年 | 戴　逸　著 |

| | |
|---|---|
| 清史寻踪 | 戴　逸　著 |
| 走出中国近代史 | 章开沅　著 |
| 中国古代政治文明讲略 | 张传玺　著 |
| 艺术、神话与祭祀 | 张光直　著<br>刘　静　乌鲁木加甫　译 |
| 中国古代衣食住行 | 许嘉璐　著 |
| 辽夏金元小史 | 邱树森　著 |
| 中国古代史学十讲 | 瞿林东　著 |
| | |
| 宾虹论画 | 黄宾虹　著 |
| 中国绘画史 | 陈师曾　著 |
| 和青年朋友谈书法 | 沈尹默　著 |
| 中国画法研究 | 吕凤子　著 |
| 桥梁史话 | 茅以升　著 |
| 中国戏剧史讲座 | 周贻白　著 |
| 中国戏剧简史 | 董每戡　著 |
| 西洋戏剧简史 | 董每戡　著 |
| 俞平伯说昆曲 | 俞平伯　著　陈　均　编 |
| 新建筑与流派 | 童　寯　著 |
| 论园 | 童　寯　著 |
| 拙匠随笔 | 梁思成　著　林　洙　编 |
| 中国建筑艺术 | 梁思成　著　林　洙　编 |
| 沈从文讲文物 | 沈从文　著　王　风　编 |
| 中国画的艺术 | 徐悲鸿　著　马小起　编 |
| 中国绘画史纲 | 傅抱石　著 |
| 龙坡谈艺 | 台静农　著 |
| 中国舞蹈史话 | 常任侠　著 |
| 中国美术史谈 | 常任侠　著 |
| 说书与戏曲 | 金受申　著 |
| 世界美术名作二十讲 | 傅　雷　著 |
| 中国画论体系及其批评 | 李长之　著 |

| | |
|---|---|
| 金石书画漫谈 | 启　功　著　赵仁珪　编 |
| 吞山怀谷<br>——中国山水园林艺术 | 汪菊渊　著 |
| 故宫探微 | 朱家溍　著 |
| 中国古代音乐与舞蹈 | 阴法鲁　著　刘玉才　编 |
| 梓翁说园 | 陈从周　著 |
| 旧戏新谈 | 黄　裳　著 |
| 民间年画十讲 | 王树村　著　姜彦文　编 |
| 民间美术与民俗 | 王树村　著　姜彦文　编 |
| 长城史话 | 罗哲文　著 |
| 天工人巧<br>——中国古园林六讲 | 罗哲文　著 |
| 现代建筑奠基人 | 罗小未　著 |
| 世界桥梁趣谈 | 唐寰澄　著 |
| 如何欣赏一座桥 | 唐寰澄　著 |
| 桥梁的故事 | 唐寰澄　著 |
| 园林的意境 | 周维权　著 |
| 万方安和<br>——皇家园林的故事 | 周维权　著 |
| 乡土漫谈 | 陈志华　著 |
| 现代建筑的故事 | 吴焕加　著 |
| 中国古代建筑概说 | 傅熹年　著 |
| | |
| 简易哲学纲要 | 蔡元培　著 |
| 大学教育 | 蔡元培　著<br>北大元培学院　编 |
| 老子、孔子、墨子及其学派 | 梁启超　著 |
| 春秋战国思想史话 | 嵇文甫　著 |
| 晚明思想史论 | 嵇文甫　著 |
| 新人生论 | 冯友兰　著 |
| 中国哲学与未来世界哲学 | 冯友兰　著 |

| | |
|---|---|
| 谈美 | 朱光潜　著 |
| 谈美书简 | 朱光潜　著 |
| 中国古代心理学思想 | 潘　菽　著 |
| 新人生观 | 罗家伦　著 |
| 佛教基本知识 | 周叔迦　著 |
| 儒学述要 | 罗　庸　著　杜志勇　辑校 |
| 老子其人其书及其学派 | 詹剑峰　著 |
| 周易简要 | 李镜池　著　李铭建　编 |
| 希腊漫话 | 罗念生　著 |
| 佛教常识答问 | 赵朴初　著 |
| 维也纳学派哲学 | 洪　谦　著 |
| 大一统与儒家思想 | 杨向奎　著 |
| 孔子的故事 | 李长之　著 |
| 西洋哲学史 | 李长之　著 |
| 哲学讲话 | 艾思奇　著 |
| 中国文化六讲 | 何兹全　著 |
| 墨子与墨家 | 任继愈　著 |
| 中华慧命续千年 | 萧萐父　著 |
| 儒学十讲 | 汤一介　著 |
| 汉化佛教与佛寺 | 白化文　著 |
| 传统文化六讲 | 金开诚　著　金舒年　徐令缘　编 |
| 美是自由的象征 | 高尔泰　著 |
| 艺术的觉醒 | 高尔泰　著 |
| 中华文化片论 | 冯天瑜　著 |
| 儒者的智慧 | 郭齐勇　著 |

| | |
|---|---|
| 中国政治思想史 | 吕思勉　著 |
| 市政制度 | 张慰慈　著 |
| 政治学大纲 | 张慰慈　著 |
| 民俗与迷信 | 江绍原　著　陈泳超　整理 |
| 政治的学问 | 钱端升　著　钱元强　编 |

| | | |
|---|---|---|
| 从古典经济学派到马克思 | 陈岱孙　著 | |
| 乡土中国 | 费孝通　著 | |
| 社会调查自白 | 费孝通　著 | |
| 怎样做好律师 | 张思之　著 | 孙国栋　编 |
| 中西之交 | 陈乐民　著 | |
| 律师与法治 | 江　平　著 | 孙国栋　编 |
| 经济学常识 | 吴敬琏　著 | 马国川　编 |
| | | |
| 中国化学史稿 | 张子高　编著 | |
| 中国机械工程发明史 | 刘仙洲　著 | |
| 天道与人文 | 竺可桢　著 | 施爱东　编 |
| 中国医学史略 | 范行准　著 | |
| 优选法与统筹法平话 | 华罗庚　著 | |
| 数学知识竞赛五讲 | 华罗庚　著 | |
| 中国历史上的科学发明（插图本） | 钱伟长　著 | |

# 出版说明

“大家小书”多是一代大家的经典著作，在还属于手抄的著述年代里，每个字都是经过作者精琢细磨之后所拣选的。为尊重作者写作习惯和遣词风格、尊重语言文字自身发展流变的规律，为读者提供一个可靠的版本，“大家小书”对于已经经典化的作品不进行现代汉语的规范化处理。

提请读者特别注意。

北京出版社